JN041298

PowerPoint

Office 2021/2019/2016/Microsoft 365 対応版

完全ガイドブック

困った
解決&
便利技

Imasugu Tsukaeru Kantan Series
PowerPoint Kanzen Guide book
AYURA

技術評論社

本書の使い方

- 本書は、PowerPoint の操作に関する質問に、Q&A 方式で回答しています。
- 目次やインデックスの分類を参考にして、知りたい操作のページに進んでください。
- 画面を使った操作の手順を追うだけで、PowerPoint の操作がわかるようになっています。

クエスチョンの分類を示しています。

クエスチョンのタイトルは具体的な質問や疑問を表しています。

クエスチョンという単位ごとに、PowerPointの機能や操作について解説しています。

クエスチョンに対する回答を簡潔に表しています。複数の回答を表示する場合もあります。

番号付きの記述で、操作の順番が一目瞭然です。

操作の基本的な流れ以外は、このように番号がない記述になっています。

特長 1

質問は、読者の方から実際に寄せられたものを参考に作成されています！

特　長　2

やわらかい上質な紙を
使っているので、
開いたら閉じにくい
書籍になっています！

利用できないバージョン（PowerPoint 2019、
PowerPoint 2016）がある場合に示しています。

『この操作を知らないと
困る』という意味で、各
クエスチョンで解説して
いる操作を3段階の「重要
度」で表しています。

重要度 ★ ★ ★
重要度 ★ ★ ★
重要度 ★ ★ ★

目的の操作が探しやすい
ように、ページの両側に
インデックス（見出し）を
表示しています。

重要度 ★ ★ ★　書式設定　×2016

Q118 文字を蛍光ペンで強調表示したい！

A ［ホーム］タブの［蛍光ペンの色］で設定します。

PowerPoint 2019以降のバージョンでは、テキスト用の蛍光ペンを使用できるようになりました。蛍光ペンを設定する文字を選択して、［ホーム］タブの［蛍光ペンの色］で任意の色を指定します。
蛍光ペンの色を消すには、手順2の一覧で［色なし］をクリックし、マウスポインターの形が🖊に変わった状態で文字をドラッグします。ポインターを通常の矢印に戻すには、Tabを押すか、手順2の一覧を表示して、［蛍光ペンの終了］をクリックします。

1 蛍光ペンで強調する文字をドラッグして選択します。

2 ［ホーム］タブの［蛍光ペンの色］のここをクリックして、

3 目的の色をクリックすると、

4 選択した文字に蛍光ペンが設定されます。

重要度 ★ ★ ★　書式設定

Q119 文字を特殊効果で目立たせたい！

A ［図形の書式］タブの［文字の効果］で設定します。

［図形の書式］タブの［文字の効果］を利用すると、影、反射、光彩、3-D回転、変形などの効果を文字に設定することができます。文字をドラッグで選択して［図形の書式］タブをクリックし、［文字の効果］をクリックして目的の効果を指定します。なお、3-D回転と変形はプレースホルダー内のテキスト全体に設定されます。
また、それぞれのメニューの最下段にある［（項目）のオプション］をクリックすると、各効果の細かい設定を調節することができます。

1 文字をドラッグして選択し、［図形の書式］タブをクリックして、

2 ［文字の効果］をクリックします。

3 ここでは［光彩］にマウスポインターを合わせて、

4 光彩の種類をクリックすると、

5 文字に効果が設定されます。

特　長　3

読者が抱く
小さな疑問を予測して、
できるだけていねいに
解説しています！

パソコンの基本操作

●本書の解説は、基本的にマウスを使って操作することを前提としています。
●お使いのパソコンのタッチパッド、タッチ対応モニターを使って操作する場合は、各操作を次のように読み替えてください。

① マウス操作

▼ クリック（左クリック）

クリック（左クリック）の操作は、画面上にある要素やメニューの項目を選択したり、ボタンを押したりする際に使います。

> マウスの左ボタンを1回押します。

> タッチパッドの左ボタン（機種によっては左下の領域）を1回押します。

▼ 右クリック

右クリックの操作は、操作対象に関する特別なメニューを表示する場合などに使います。

> マウスの右ボタンを1回押します。

> タッチパッドの右ボタン（機種によっては右下の領域）を1回押します。

▼ ダブルクリック

ダブルクリックの操作は、各種アプリを起動したり、ファイルやフォルダーなどを開く際に使います。

| マウスの左ボタンをすばやく2回押します。 | タッチパッドの左ボタン（機種によっては左下の領域）をすばやく2回押します。 |

▼ ドラッグ

ドラッグの操作は、画面上の操作対象を別の場所に移動したり、操作対象のサイズを変更する際などに使います。

マウスの左ボタンを押したまま、マウスを動かします。目的の操作が完了したら、左ボタンから指を離します。

タッチパッドの左ボタン（機種によっては左下の領域）を押したまま、タッチパッドを指でなぞります。目的の操作が完了したら、左ボタンから指を離します。

ホイールの使い方

ほとんどのマウスには、左ボタンと右ボタンの間にホイールが付いています。ホイールを上下に回転させると、Web ページなどの画面を上下にスクロールすることができます。そのほかにも、Ctrl を押しながらホイールを回転させると、画面を拡大／縮小したり、フォルダーのアイコンの大きさを変えることができます。

▼ 半角／全角キー

日本語入力と英語入力を切り替えます。

▼ ファンクションキー

12個のキーには、ソフトごとによく使う機能が登録されています。

▼ デリートキー

文字を消すときに使います。「del」と表示されている場合もあります。

▼ 文字キー

文字を入力します。

▼ バックスペースキー

入力位置を示すポインターの直前の文字を1文字削除します。

▼ エンターキー

変換した文字を決定するときや、改行するときに使います。

▼ オルトキー

メニューバーのショートカット項目の選択など、ほかのキーと組み合わせて操作を行います。

▼ Windows キー

画面を切り替えたり、[スタート]メニューを表示したりするときに使います。

▼ 方向キー

文字を入力するときや、位置を移動するときに使います。

▼ スペースキー

ひらがなを漢字に変換したり、空白を入れたりするときに使います。

▼ シフトキー

文字キーの左上の文字を入力するときは、このキーを使います。

③ タッチ操作

▼ タップ

トン

画面に触れてすぐ離す操作です。ファイルなど何かを選択するときや、決定を行う場合に使用します。マウスでのクリックに当たります。

▼ ダブルタップ

トントン

タップを2回繰り返す操作です。各種アプリを起動したり、ファイルやフォルダーなどを開く際に使用します。マウスでのダブルクリックに当たります。

▼ ホールド

画面に触れたまま長押しする操作です。詳細情報を表示するほか、状況に応じたメニューが開きます。マウスでの右クリックに当たります。

▼ ドラッグ

操作対象をホールドしたまま、画面の上を指でなぞり上下左右に移動します。目的の操作が完了したら、画面から指を離します。

▼ スワイプ／スライド

画面の上を指でなぞる操作です。ページのスクロールなどで使用します。

▼ フリック

画面を指で軽く払う操作です。スワイプと混同しやすいので注意しましょう。

▼ ピンチ／ストレッチ

2本の指で対象に触れたまま指を広げたり狭めたりする操作です。拡大（ストレッチ）／縮小（ピンチ）が行えます。

▼ 回転

2本の指先を対象の上に置き、そのまま両方の指で同時に右または左方向に回転させる操作です。

PowerPointの基本技！

第2章 ▶ スライド作成の快適技！

第3章 スライドマスターの便利技！

文字入力の快速技！

‖ワードアート

‖特殊な文字

第5章 アウトラインの便利技！

‖アウトラインの基本

‖アウトライン入力のテクニック

第6章 図形作成の活用技！

‖図形の挿入

‖図形の操作

Contents

第7章　写真やイラストの活用技！

第8章 ▶ 表作成の便利技！

‖表の作成

‖セルと文字

‖罫線の編集

第9章 グラフの活用技！

第10章 ▶ アニメーションの活用技！

スライド切り替えの活用技！

第12章 動画や音楽の便利技！

第13章 プレゼンテーションの活用技！

第14章 ▶ 印刷の快適技！

印刷の基本

フッターの印刷

ノートとアウトラインの印刷

さまざまな配布資料

第15章 保存や共有の便利技！

ご注意：ご購入・ご利用の前に必ずお読みください

● 本書に記載された内容は、情報提供のみを目的としています。したがって、本書を用いた運用は、必ずお客様自身の責任と判断によって行ってください。これらの情報の運用の結果について、技術評論社および著者はいかなる責任も負いません。

● ソフトウェアに関する記述は、特に断りのないかぎり、2023 年 1 月末日現在での最新バージョンをもとにしています。ソフトウェアはバージョンアップされる場合があり、本書の説明とは機能内容や画面図などが異なってしまうこともあり得ます。あらかじめご了承ください。

● インターネットの情報については、URL や画面などが変更されている可能性があります。ご注意ください。

● 本書では、以下の OS およびソフトウェアを使用して動作確認を行っています。ほかのバージョンの OS およびソフトウェアを使用した場合、本書で解説している操作を再現できない場合があります。
　Windows 11 Home ／ Microsoft Office 2021（PowerPoint 2021）、
　　Microsoft 365 Personal
　Windows 10 Home ／ Microsoft Office 2019/2016（PowerPoint 2019/2016）

以上の注意事項をご承諾いただいた上で、本書をご利用願います。これらの注意事項をお読みいただかずに、お問い合わせいただいても、技術評論社および著者は対処しかねます。あらかじめご承知おきください。

PowerPoint の基本技！

基本
1
2 スライド
3 マスター
4 文字入力
5 アウトライン
6 図形
7 写真・イラスト
8 表
9 グラフ
10 アニメーション
11 切り替え
12 動画・音楽
13 プレゼン
14 印刷
15 保存・共有

重要度 ★★★　ソフトの基礎情報

Q 001 PowerPointとは？

A プレゼンテーションをかんたんに作成できるソフトです。

提案や企画などの情報を相手に効果的に伝えるには、プレゼンテーションが有効です。Microsoft PowerPoint（以下、PowerPoint）は、図形や画像、グラフ、表などを多用した、わかりやすく見栄えのするプレゼンテーションをかんたんに作成できるソフトです。PowerPoint を利用すると、プレゼンテーションの準備から発表までの作業が省力化できます。

重要度 ★★★　ソフトの基礎情報

Q 002 Officeとは？

A マイクロソフトが提供するビジネス用ソフトをまとめたパッケージの総称です。

Office（Microsoft Office）は、マイクロソフトが開発・販売しているビジネス用ソフトをまとめたパッケージの総称です。表計算ソフトのExcel、ワープロソフトのWord、プレゼンテーションソフトのPowerPoint、電子メールソフトのOutlook、データベースソフトのAccess などが含まれます。各ソフトは、一部の仕様や操作性が統一されており、機能の連携やデータの共有が可能です。現在販売されているOffice でPowerPointが含まれているのは、大きく分けて「Office Home & Business」「Office Professional」「Microsoft 365 Personal」の3種類です。

● Office Home & Business 2021

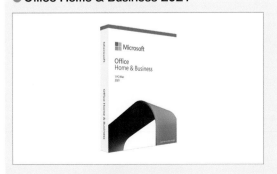

重要度 ★★★　ソフトの基礎情報

Q 003 バージョンによって違いはあるの？

A 利用できる機能や操作手順が異なる場合があります。

バージョンは、ソフトの改良、改訂の段階を表すもので、ソフト名の後ろに数字で表記され、新しいものほど数字が大きくなります。Windows 版のPowerPointには、「2016」「2019」「2021」などのバージョンがあり、現在販売されている最新のバージョンは、PowerPoint 2021です。

バージョンによって、搭載されているリボンやコマンドが違ったり、利用できる機能や操作手順が異なったりする場合があります。また、ソフトのアップデートによって変更されることもあります。

なお、Microsoft 365の場合はソフト名にかかわらず、常に最新版にバージョンアップされます。

重要度 ★★★　ソフトの基礎情報

Q 004 使用しているOfficeの情報を確認するには？

A ［ファイル］タブの［アカウント］で確認できます。

パソコンにインストールされているOffice 製品の情報を確認するには、［ファイル］タブから［アカウント］（画面サイズが小さい場合は［その他］から［アカウント］）をクリックします。表示される［アカウント］画面の［製品情報］欄で、製品名やバージョン番号などが確認できます。

> ここで製品情報を確認できます。

Q 005 PowerPoint 2021の新機能は？

A 以下のような機能が新たに追加されています。

● プレゼンテーションの共同編集

OneDriveやTeamsを利用して、同じプレゼンテーションを開き、複数人で閲覧したり編集したりできるようになりました。

● 検索ボックス

画面上部の検索ボックスを利用して、実行したい機能や、スライド内のテキスト、ヘルプなどをすばやく見つけることができるようになりました。

● ストック画像・ビデオの利用

マイクロソフトが提供するフリー素材の画像やビデオが利用できるようになりました。写真、アイコン、イラスト、ビデオなどがカテゴリ別に用意されています。

● スケッチスタイルの利用

[図形の書式]タブの[図形の枠線]の[スケッチ]から線の種類を選ぶことで、直線で描いた図形などを手書き風にすることができるようになりました。

● そのほかの新機能

・ファイルをOneDriveに保存すると、編集内容が一定間隔で自動的に保存されます。自動保存はオン／オフを切り替えることができます。
・発表者のビデオ録画機能が使いやすくなるとともに、ペンやレーザーポインターの記録もできるようになりました。
・プレゼンテーションをアニメーションGIFとして保存することができます。

Q 006 Microsoftアカウントは必要なの？

A Officeをインストールしてライセンス認証を行うには必要です。

Office 2021／2019／2016やMicrosoft 365をインストールしてライセンス認証を行うには、Microsoftアカウントが必要です。また、マイクロソフトがインターネット上で提供しているOneDriveやPowerPoint Onlineなどのサービスを利用する場合も必要です。Microsoftアカウントは、「https://signup.live.com」にアクセスして取得することができます。

参照▶ Q 249, Q 521

「https://signup.live.com」にアクセスして、[新しいメールアドレスを取得]をクリックします。

右側インデックス：基本 1／スライド 2／マスター 3／文字入力 4／アウトライン 5／図形 6／写真・イラスト 7／表 8／グラフ 9／アニメーション 10／切り替え 11／動画・音楽 12／プレゼン 13／印刷 14／保存・共有 15

基本
1
2 スライド
3 マスター
4 文字入力
5 アウトライン
6 図形
7 写真・イラスト
8 表
9 グラフ
10 アニメーション
11 切り替え
12 動画・音楽
13 プレゼン
14 印刷
15 保存・共有

重要度 ★★★ ソフトの基礎情報

Q 007 Office 2021とMicrosoft 365 はどんな違いがあるの？

A ライセンス形態やインストールできるデバイスなどが異なります。

Office 2021／2019／2016とMicrosoft 365は、ライセンス形態やインストールできるデバイス、OneDriveの容量などが異なります。

Office 2021／2019／2016は永続ライセンス型で、料金を支払って購入すれば永続的に使用できます。最大

2台のパソコンにインストールでき、OneDriveは5GBまで利用できます。

Microsoft 365はサブスクリプション型で、月額あるいは年額の料金を支払い続ければ、常に最新のOfficeアプリケーションを利用できます。契約は自動的に更新されますが、いつでもキャンセルが可能です。複数のデバイスに台数無制限にインストールでき、5台まで同時に利用することができます。OneDriveは1TBまで利用できます。

なお、Office 2021／2019／2016とMicrosoft 365の画面は、リボンやコマンドの見た目、操作方法や操作手順などはほとんど変わりません。

重要度 ★★★ PowerPointの起動

Q 008 PowerPointを すばやく起動したい！

A タスクバーにPowerPointのアイコンを登録します。

タスクバーにPowerPointのアイコンを登録しておくと、スタートメニューを開かなくても、アイコンをクリックするだけですばやく起動できます。スタートメニューから登録する方法と、起動したアイコンから登録する方法があります。

なお、タスクバーからピン留めを外すには、ピン留めしたアイコンを右クリックして、[タスクバーからピン留めを外す]をクリックします。

● スタートメニューから登録する

1 スタートメニューの[すべてのアプリ]を表示して、

2 [PowerPoint]を右クリックし、

3 [詳細]（Windows 10では[その他]）にマウスポインターを合わせて、

4 [タスクバーにピン留めする]をクリックすると、

5 タスクバーにアイコンが登録されます。

● 起動したPowerPointのアイコンから登録する

1 PowerPointを起動して、PowerPointのアイコンを右クリックし、

2 [タスクバーにピン留めする]をクリックします。

● タスクバーからピン留めを外す

1 ピン留めしたアイコンを右クリックして、

2 [タスクバーからピン留めを外す]をクリックします。

Q 009

PowerPointの画面の見方と用語を知りたい！

A PowerPointの標準画面で各部の名称と機能を確認しましょう。

PowerPointの標準画面は、下図のような構成になっています。画面の上部には「コマンド」が機能ごとにまとめられ、「タブ」をクリックして切り替えることができます。画面の中央にはスライドを編集するための「スライドウィンドウ」、左側にはスライドの表示を切り替えるための「スライドのサムネイル」が配置されています。PowerPointでは、それぞれのページを「スライド」、スライドの集まりを「プレゼンテーション」と呼びます。スライドには、テキストやグラフ、画像、表などを挿入するための「プレースホルダー」が表示されています。

タイトルバー
作業中のファイル名が表示されます。

検索ボックス
テキスト、ヘルプ、Web上の情報などを検索できます。

タブ
機能を実行するためのコマンドが分類されています。

リボン
コマンドを一連のタブに整理して分類します。

スライド
プレゼンテーションのそれぞれのページです。

スライドウィンドウ
スライドを編集するための領域です。

プレースホルダー
テキストやグラフ、画像、表などを挿入するための枠です。

ズームスライダー
スライドの表示倍率を変更します。

スライドのサムネイル
すべてのスライドの縮小版（サムネイル）が表示される領域です。

ステータスバー
作業中のスライド番号や表示モードが表示されます。

重要度 ★★★　スライドの基礎知識

Q **010** スライドを作る流れを知りたい！

A スライド全体の構成を決めてから、新規にスライドを作成します。

スライドを作成するには、事前にプレゼンテーションの目的と全体の構成を決めることが重要です。どのような情報をどのような順番や見せ方で伝えるのかを大まかに決めたら、実際にスライドを作成していきます。写真やイラスト、動画などの素材もあらかじめ用意しておきましょう。

❶ タイトルのスライドを作成する

新しいプレゼンテーションを作成すると、タイトル用の「タイトルスライド」が表示されるので、プレゼンテーションのタイトルとサブタイトルを入力します。

❷ スライドのテーマとバリエーションを決める

スライドの「テーマ」と「バリエーション」を設定し、プレゼンテーション全体のデザインを決めます。

❸ スライドを追加・作成する

スライドを追加して、各スライドのタイトルとテキストを入力します。スライドを追加するときは、レイアウトを指定できます。

❹ スライドを編集する

文字や段落の書式を設定したり、図形やグラフ、表などをスライドに追加したりして、見栄えのするスライドに仕上げます。また、プレゼンテーション全体にスライド番号や会社のロゴなどを挿入します。

❺ 画面切り替え効果やアニメーション効果を設定する

すべてのスライドが完成したら、アニメーション効果やスライドを切り替えるときの効果を設定して、プレゼンテーションを効果的に見せる工夫をします。

1 基本
2 スライド
3 マスター
4 文字入力
5 アウトライン
6 図形
7 写真・イラスト
8 表
9 グラフ
10 アニメーション
11 切り替え
12 動画・音楽
13 プレゼン
14 印刷
15 保存・共有

重要度 ★★★　スライドの基礎知識

Q 011 表示モードについて知りたい！

A 5種類の表示モードが用意されています。

PowerPointには、初期設定で表示される「標準」モードのほかに、「アウトライン表示」「スライド一覧」「ノート」「閲覧表示」の計5つの表示モードが用意されています。それぞれ異なる特徴を持つので、用途に応じて使い分けましょう。

表示モードは、[表示]タブの[プレゼンテーションの表示]グループから切り替えます。また、「スライド一覧」と「閲覧表示」はステータスバーの右側にあるコマンドから切り替えることもできます。

● 標準表示

初期設定のモードです。通常のスライドの編集はこのモードで行います。

● アウトライン表示

左側のウィンドウに各スライドのテキストだけが表示されます。プレゼンテーション全体の構成を確認しながら編集する際に便利です（Q 168参照）。

● スライド一覧表示

プレゼンテーション全体の構成を確認したいときに便利なモードです（Q 029参照）。

● ノート表示

発表者用のメモを編集できます（Q 082参照）。

● 閲覧表示

スライドショーをPowerPointのウィンドウで再生できます（Q 486参照）。

1 基本
2 スライド
3 マスター
4 文字入力
5 アウトライン
6 図形
7 写真・イラスト
8 表
9 グラフ
10 アニメーション
11 切り替え
12 動画・音楽
13 プレゼン
14 印刷
15 保存・共有

重要度 ★ ★ ★　スライドの作成と追加

Q 012 新しいプレゼンテーションを作りたい!

A PowerPointを起動して、[新しいプレゼンテーション]をクリックします。

新しいプレゼンテーションを作成するには、Power Point を起動して、[新しいプレゼンテーション] をクリックします。

PowerPoint を起動したあとで新しいプレゼンテーションを作成するには、[ファイル]タブをクリックして、[新規]をクリックし、[新しいプレゼンテーション]をクリックします。

ここでは無地のプレゼンテーションを作成していますが、テーマやテンプレートを利用して、見栄えのするデザインのスライドを作成することもできます。

参照 ▶ Q 042, Q 045

1 PowerPointを起動して、

2 [新しいプレゼンテーション]をクリックすると、新しいプレゼンテーションが作成できます。

● 起動後に新しいプレゼンテーションを作成する

1 [ファイル]タブをクリックして、

2 [新規]をクリックし、

3 [新しいプレゼンテーション]をクリックすると別のウィンドウが開き、新しいプレゼンテーションが作成できます。

重要度 ★ ★ ★　スライドの作成と追加

Q 013 スライドのデザインを変えるには?

A スライドにテーマを設定します。

テーマは、スライドの配色やフォント (書体)、効果、背景色などの組み合わせがあらかじめ登録されているデザインのひな形です。テーマを利用することで、デザイン性の高いプレゼンテーションをかんたんに作成することができます。

テーマは通常、新規のプレゼンテーションを作成する際に設定しますが、プレゼンテーションの編集中に、すでに設定したテーマを変更することができます。また、テーマをカスタマイズして色合いを変えることもできます。

参照 ▶ Q 014, Q 015, Q 045, Q 046, Q 047

1 無地のスライドに、

2 テーマを設定すると、デザイン性の高いプレゼンテーションが作成できます。

重要度 ★★★　スライドの作成と追加

Q 014 スライドのテーマを変更したい！

A [デザイン]タブの [テーマ]から変更します。

すべてのスライドのテーマを変更するには、[デザイン]タブの [テーマ]から設定したいテーマを選択します。特定のスライドだけテーマを変更したい場合は、変更したいスライドを選択した状態で、目的のテーマを右クリックして、[選択したスライドに適用]をクリックします。なお、スライドの中に図形などのオブジェクトを配置している場合は、レイアウトが崩れてしまう場合があるので注意が必要です。

1 [デザイン] タブをクリックして、

2 [テーマ]の [その他]をクリックします。

3 設定したいテーマ（ここでは [インテグラル]）をクリックすると、

4 テーマが変更されます。

重要度 ★★★　スライドの作成と追加

Q 015 テーマのバリエーションを変更したい！

A [デザイン]タブの [バリエーション]から変更します。

テーマには、背景の図柄や色のトーンなどが異なる「バリエーション」が用意されています。すべてのスライドのバリエーションを変更するには、[デザイン]タブの[バリエーション]から目的のバリエーションを選択します。特定のスライドだけバリエーションを変更したい場合は、変更したいスライドを選択した状態で、目的のバリエーションを右クリックして、[選択したスライドに適用]をクリックします。

1 [デザイン] タブをクリックして、

2 目的のバリエーションをクリックすると、

3 バリエーションが変更されます。

左段

重要度 ★★★　スライドの作成と追加

Q 016 タイトルスライドを作りたい！

A タイトルとサブタイトルを入力します。

新しいプレゼンテーションを作成すると、タイトル用の「タイトルスライド」が最初に表示されます。
タイトルスライドには、タイトル用の枠（プレースホルダー）と、サブタイトル用の枠が用意されています。それぞれのプレースホルダーをクリックして、タイトルとサブタイトルを入力します。
プレースホルダーの位置や文字の配置、書体などは、設定したテーマによって異なります。

参照 ▶ Q 012, Q 017

1 新しいプレゼンテーションを作成します。

2 タイトル用のプレースホルダーの内側をクリックして、

3 タイトルを入力します。

関東ふれあいの道
神奈川県コース

4 同様にサブタイトルを入力して、

関東ふれあいの道
神奈川県コース

5 プレースホルダーの外をクリックすると、入力が完了します。

右段

重要度 ★★★　スライドの作成と追加

Q 017 プレースホルダーとは？

A スライド上に文字やグラフ、画像などを挿入するための枠です。

プレースホルダーとは、スライド上に文字を入力したり、表やグラフ、画像などのオブジェクトを挿入したりするために配置されている枠のことです。
プレースホルダーには、タイトル用、コンテンツ用、縦書きのコンテンツ用など、さまざまな種類が用意されています。また、スライドには複数のレイアウトがあり、プレースホルダーの種類や配置を選ぶことができます。プレースホルダーは、ドラッグ操作でサイズを変更したり、プレースホルダーを選択した状態で位置を移動したりすることができます。
なお、テキストボックスを利用してもスライドに文字を入力することができます。ただし、アウトラインには表示されないので、プレゼンテーション全体の構成を確認しながらスライドを作成するときは、プレースホルダーに入力しましょう。

タイトル用のプレースホルダー　　コンテンツ用のプレースホルダー

タイトルを入力
・テキストを入力

タイトルを入力
・テキストを入力

縦書き用のプレースホルダー

Q 018 スライドを追加したい！

A [ホーム]タブの
[新しいスライド]をクリックします。

スライドを追加するには、[ホーム]タブの[新しいスライド]をクリックします。新しいスライドは、現在スライドウィンドウに表示しているスライドのあとに追加されます。追加されるスライドのレイアウトは、直前のスライドと同じですが、タイトルスライドの次は[タイトルとコンテンツ]スライドが追加されます。
また、追加したい位置の前のスライドをクリックして、[Enter]を押しても新しいスライドが追加されます。

1 タイトルのスライドをクリックして、

2 [ホーム]タブの[新しいスライド]をクリックすると、

3 クリックしたスライドのあとに新しいスライドが追加されます。

Q 019 レイアウトを選んでスライドを追加したい！

A [ホーム]タブの[新しいスライド]からレイアウトを指定します。

[ホーム]タブの[新しいスライド]の上の部分をクリックすると、既定の[タイトルとコンテンツ]スライドか、選択しているスライドと同じレイアウトのスライドが追加されます。
レイアウトを指定してスライドを追加したい場合は、[新しいスライド]の下の部分をクリックし、表示される一覧からレイアウトを選択します。

1 挿入する位置の前のスライドをクリックします。

2 [ホーム]タブの[新しいスライド]のここをクリックして、

3 目的のレイアウト（ここでは[2つのコンテンツ]）をクリックすると、

4 指定したレイアウトのスライドが挿入されます。

基本

1 基本
2 スライド
3 マスター
4 文字入力
5 アウトライン
6 図形
7 写真・イラスト
8 表
9 グラフ
10 アニメーション
11 切り替え
12 動画・音楽
13 プレゼン
14 印刷
15 保存・共有

重要度 ★★★ スライドの作成と追加

Q 020 レイアウトの種類を知りたい！

A レイアウトは11種類用意されています。

PowerPointにはコンテンツの配置パターンなどが決められたレイアウトが複数用意されています。用意されているレイアウトは、設定しているテーマによって種類や配置などが異なりますが、レイアウトは以下の11種類です。スライドの内容に合わせてレイアウトを指定することで、見やすいスライドをかんたんに作ることができます。オリジナルのレイアウトを作成することもできます。

レイアウトの一覧は、[ホーム]タブの[レイアウト]をクリックすると表示されます。

● レイアウトの種類と用途

● **タイトルスライド**
プレゼンテーションの表紙を作るときに使います。

● **タイトルとコンテンツ**
タイトルと、テキスト、表、グラフ、画像、ビデオなどを挿入するときに使います。

● **セクション見出し**
区切りのスライドを作るときに「中表紙」的に使います。

● **2つのコンテンツ**
2つのオブジェクトやテキストを並べて挿入するときに使います。

● **比較**
2つのオブジェクトやテキストにそれぞれタイトルを付けて挿入するときに使います。

● **タイトルのみ**
写真や図形などを自由に配置し、タイトルを付けたいときに使います。

● **白紙**
写真や図形などを自由に配置したいときに使います。

● **タイトル付きのコンテンツ**
各種オブジェクトとタイトル、コメントなどを入れたいときに使います。

● **タイトル付きの図**
画像にタイトルやコメントなどを付けて入れたいときに使います。

● **タイトルと縦書きテキスト**
横書きのタイトルと縦書きのテキストを入れたいときに使います。

● **縦書きタイトルと縦書きテキスト**
縦書きのタイトルと縦書きのテキストを入れたいときに使います。

Q 021 スライドのレイアウトを変更したい！

A [ホーム]タブの[レイアウト]から変更します。

スライドのレイアウトは、スライドを追加したあとでも自由に変更することができます。[ホーム]タブの[レイアウト]をクリックし、表示される一覧からレイアウトを選びクリックします。レイアウトの変更は、テキストを入力したあとでも行えますが、表示が乱れることもあるので注意しましょう。

[2つのコンテンツ]のスライドが設定されています。

```
タイトルを入力
・テキストを入力    ・テキストを入力
```

1 [ホーム]タブの[レイアウト]をクリックして、

2 変更したいレイアウト（ここでは[タイトル付きのコンテンツ]）をクリックすると、

3 レイアウトが変更されます。

```
タイトルを入力        ・テキストを入力
テキストを入力
```

Q 022 スライドに文字を入力したい！

A プレースホルダー内をクリックしてカーソルを表示します。

文字は通常、プレースホルダー内に入力します。プレースホルダー内をクリックしてカーソルを表示し、必要な文字を入力します。ただし、図だけを追加するプレースホルダーなどには入力できません。
なお、行頭記号（行頭文字）が設定されているプレースホルダーに文字を入力して改行すると、自動的に箇条書きが設定されます。

参照▶Q 025

1 プレースホルダー内をクリックすると、

神奈川県コース一覧
湘南・三浦エリア
・テキストを入力

2 カーソルが表示され、文字が入力できる状態になるので、

神奈川県コース一覧
湘南・三浦エリア

3 文字を入力します。

神奈川県コース一覧
湘南・三浦エリア
・三浦岩礁のみち
・油壺・入江のみち
・荒崎・潮騒のみち

4 同様に、改行しながら必要な文字を入力します。

基本
1
2 スライド
3 マスター
4 文字入力
5 アウトライン
6 図形
7 写真・イラスト
8 表
9 グラフ
10 アニメーション
11 切り替え
12 動画・音楽
13 プレゼン
14 印刷
15 保存・共有

基本
1
2 スライド
3 マスター
4 文字入力
5 アウトライン
6 図形
7 写真・イラスト
8 表
9 グラフ
10 アニメーション
11 切り替え
12 動画・音楽
13 プレゼン
14 印刷
15 保存・共有

重要度 ★★★　文字入力のテクニック

Q 023 文字をすばやく コピーしたい！

A 文字を選択して Ctrl を押しながら ドラッグします。

文字をすばやくコピーするには、マウスとキーボードのキーを利用します。コピーする文字をドラッグして選択し、Ctrl を押しながら貼り付ける位置までドラッグします。［ホーム］タブの［コピー］と［貼り付け］を利用するより、かんたんにコピーが実行できます。

1 文字をドラッグして 選択します。

2 Ctrl を押しながら ドラッグすると、

3 文字が コピーされます。

重要度 ★★★　文字入力のテクニック

Q 024 文字をかんたんに 移動させたい！

A 文字を選択してドラッグします。

文字の移動は、マウスだけでかんたんに行えます。移動する文字を選択して、移動先へドラッグすると、文字が移動します。［ホーム］タブの［切り取り］と［貼り付け］を利用するより、かんたんに移動が実行できます。

1 文字をドラッグして 選択します。

2 貼り付け位置まで ドラッグすると、

3 文字が 移動されます。

重要度 ★★★　文字入力のテクニック

Q 025 行頭文字を付けずに 改行したい！

A 改行したい位置で Shift を押しながら Enter を押します。

行頭記号（行頭文字）のあるプレースホルダーに文字を入力して改行すると、次の段落にも行頭文字が自動的に付きます。行頭文字を付けずに改行したいときは、改行時に Shift を押しながら Enter を押します。
また、行頭文字を BackSpace などで消去すると、行頭文字が表示されなくなります。

1 行頭文字のあるプレースホルダーに 文字を入力して改行すると、

湘南・三浦エリア
・三浦岩礁のみち

2 次の段落にも行頭文字が自動的に付きます。

3 行頭文字を付けずに改行したいときは、 Shift ＋ Enter を押します。

湘南・三浦エリア
・三浦岩礁のみち

基本 1
スライド 2
マスター 3
文字入力 4
アウトライン 5
図形 6
写真・イラスト 7
表 8
グラフ 9
アニメーション 10
切り替え 11
動画・音楽 12
プレゼン 13
印刷 14
保存・共有 15

重要度 ★★★ 　文字入力のテクニック

Q 026 離れた文字を まとめて選択したい！

A Ctrl を押したまま 文字をドラッグします。

離れた文字をまとめて選択するには、Ctrl を押したまま文字をドラッグします。複数の文字に同じ書式を設定したい場合などに有用です。

Ctrl を押したまま 複数の文字をドラッグします。

重要度 ★★★ 　間違いの修正

Q 027 操作を取り消したい！

A [ホーム]タブの [元に戻す]をクリックします。

操作を間違えた場合は、[ホーム]タブの [元に戻す] をクリックすると、直前の操作を取り消すことができます。また、[元に戻す]の をクリックすると、複数の操作をまとめて取り消すことができます。

1 [元に戻す]をクリックすると、直前に行った操作を取り消すことができます。

2 [元に戻す]の ここを クリックすると、

3 複数の操作を まとめて取り消す ことができます。

重要度 ★★★ 　間違いの修正

Q 028 間違えた操作を やり直したい！

A [ホーム]タブの [やり直し]をクリックします。

もとに戻した操作をやり直したい場合は、[ホーム]タブの [やり直し] をクリックします。

[やり直し]をクリックすると、取り消した操作がやり直されます。

重要度 ★★★ 　スライドの編集

Q 029 スライドの一覧を見たい！

A 表示モードを「スライド一覧」に 切り替えます。

スライドを一覧で見るには、[表示]タブの [スライド一覧]をクリックするか、ステータスバーの [スライド一覧] をクリックして切り替えます。スライドの順番は左下の数字で確認できます。

1 [表示]タブを クリックして、

2 [スライド一覧]を クリックすると、

[標準]をクリックすると、もとの標準表示に戻ります。

3 スライドが一覧で 表示されます。

基本

1 基本

2 スライド

3 マスター

4 文字入力

5 アウトライン

6 図形

7 写真・イラスト

8 表

9 グラフ

10 アニメーション

11 切り替え

12 動画・音楽

13 プレゼン

14 印刷

15 保存・共有

重要度 ★★★　スライドの編集

Q 030 スライドの順番を 入れ替えたい！

A スライドのサムネイルで スライドをドラッグします。

スライドの順番を入れ替えたいときは、スライドのサムネイルでスライドを選択し、移動したい位置までドラッグします。スライド一覧表示でもドラッグで移動できます。

参照▶Q 029

1 移動したい スライドを クリックして、

2 移動先にドラッグすると、 スライドが移動して 順番が変わります。

重要度 ★★★　スライドの編集

Q 031 スライドをコピーしたい！

A ［ホーム］タブの［コピー］と ［貼り付け］を利用します。

スライドをコピーするには、スライドをクリックして、［ホーム］タブの［コピー］をクリックします。続いて、貼り付け先をクリックして、［ホーム］タブの［貼り付け］をクリックします。
なお、［コピー］の▼をクリックして、［複製］をクリックすると、コピーしたスライドの次にスライドが複製されます。

1 スライドを クリックして、

2 ［ホーム］タブの ［コピー］を クリックします。

3 貼り付ける場所を クリックして、

4 ［ホーム］タブの［貼り付け］を クリックすると、

5 スライドがコピーされます。

重要度 ★★★　スライドの編集

Q 032 不要なスライドを 削除したい！

A ［スライドの削除］を クリックするか、Delete を押します。

不要なスライドを削除するには、スライドのサムネイルで削除したいスライドを右クリックして、［スライドの削除］をクリックします。あるいは、スライドをクリックして Delete または BackSpace を押します。

1 サムネイルで 削除したいスライドを 右クリックして、

2 ［スライドの削除］を クリックすると、

3 指定したスライドが 削除されます。

基本

1
2
スライド
3
マスター
文字入力
4
アウトライン
5
図形
6
写真・イラスト
表
7
8
グラフ
9
アニメーション
10
切り替え
11
動画・音楽
12
プレゼン
13
印刷
14
保存・共有
15

重要度 ★★★　保存と終了

Q 033

新しくファイルを
保存したい！

A [ファイル]タブから[名前を
付けて保存]をクリックします。

作成したプレゼンテーションを保存するには、[ファイル]タブから[名前を付けて保存]をクリックし、[参照]をクリックします。

[名前を付けて保存]ダイアログボックスが表示されるので、保存場所を指定してファイル名を入力し、[保存]をクリックします。

なお、OneDriveに保存する場合は、手順3で[OneDrive-個人用]をクリックして、右側の[OneDrive-個人用]にファイル名を入力し、[保存]をクリックします。

1 [ファイル]タブをクリックして、

2 [名前を付けて保存]をクリックし、

3 [参照]をクリックします。

4 保存場所を指定して、

5 ファイル名を入力し、

6 [保存]をクリックします。

重要度 ★★★　保存と終了

Q 034

ファイルを
上書き保存したい！

A クイックアクセスツールバーの
[上書き保存]をクリックします。

保存したファイルを開いて編集したあと、同じ場所に同じファイル名で保存する場合は、クイックアクセスツールバーの[上書き保存] 🖫 をクリックするか、[ファイル]タブから[上書き保存]をクリックします。

なお、ファイルをOneDriveに保存している場合は自動保存が「オン」になり、一定(初期設定は10分)間隔で自動的に上書き保存されます。

[上書き保存]をクリックすると、
上書き保存されます。

自動保存が「オン」になっている場合は、
自動的に上書き保存されます。

基本 1
2 スライド
3 マスター
4 文字入力
5 アウトライン
6 図形
7 写真・イラスト
8 表
9 グラフ
10 アニメーション
11 切り替え
12 動画・音楽
13 プレゼン
14 印刷
15 保存・共有

重要度 ★★★ 保存と終了

Q 035 PowerPointを終了したい!

A 画面右上の[閉じる]をクリックします。

PowerPoint を終了するには、画面右上の[閉じる]✕ をクリックします。複数のウィンドウを開いている場合は、クリックしたウィンドウのみが閉じます。なお、[ファイル]タブをクリックして、[閉じる]をクリックすると、PowerPoint 自体を終了するのではなく、開いているプレゼンテーションのみが終了します。

[閉じる]をクリックすると、PowerPointが終了します。

重要度 ★★★ 保存と終了

Q 036 「変更内容を保存しますか?」と表示された!

A プレゼンテーションを保存するかどうかを指定します。

プレゼンテーションの作成や編集を行っていた場合に、保存しないでPowerPoint を終了しようとすると、確認のメッセージが表示されます。保存してから終了する場合は[上書き保存]を、保存せずに閉じる場合は[保存しない]を、終了を取り消す場合は[キャンセル]をクリックします。

重要度 ★★★ 保存と終了

Q 037 以前作ったファイルを開きたい!

A [ファイル]タブから[開く]をクリックします。

保存してあるファイルを開くには、[ファイル]タブから[開く]をクリックして、[参照]をクリックします。[ファイルを開く]ダイアログボックスが表示されるので、ファイルの保存先を指定して、目的のファイルをクリックし、[開く]をクリックします。

1 [ファイル]タブから[開く]をクリックして、

2 [参照]をクリックします。

3 ファイルの保存場所を指定して、

4 目的のファイルをクリックし、

5 [開く]をクリックすると、

6 プレゼンテーションが表示されます。

038 リボンが消えてしまった！

A [リボンの表示オプション]を クリックして表示させます。

● PowerPoint 2021の場合

リボン全体が非表示になっている場合は、画面の上部をクリックします。リボンが一時的に表示されるので、[リボンの表示オプション]をクリックして、[常にリボンを表示する]をクリックすると、リボンが表示されます。なお、タブのみの表示になっている場合は、いずれかのタブの名前の部分をダブルクリックします。

1 画面の上部をクリックして、

2 [リボンの表示オプション]をクリックし、

3 [常にリボンを表示する]をクリックします。

● PowerPoint 2019/2016の場合

PowerPoint 2019/2016の場合は、[リボンの表示オプション]をクリックして、[タブとコマンドの表示]をクリックすると、リボンが表示されます。

1 [リボンの表示オプション]をクリックして、

2 [タブとコマンドの表示]をクリックします。

---

039 クイックアクセスツール バーが表示されていない！

A [リボンの表示オプション]から 表示させます。

「クイックアクセスツールバー」は、よく使う機能をコマンドとして登録しておくことができる領域です。PowerPoint 2021の初期設定では、クイックアクセスツールバーは表示されていません。表示するには、以下の手順で設定します。なお、既定ではリボンの下に表示されますが、移動することができます。PowerPoint 2019/2016では、最初から表示されています。

1 [リボンの表示オプション]をクリックして、

2 [クイックアクセスツールバーを表示する]をクリックすると、

3 クイックアクセスツールバーが表示されます。

4 ここをクリックして、

5 [リボンの上に表示]をクリックすると、リボンの上に移動されます。

重要度 ★★★ タブとクイックアクセスツールバー

Q 040 よく使う機能をすばやく使えるようにしたい！

A クイックアクセスツールバーにコマンドを登録します。

よく使うコマンドをクイックアクセスツールバーに登録しておくと、タブを切り替える手間が省け、すばやく機能を実行することができます。コマンドを登録するには以下の3つの方法があります。なお、クイックアクセスツールバーが表示されていない場合は、Q 039を参照して表示します。

登録したコマンドを削除したい場合は、クイックアクセスツールバーで削除したいコマンドを右クリックして、[クイックアクセスツールバーから削除]をクリックします。

● メニューから登録する

1 [クイックアクセスツールバーのユーザー設定]をクリックして、

2 追加したいコマンド(ここでは[開く])をクリックすると、コマンドが登録されます。

● コマンドの右クリックから登録する

1 登録したいコマンド(ここでは[画像])を右クリックして、

2 [クイックアクセスツールバーに追加]をクリックすると、コマンドが登録されます。

● [PowerPointのオプション]から登録する

1 [クイックアクセスツールバーのユーザー設定]をクリックして、

2 [その他のコマンド]をクリックします。

3 [基本的なコマンド]を選択して、

4 登録したいコマンド(ここでは[新しいファイル])をクリックし、

5 [追加]をクリックします。

6 [OK]をクックすると、

7 コマンドがクイックアクセスツールバーに登録されます。

● コマンドの削除

1 コマンドを右クリックして、

2 [クイックアクセスツールバーから削除]をクリックします。

スライド作成の快適技!

1 基本
2 スライド
3 マスター
4 文字入力
5 アウトライン
6 図形
7 写真・イラスト
8 表
9 グラフ
10 アニメーション
11 切り替え
12 動画・音楽
13 プレゼン
14 印刷
15 保存・共有

重要度 ★★★　テンプレートの利用

Q 041 テンプレートについて知りたい！

A プレゼンテーションを作成する際のひな形のことです。

テンプレートとは、新しいプレゼンテーションを作成する際のひな形となるファイルのことで、利用すれば、ストーリーのあるプレゼンテーションをかんたんに作成することができます。テンプレートには、レイアウトやテーマの色、テーマのフォント、テーマの効果、背景のスタイルが設定されているほか、表やグラフなどのコンテンツがあらかじめ含まれているものもあります。自分で作成したスライドのデザインをテンプレートに登録して、再利用することもできます。

参照▶Q 042, Q 043

● テンプレートに含まれる要素

テンプレートに含まれる要素は、それぞれのテンプレートによって異なりますが、おもに以下のような要素が含まれます。それぞれの要素を編集して、目的のプレゼンテーションを作成します。

スライドタイトルやテキスト

画像やテクスチャ、グラデーション、単色の塗りつぶしなどの背景書式

文字色やフォント、効果、テーマのデザイン

テキストを入力するプレースホルダー

● テンプレートの種類

テンプレートは豊富な種類が用意されています。ビジネス、教育、各種ラベル、業界、イベント、カードなど、用途に応じて探すこともできます。

● プレゼンテーション

● ビジネス

● 教育

● イベント

Q 042 テンプレートを利用したい！

A [新規]画面でテンプレートを検索してダウンロードします。

テンプレートを利用するには、[ファイル]タブから[新規]をクリックして、検索ボックスにキーワードを入力して検索します。あるいは、検索ボックスの下にある[検索の候補]から目的の項目をクリックして、検索します。

1 [ファイル]タブから[新規]をクリックして、

2 検索ボックスにキーワード（ここでは[プロジェクト]）を入力し、

3 ここをクリックします。

4 使用したいテンプレートをクリックして、

5 [作成]をクリックすると、テンプレートがダウンロードされます。

Q 043 作成したスライドをテンプレートにしたい！

A ファイルの種類をPowerPointテンプレートにして保存します。

テーマやレイアウトを編集したスライドを再利用したい場合は、作成したプレゼンテーションをテンプレートに登録します。プレゼンテーションをテンプレートとして登録するには、プレゼンテーションを保存する際に、ファイルの種類を「PowerPointテンプレート」にします。既定の保存先は、[Officeのカスタムテンプレート]フォルダーです。

1 [ファイル]タブから[名前を付けて保存]をクリックして、

2 [参照]をクリックします。

保存先は自動的に指定されます。

3 [PowerPointテンプレート]を選択して、

4 ファイル名を入力し、

5 [保存]をクリックします。

基本 1
スライド 2
マスター 3
文字入力 4
アウトライン 5
図形 6
写真・イラスト 7
表 8
グラフ 9
アニメーション 10
切り替え 11
動画・音楽 12
プレゼン 13
印刷 14
保存・共有 15

1 基本
2 スライド
3 マスター
4 文字入力
5 アウトライン
6 図形
7 写真・イラスト
8 表
9 グラフ
10 アニメーション
11 切り替え
12 動画・音楽
13 プレゼン
14 印刷
15 保存・共有

重要度 ★★★　テンプレートの利用

Q 044 保存したテンプレートを利用したい!

A [ファイル]タブの [新規]の [個人用]から開きます。

保存したオリジナルのテンプレートを利用するには、[ファイル]タブから [新規]をクリックして、[個人用]をクリックして表示します。

ただし、既定のフォルダー以外に保存したテンプレートは表示されないので注意しましょう。手順**2**の [個人用]が表示されていない場合は、既定フォルダーにテンプレートが保存されているか確認する必要があります。

参照▶Q 043

1 [ファイル]タブから [新規]をクリックして、

2 [個人用]をクリックします。

3 保存したテンプレートをクリックして、

4 [作成]をクリックします。

重要度 ★★★　テーマの設定

Q 045 テーマを利用したい!

A [ファイル]タブの [新規]からテーマを選びます。

テーマは、[ファイル]タブから [新規]をクリックすると、[新規]画面に一覧で表示されます。[新規]画面にはテーマのほかに、過去に利用したテンプレートも表示されます。

参照▶Q 013, Q 042

1 [ファイル]タブをクリックして、[新規]をクリックし、

2 利用したいテーマ(ここでは [アトラス])をクリックします。

3 バリエーションをクリックして、

4 [作成]をクリックすると、

5 テーマが設定されます。

Q 046 スライドの配色をかんたんに変更したい！

A [デザイン]タブの[バリエーション]の[配色]から変更します。

テーマやバリエーションには、テーマの雰囲気に合わせて、背景や文字の配色パターンが複数用意されています。[デザイン]タブの[バリエーション]の[その他] ▽ をクリックして、[配色]から変更したい配色を選択すると、テーマはそのままでスライドの配色だけを変更することができます。

指定したスライドの配色だけを変更する場合は、目的の配色を右クリックして、[選択したスライドに適用]をクリックします。

1 [デザイン]タブをクリックして、

2 [バリエーション]の[その他]をクリックします。

3 [配色]にマウスポインターを合わせて、

4 変更したい配色をクリックすると、

5 スライド全体の配色が変更されます。

Q 047 背景の色を変更したい！

A [バリエーション]の[背景のスタイル]から変更します。

スライド全体の背景の色を変更するには、[デザイン]タブの[バリエーション]の[その他] ▽ をクリックして、[背景のスタイル]から選択します。[背景のスタイル]には、背景の色やグラデーションなどのパターンが用意されています。

[背景のスタイル]に目的の色がない場合は、手順 **4** で[背景の書式設定]をクリックして、[背景の書式設定]作業ウィンドウで色を設定できます。

1 [デザイン]タブをクリックして、

2 [バリエーション]の[その他]をクリックします。

3 [背景のスタイル]にマウスポインターを合わせて、

4 設定したい背景（ここでは[スタイル10]）をクリックすると、

5 スライドの背景スタイルが変更されます。

基本 1
スライド 2
マスター 3
文字入力 4
アウトライン 5
図形 6
写真・イラスト 7
表 8
グラフ 9
アニメーション 10
切り替え 11
動画・音楽 12
プレゼン 13
印刷 14
保存・共有 15

55

1 基本

2 スライド

3 マスター

4 文字入力

5 アウトライン

6 図形

7 写真・イラスト

8 表

9 グラフ

10 アニメーション

11 切り替え

12 動画・音楽

13 プレゼン

14 印刷

15 保存・共有

重要度 ★★★　テーマの設定

Q 048 スライドの配色を自分で設定して保存したい！

A [配色]から[色のカスタマイズ]をクリックして設定します。

テーマの配色パターンをカスタマイズして、オリジナルの配色を設定することもできます。[デザイン]タブの[バリエーション]の[その他] ▽ をクリックして、[配色]から[色のカスタマイズ]をクリックし、表示されるダイアログボックスで設定します。

1 [デザイン]タブの[バリエーション]の [その他] ▽ をクリックして、

2 [配色]にマウスポインターを合わせ、

3 [色のカスタマイズ]をクリックします。

4 各部分の色を選択して、

5 配色の名前を入力し、

6 [保存]をクリックします。

重要度 ★★★　テーマの設定

Q 049 保存した配色の設定を利用したい！

A [バリエーション]の[配色]の[ユーザー定義]から利用します。

カスタマイズして保存した配色は、[配色]の[ユーザー定義]に保存されています。[デザイン]タブの[バリエーション]の[その他] ▽ をクリックして、[配色]の[ユーザー定義]から保存した配色を選択します。保存された配色は、ほかのプレゼンテーションでも利用することができます。

1 [デザイン]タブをクリックして、

2 [バリエーション]の[その他]をクリックします。

3 [配色]にマウスポインターを合わせて、

4 [ユーザー定義]から保存した配色をクリックすると、

5 カスタマイズした配色が設定されます。

Q 050 書式とは？

A 文字や図形、画像などの見せ方を設定するのが書式です。

必要な情報を正確に伝え、かつ訴求力のあるプレゼンテーションを作成するには、書式の設定が欠かせません。いかに文字を見やすく読みやすくするか、図や表を効果的に見せるかなどの見せ方を設定するのが「書式」です。

書式には、文字サイズ、文字色、フォント（書体）などを設定する文字書式、箇条書き、文字配置、行間などを設定する段落書式、図や表、グラフの色やスタイルなどを設定する書式があります。

● 文字書式の設定例

フォント、文字サイズ、文字色を変更し、文字効果（反射）を設定しています。

箇条書きにレベルを設定し、文字色を変更しています。

● 表に書式を設定した例

表のスタイルを変更しています。

Q 051 スライド全体のフォントをまとめて設定したい！

A [デザイン]タブの[バリエーション]の[フォント]から変更します。

テーマで使われているフォントをまとめて変更するには、[デザイン]タブの[バリエーション]の[その他] ▽ をクリックして、[フォント]から変更したいフォントセットを選択します。各フォントセットには、上から「英数字」「見出し」「本文」の3つのフォントの組み合わせが表示されます。ただし、文字のフォントを個別に自分で変更してからスライド全体でフォントを設定した場合は、テーマ全体の変更内容は適用されません。

1 [デザイン]タブをクリックして、

2 [バリエーション]の[その他]をクリックします。

3 [フォント]にマウスポインターを合わせて、

4 変更したいフォントのセットをクリックすると、

5 スライド全体のフォントが変更されます。

基本 1
スライド 2
マスター 3
文字入力 4
アウトライン 5
図形 6
写真・イラスト 7
表 8
グラフ 9
アニメーション 10
切り替え 11
動画・音楽 12
プレゼン 13
印刷 14
保存・共有 15

1 基本
2 スライド
3 マスター
4 文字入力
5 アウトライン
6 図形
7 写真・イラスト
8 表
9 グラフ
10 アニメーション
11 切り替え
12 動画・音楽
13 プレゼン
14 印刷
15 保存・共有

重要度 ★★★　テーマの設定

Q 052 見出しと本文を別々の フォントで統一したい！

A [フォント]から[フォントのカスタマイズ]をクリックして設定します。

スライド全体のフォントを変更するのではなく、見出しと本文を別々のフォントで統一するなど細かい設定をしたい場合は、[デザイン]タブの[バリエーション]の[その他]▽をクリックして、[フォント]から[フォントのカスタマイズ]をクリックして設定します。カスタマイズしたフォントセットは、フォントの一覧の[ユーザー定義]に追加されます。

参照▶Q 051

1 [デザイン]タブの[バリエーション]の [その他]▽をクリックして、

2 [フォント]にマウスポインターを合わせ、

3 [フォントのカスタマイズ]をクリックします。

4 英数字用の見出しと 本文用のフォントを 設定して、

5 日本語文字用の 見出しと本文用の フォントを設定します。

6 フォントセットの 名前を入力して、

7 [保存]を クリックします。

重要度 ★★★　テーマの設定

Q 053 すべてのスライドの図形に 書式を設定したい！

A [デザイン]タブの[バリエーション] の[効果]から変更します。

プレゼンテーションの図形には書式の組み合わせである効果をまとめて設定することができます。[デザイン]タブの[バリエーション]の[その他]▽をクリックすると、[効果]から効果の種類を選択できます。[効果]には、図形に設定する塗りつぶしや枠線、影などの書式の組み合わせが用意されています。
効果の種類にマウスポインターを合わせると、その結果がプレビューされます。何度か試して、最適なものを見つけるとよいでしょう。

1 [デザイン]タブをクリックして、

2 [バリエーション]の[その他]を クリックします。

3 [効果]にマウスポインターを合わせて、

4 設定したい効果の種類 （ここでは[濃い影]）を クリックすると、

5 図形の書式が まとめて 変更されます。

基本 1
スライド 2
マスター 3
文字入力 4
アウトライン 5
図形 6
写真・イラスト 7
表 8
グラフ 9
アニメーション 10
切り替え 11
動画・音楽 12
プレゼン 13
印刷 14
保存・共有 15

重要度 ★★★ 背景

Q 054 スライドの背景に好きな画像を使いたい！

A [デザイン] タブの [背景の書式設定] から画像を挿入します。

スライドの背景に画像を挿入するには、[デザイン] タブの [背景の書式設定] をクリックして [背景の書式設定] 作業ウィンドウを表示し、画像を指定します。

画像は、パソコンに保存してある画像のほかに、ストック画像やオンライン画像、アイコンなどを利用できます。

参照 ▶ Q 254, Q 256

1 [デザイン] タブをクリックして、

2 [背景の書式設定] をクリックします。

3 [塗りつぶし (図またはテクスチャ)] をクリックしてオンにし、

4 [挿入する] をクリックして、

5 [ファイルから] をクリックします。

6 画像の保存先を指定して、

7 挿入する画像をクリックし、

8 [挿入] をクリックすると、

9 背景に画像が挿入されます。

重要度 ★★★ 背景

Q 055 スライドの背景の画像を半透明にしたい！

A [背景の書式設定] 作業ウィンドウで透明度を設定します。

スライドの背景には画像を挿入することができますが、挿入した画像によっては、文字が見えにくくなることがあります。この場合は、画像の透明度を調整するとよいでしょう。画像を挿入したスライドを表示して、[背景の書式設定] 作業ウィンドウを表示し、透明度を設定します。

1 [背景の書式設定] 作業ウィンドウを表示します。

2 [透明度] のスライダーを右側にドラッグすると、画像が半透明になります。

1 基本
2 スライド
3 マスター
4 文字入力
5 アウトライン
6 図形
7 写真・イラスト
8 表
9 グラフ
10 アニメーション
11 切り替え
12 動画・音楽
13 プレゼン
14 印刷
15 保存・共有

重要度 ★ ★ ★ 　背景

Q 056 すべてのスライドの背景を同じ画像に統一したい！

A [背景の書式設定]作業ウィンドウで[すべてに適用]をクリックします。

すべてのスライドの背景に同じ画像を挿入するには、画像を挿入する際に、[背景の書式設定]作業ウィンドウで[すべてに適用]をクリックします。

参照▶Q 054

[すべてに適用]をクリックすると、すべてのスライドの背景に画像が挿入されます。

重要度 ★ ★ ★ 　背景

Q 057 背景の設定をリセットしたい！

A [背景の書式設定]作業ウィンドウで背景をリセットします。

スライドの塗りつぶしや、背景に挿入した画像などを取り消したいときは、[背景の書式設定]作業ウィンドウを表示して、[背景のリセット]をクリックします。

[背景のリセット]が選択できない場合は、[塗りつぶし（グラデーション）]をクリックして、[すべてに適用]をクリックします。　　参照▶Q 054

[背景のリセット]をクリックすると、背景の設定が取り消されます。

重要度 ★ ★ ★ 　テーマの再利用

Q 058 自分で設定したテーマを保存したい！

A [テーマ]の[現在のテーマを保存]を利用します。

配色やフォント、効果、背景のスタイルなどをカスタマイズしたスライドをテーマとして保存すれば、ほかのプレゼンテーションでもそのテーマを利用することができます。[デザイン]タブの[テーマ]の[現在のテーマを保存]で保存します。

1 [デザイン]タブの[テーマ]の[その他]▽をクリックして、

2 [現在のテーマを保存]をクリックします。

保存先は自動的に指定されます。

3 テーマの名前を入力して、

4 [Officeテーマ]が選択されていることを確認し、

5 [保存]をクリックすると、テーマとして保存されます。

Q 059

重要度 ★★★ テーマの再利用

自分で設定したテーマを利用したい!

A [デザイン]タブの [テーマ]の [ユーザー定義]から利用します。

保存したテーマは、[デザイン]タブの [テーマ]の [その他] ▽ をクリックすると、[ユーザー定義]に表示されます。利用したいテーマをクリックすれば、保存した

テーマがスライドに適用されます。また、[新規]画面の [ユーザー設定]をクリックしても選択することができます。

[ユーザー定義]に保存したテーマが表示されます。

Q 060

重要度 ★★★ テーマの再利用

ほかのファイルのスライドを利用したい!

A [スライドの再利用]を利用します。

ほかのファイルのスライドを現在作成中のプレゼンテーションで利用することができます。[ホーム]タブの [新しいスライド]の下の部分をクリックし、[スライドの再利用]から挿入するスライドを指定します。

挿入したスライドのテーマは、挿入先のテーマに変更されますが、[元の書式を保持する]をオンにしてから挿入すると、もとのスライドのテーマを保持したまま挿入することができます。

1 スライドを挿入する位置をクリックします。

2 [ホーム]タブの [新しいスライド] のここをクリックして、

3 [スライドの再利用]をクリックします。

4 [スライドの再利用] 作業ウィンドウが表示されるので、

5 [PowerPointファイルを開く]をクリックします。

6 スライドの保存先を指定して、

7 プレゼンテーションファイルをクリックし、

8 [開く]をクリックします。

9 挿入したいスライドをクリックすると、

□ 元の書式を保持する

10 ほかのファイルのスライドが挿入されます。

1 基本
2 スライド
3 マスター
4 文字入力
5 アウトライン
6 図形
7 写真・イラスト
8 表
9 グラフ
10 アニメーション
11 切り替え
12 動画・音楽
13 プレゼン
14 印刷
15 保存・共有

重要度 ★★★　フッターの入力

Q 061 スライドに会社名や著作権表示の©を入れたい！

A [挿入]タブの[ヘッダーとフッター]から設定します。

スライドに会社名や著作権表示の©などを入れたい場合は、ヘッダーとフッター機能を利用します。各スライドの上部余白に表示される情報を「ヘッダー」、各スライドの下部余白に表示される情報を「フッター」といいます。会社名や©といったテキストのほかに、現在の日付と時刻やスライド番号などが挿入できます。

フッターを挿入するには、[挿入]タブをクリックして、[ヘッダーとフッター]をクリックし、[ヘッダーとフッター]ダイアログボックスで設定します。フッターの表示される位置は、設定しているテーマによって異なります。なお、PowerPointではヘッダーを直接挿入することができません。ヘッダーを挿入したい場合は、フッターで設定した文字をスライドの上部にドラッグします。

参照 ▶ Q 094

1 [挿入]タブをクリックして、

2 [ヘッダーとフッター]をクリックします。

3 [スライド]をクリックし、

ここにフッターの表示位置が表示されます。

4 [フッター]をクリックしてオンにします。

5 ここに©と会社名などを入力して、

6 [適用]をクリックすると、

7 フッターに入力した文字が挿入されます。

● ヘッダーを挿入する

1 スライドマスターを表示して（Q 086参照）、一番上のスライドマスターをクリックします。

2 設定したフッター（Q 062参照）をスライドの上部にドラッグして、

3 ハンドルをドラッグし、プレースホルダーのサイズを調整します。

Q 062 すべてのスライドに フッターを表示させたい！

A [ヘッダーとフッター]で [すべてに適用]をクリックします。

[ヘッダーとフッター]ダイアログボックスでフッター
を設定したあとに [適用]をクリックすると、現在選択
しているスライドのみにフッターが表示されます。す
べてのスライドにフッターを表示したい場合は、[すべ
てに適用]をクリックします。

参照 ▶ Q 061

1 [挿入]タブをクリックして、[ヘッダーとフッター]をクリックします。

2 [スライド]をクリックし、

3 [フッター]をクリックしてオンにし、表示する文字を入力します。

4 [すべてに適用]をクリックすると、

5 すべてのスライドにフッターが表示されます。

Q 063 スライドを作成した日付や 時刻を表示したい！

A [挿入]タブの [日付と時刻]を [自動更新]に設定します。

スライドに日付と時刻を表示するには、[挿入]タブの
[日付と時刻]をクリックし、[ヘッダーとフッター]ダ
イアログボックスで設定します。日付と時刻は初期設
定では [自動更新]が選択されており、プレゼンテー
ションを編集した際に、最新の日付に自動的に更新さ
れ、表示されます。

1 [挿入]タブをクリックして、

2 [日付と時刻]をクリックします。

3 [スライド]をクリックして、

4 [日付と時刻]をクリックしてオンにします。

5 [自動更新]をクリックしてオンにし、

6 [すべてに適用]をクリックすると、

7 日付がすべてのスライドに表示されます。

基本 1
スライド 2
マスター 3
文字入力 4
アウトライン 5
図形 6
写真・イラスト 7
表 8
グラフ 9
アニメーション 10
切り替え 11
動画・音楽 12
プレゼン 13
印刷 14
保存・共有 15

1 基本
2 スライド
3 マスター
4 文字入力
5 アウトライン
6 図形
7 写真・イラスト
8 表
9 グラフ
10 アニメーション
11 切り替え
12 動画・音楽
13 プレゼン
14 印刷
15 保存・共有

重要度 ★ ★ ★　日付の表示

Q 064 日付や時刻の表示形式を変えたい!

A [ヘッダーとフッター]
ダイアログボックスで設定します。

フッターに設定した日付と時刻は、初期設定では
「2023/1/1」の形式で表示されますが、この形式は変
更することができます。[ヘッダーとフッター]ダイア
ログボックスで、[日付と時刻]と[自動更新]をオンに
して、下のボックスをクリックし、表示される一覧から
表示形式を選択します。曜日や時・分を表示させるこ
ともできます。

1 [挿入]タブをクリックして、
2 [日付と時刻]をクリックし、
3 [日付と時刻]と[自動更新]をクリックしてオンにします。
4 ここをクリックして、
5 表示したい形式をクリックします。
6 [すべてに適用]をクリックすると、

7 日付の表示形式が変更されます。

箱根の魅力を再

2023年7月1日

重要度 ★ ★ ★　日付の表示

Q 065 指定した日付をスライドに表示したい!

A [日付と時刻]で[固定]を
オンにして、日付を入力します。

スライドのフッターに挿入する日付と時刻は、初期設
定では[自動更新]に設定されています。この場合、プ
レゼンテーションを編集した際に、最新の日付に自動
的に更新されます。
自動的に更新するのではなく、プレゼンする日付など
常に同じ日付と時刻を表示したい場合は、[日付と時刻]
を[固定]にして、表示させたい日付を入力します。

1 [挿入]タブをクリックして、
2 [日付と時刻]をクリックし、
3 [日付と時刻]をクリックしてオンにします。
4 [固定]をクリックしてオンにし、
5 表示したい日付を入力します。
6 [すべてに適用]をクリックすると、

7 指定した日付が常に表示されるようになります。

箱根の魅力を再

2023年7月15日

Q 066

年度を「令和○○年」の ように和暦で表示したい!

A [日付と時刻]の[カレンダーの 種類]を[和暦]にします。

フッターに設定した日付と時刻は、初期設定では 「2023/1/1」のような「グレゴリオ暦」(西暦)で表示さ れますが、「令和5年」のような和暦で表示することも できます。[ヘッダーとフッター]ダイアログボックス で、[日付と時刻]と[自動更新]をオンにして、[カレン ダーの種類]で[和暦]を指定します。

1 [挿入]タブを クリックして、

2 [日付と時刻]を クリックし、

3 [日付と時刻]と [自動更新]を クリックしてオンにします。

4 ここをクリックして、

5 [和暦]を クリックします。

[言語]が[日本語] になっていることを確認 します。

6 [すべてに適用]をクリックすると、

7 日付が和暦で表示されます。

箱根の魅力を再

令和5年7月1日

Q 067

日付を英語表記にしたい!

A [日付と時刻]の[言語]を [英語(米国)]に設定します。

フッターに設定した日付と時刻は、初期設定では日本 語で表示されますが、英語表記にすることもできます。 [ヘッダーとフッター]ダイアログボックスで、[日付と 時刻]と[自動更新]をオンにして、[言語]で[英語(米 国)]を指定します。

1 [ヘッダーとフッター]ダイアログボックス を表示して、[日付と時刻]と[自動更新] をクリックしてオンにします。

2 ここをクリックして、

3 [英語(米国)]を クリックします。

4 ここをクリックして、

5 日付と時刻の 表示形式を クリックし、

6 [すべてに適用]を クリックすると、

7 日付が英語表記になります。

箱根の魅力を再

1 July 2023

基本 1
スライド 2
マスター 3
文字入力 4
アウトライン 5
図形 6
写真・イラスト 表 7
グラフ 8
アニメーション 9
切り替え 10
動画・音楽 11
プレゼン 12
印刷 13
保存・共有 14
15

1 基本
2 スライド
3 マスター
4 文字入力
5 アウトライン
6 図形
7 写真・イラスト
8 表
9 グラフ
10 アニメーション
11 切り替え
12 動画・音楽
13 プレゼン
14 印刷
15 保存・共有

重要度 ★★★　スライド番号

Q068 スライド番号を表示したい！

A [ヘッダーとフッター]で
[スライド番号]をオンにします。

スライドには通常のページ番号のようにスライド番号を表示できます。スライド番号を表示するには、[挿入]タブの[ヘッダーとフッター]や[スライド番号]をクリックして、[ヘッダーとフッター]ダイアログボックスで設定します。スライド番号が表示される場所は、設定しているテーマによって異なります。

1 [挿入]タブを
クリックして、

2 [スライド番号の挿入]を
クリックします。

ファイル　ホーム　**挿入**　描画　デザイン

新しいスライド　表　画像　スクリーン　フォト　テキストボックス　ヘッダーとフッター　ワードアート　記号と特殊文字

3 [スライド番号]をクリックして
オンにし、

ヘッダーとフッター

スライド　ノートと配布資料

スライドに追加　　　　　　　　　　　　プレビュー

英語（米国）
○ 固定(X)
1 July 2023
☑ スライド番号(N)
☑ フッター(F)
©Hakone Nonbiri Club
□ タイトル スライドに表示しない(S)

適用(A)　すべてに適用(Y)　キャンセル

4 [すべてに適用]をクリックすると、

5 スライド番号が表示されます。

重要度 ★★★　スライド番号

Q069 スライド番号などをタイトルスライドに表示させたくない！

A [ヘッダーとフッター]で[タイトルスライドに表示しない]をオンにします。

タイトルスライドはプレゼンテーションの表紙なので、日付やスライド番号などは表示しないのが一般的です。タイトルスライドにフッターを表示させないようにするには、[ヘッダーとフッター]ダイアログボックスで、[タイトルスライドに表示しない]をオンにします。

1 [挿入]タブをク
リックして、

2 [スライド番号の挿入]を
クリックします。

ファイル　ホーム　**挿入**　描画　デザイン

新しいスライド　表　画像　スクリー　フォト　テキストボックス　ヘッダーとフッター　ワードアート　記号と特殊文字

3 [スライド]をクリックして、

ヘッダーとフッター

スライド　ノートと配布資料

スライドに追加　　　　　　　　　　　　プレビュー

☑ フッター(F)
©Hakone Nonbiri Club
☑ タイトル スライドに表示しない(S)

適用(A)　すべてに適用(Y)　キャンセル

4 [タイトルスライドに
表示しない]をクリック
してオンにします。

5 [すべてに適用]を
クリックすると、

6 タイトルスライドにフッターが
表示されなくなります。

Q 070 タイトルスライドの次の スライドから番号を振りたい！

A [スライドのサイズ] ダイアログボックスで設定します。

スライド番号をタイトルスライドに表示させない設定にしたときに、タイトルスライドの次のスライド番号が「2」から開始されます。これを「1」から開始するようにしたい場合は、[スライドのサイズ]ダイアログボックスを表示して、[スライド開始番号]を「0」に設定します。

参照▶ Q 069

タイトルスライドの次の番号が「2」になっています。

1 [デザイン]タブをクリックして、[スライドのサイズ]をクリックし、

2 [ユーザー設定のスライドのサイズ]をクリックします。

3 [スライド開始番号]を「0」に設定して、

4 [OK]をクリックすると、

5 タイトルスライドの次のスライド番号が「1」になります。

Q 071 スライドの余白を 調節したい！

A [スライドのサイズ] ダイアログボックスで設定します。

PowerPointでは余白の設定機能は用意されていませんが、スライドのサイズを指定することで、余白を調整することができます。スライドのサイズは、[スライドのサイズ]ダイアログボックスで設定します。

1 [デザイン]タブの[スライドのサイズ]から[ユーザー設定のスライドのサイズ]をクリックします。

2 [幅]と[高さ]を指定して、

3 [OK]をクリックします。

4 [サイズに合わせて調整](または[最大化])をクリックすると、

5 余白が変更されます。

右側余白：

1 2 3 4 5 6 7 8 9 10 11 12 13 14 15

基本　スライド　マスター　文字入力　アウトライン　図形　写真・イラスト　表　グラフ　アニメーション　切り替え　動画・音楽　プレゼン　印刷　保存・共有

Q 072　スライドを縦長にしたい！

A　[スライドのサイズ] ダイアログボックスで設定します。

通常、新規のプレゼンテーションは、横長のスライドで作成されます。スライドを縦長にしたい場合は、[スライドのサイズ]ダイアログボックスの[印刷の向き]を[縦]に設定します。

なお、作成済みのスライドのサイズを変更すると、レイアウトが崩れてしまうことがあります。サイズを変更する場合は、スライドの内容を入力する前に変更しましょう。

1 [デザイン]タブの[スライドのサイズ]から[ユーザー設定のスライドのサイズ]をクリックします。

2 [縦]をクリックしてオンにし、

3 [OK]をクリックします。

4 [サイズに合わせて調整](または[最大化])をクリックすると、

5 スライドが縦長に設定されます。

Q 073　スライドの縦横比を変更したい！

A　[デザイン]タブの[スライドのサイズ]から設定します。

PowerPointでは、既定のスライドサイズがワイド画面(16:9)に対応した縦横比になっています。スライドサイズを標準(4:3)に変更するには、[デザイン]タブの[スライドのサイズ]をクリックして、[標準(4:3)]をクリックし、[最大化]または[サイズに合わせて調整]を指定します。

[最大化]を指定すると、コンテンツのサイズによっては、画像などの両端が切れてしまう場合があるので、注意が必要です。画像をすべて収めたい場合は、[サイズに合わせて調整]を指定しましょう。

1 [デザイン]タブをクリックして、

2 [スライドのサイズ]をクリックし、

3 [標準(4:3)]をクリックします。

4 [サイズに合わせて調整](または[最大化])をクリックすると、

5 スライドのサイズが4:3に変更されます。

基本
スライド
マスター
文字入力
アウトライン
図形
写真・イラスト
表
グラフ
アニメーション
切り替え
動画・音楽
プレゼン
印刷
保存・共有
1 2 3 4 5 6 7 8 9 10 11 12 13 14 15

重要度 ★★★　スライドのサイズ

Q 074 スライドの大きさを 細かく指定したい！

A [スライドのサイズ] ダイアログボックスで指定します。

スライドのサイズを [ワイド（16:9）][標準（4:3）]以外に指定したい場合は、[スライドのサイズ]ダイアログボックスの [スライドのサイズ指定]のボックスをクリックして、表示される一覧から目的のサイズを指定

します。一覧に目的のサイズがない場合は、[幅]と [高さ]で数値を指定します。

参照 ▶ Q 070

ここをクリックして、サイズを指定します。

目的のサイズがない場合は、[幅]と [高さ]で数値を指定します。

重要度 ★★★　セクションの活用

Q 075 セクションを使って大量の スライドを整理したい！

A [ホーム]タブの [セクション]から セクションを追加します。

セクションとは、枚数の多いプレゼンテーションをグループに分けて管理する機能のことです。スライドとスライドの区切り位置にセクションを追加することで、次のセクションまでのスライドを1つのグループとして扱えるようになります。スライドをセクションで分けると、まとめて移動したり、一時的に表示／非表示を切り替えたりと、プレゼンテーションの整理がかんたんになります。

1 セクションを追加する位置をクリックして、

2 [ホーム]タブの [セクション]を クリックし、

3 [セクションの追加]をクリックします。

プレゼンテーション内のいずれかでセクションを追加すると、それより前のスライドには [既定のセクション]という名前が自動的に付けられます。

4 セクション名を入力して、

5 [名前の変更]をクリックすると、

6 セクションが追加されます。

7 同様に操作して、必要なセクションを追加します。

1 基本
2 スライド
3 マスター
4 文字入力
5 アウトライン
6 図形
7 写真・イラスト
8 表
9 グラフ
10 アニメーション
11 切り替え
12 動画・音楽
13 プレゼン
14 印刷
15 保存・共有

重要度 ★ ★ ★　　セクションの活用

Q 076 セクション名を変更したい！

A [セクション]から[セクション名の変更]をクリックします。

セクション名を変更するには、タイトル名を変更するセクションの最初のスライドをクリックして、[ホーム]タブの[セクション]をクリックし、[セクション名の変更]をクリックして名前を入力します。

| 1 | タイトル名を変更するセクションの最初のスライドをクリックして、 |
| 2 | [ホーム]タブの[セクション]をクリックし、 |

3 [セクション名の変更]をクリックします。

4	セクション名を入力して、
5	[名前の変更]をクリックすると、
6	セクション名が変更されます。

重要度 ★ ★ ★　　セクションの活用

Q 077 編集しないセクションを非表示にしたい！

A [セクションを折りたたむ]をクリックします。

セクションを追加すると、特定のセクションだけを折りたたんだり、すべてのセクションを折りたたんだりして、サムネイルを非表示にすることができます。セクションごとに非表示にする場合は、セクション名の左に表示されている[セクションを折りたたむ]をクリックします。非表示のセクションを再表示する場合は、[セクションを展開する]をクリックします。

セクションを展開する

セクションを折りたたむ

重要度 ★ ★ ★　　セクションの活用

Q 078 セクションの順番を変更したい！

A セクション名をドラッグして移動します。

セクション名をドラッグすると、セクションの順番を入れ替えることができます。[ホーム]タブの[セクション]をクリックして[すべて折りたたみ]をクリックし、セクション名だけの表示にしてから移動するとかんたんです。

セクション名をドラッグして、順番を入れ替えます。

Q 079 スライドをほかの セクションに変更したい！

A スライド一覧表示に切り替えて、 ドラッグして移動します。

スライドをほかのセクションに移動するには、スライドを移動先のセクションまでドラッグします。スライドのサムネイルでも移動できますが、スライドの枚数が多い場合などは、一覧表示に切り替えると操作がしやすくなります。

[表示]タブの[スライド一覧]をクリックするか、ステータスバーの[スライド一覧] 田 をクリックすると、スライドが一覧で表示されます。

1 スライドをほかのセクションにドラッグすると、

2 スライドが移動されます。

Q 080 不要なセクションを 削除したい！

A [セクション]から[セクションの 削除]をクリックします。

セクションが不要になった場合は、削除したいセクションをクリックして、[ホーム]タブの[セクション]をクリックし、[セクションの削除]をクリックします。セクションを削除すると、セクションが消えてスライドがつながります。

また、スライドごとセクションが不要になった場合は、セクションを右クリックして[セクションとスライドの削除]をクリックすると、スライドごとセクションを削除できます。

1 [セクション]をクリックして、

2 [セクションの削除]をクリックします。

Q 081 すべてのセクションを 解除したい！

A [セクション]から[すべてのセク ションの削除]をクリックします。

設定しているすべてのセクションを削除するには、[ホーム]タブの[セクション]をクリックして、[すべてのセクションの削除]をクリックします。なお、削除されるのは、セクションのみでスライドは削除されません。

1 基本

2 スライド

3 マスター

4 文字入力

5 アウトライン

6 図形

7 写真・イラスト

8 表

9 グラフ

10 アニメーション

11 切り替え

12 動画・音楽

13 プレゼン

14 印刷

15 保存・共有

重要度 ★★★　いろいろな表示モードの活用

Q082 ノートを使って スライドにメモを残したい！

A 「ノートペイン」を表示して 入力します。

ノートは、スライドショーの実行中の発表者用のメモ として、また印刷して参考資料として利用する機能で す。ノートは、ノートペインに入力します。
初期設定ではノートペインは表示されていません。[表示]タブの[表示]グループにある[ノート]をクリック するか、ステータスバーの[ノート]をクリックすると、 ノートペインが表示されます。再度クリックすると、 ノートペインが閉じます。

1 [表示]タブをクリックして、

2 [表示]グループの[ノート]を クリックすると、

3 ノートペインが 表示されます。

ここをドラッグすると、ノート ペインの領域が広がります。

重要度 ★★★　いろいろな表示モードの活用

Q083 ノートを大きく表示したい！

A 表示モードを 「ノート」に切り替えます。

ノートを大きく表示するには、[表示]タブの[プレゼン テーションの表示]グループにある[ノート]をクリッ クして、表示モードをノートに切り替えます。表示モー ドをノートに切り替えると、上側にスライド、下側に ノートが表示されます。ノートの部分をクリックする と、ノートの入力や編集が行えます。もとの表示に戻す には[表示]タブの[標準]をクリックします。

表示モードをノー トに切り替える と、ノートが大き く表示されます。

重要度 ★★★　いろいろな表示モードの活用

Q084 スライドを グレースケールにしたい！

A [表示]タブの[グレースケール]を クリックします。

グレースケールは、スライドをモノクロで印刷する際 に、どのように印刷されるかを確認するときなどに利 用します。スライドをグレースケールにするには、[表

示]タブをクリックして、[グレースケール]をクリック します。カラーに戻すには、[グレースケール]タブの [カラー表示に戻る]をクリックします。

スライドマスターの
便利技!

基本
2 スライド
3 マスター
4 文字入力
5 アウトライン
6 図形
7 写真・イラスト
8 表
9 グラフ
10 アニメーション
11 切り替え
12 動画・音楽
13 プレゼン
14 印刷
15 保存・共有

重要度 ★ ★ ★　スライドマスターの基本

Q 085 スライドマスターとは？

A プレゼンテーション全体のスタイルを設定するための機能です。

スライドマスターは、プレゼンテーション全体の書式やレイアウトを設定できる機能です。プレースホルダーのサイズや位置、フォント、色、背景、効果などを設定できるほか、全スライド共通のロゴを追加したりもできます。スライドマスターに加えた変更は、すべてのスライドに反映されますが、特定のスライドのみに適用させることもできます。

スライドマスターには、プレゼンテーション全体のひな形となる「スライドマスター」と、レイアウトごとにマスターが変更される「スライドレイアウト」があります。

スライドマスター

スライドマスターに加えたスタイルの変更は、すべてのスライドに反映されます。

スライドレイアウト

レイアウトごとにスタイルを変更したい場合は、それぞれのスライドレイアウトで設定します。

重要度 ★ ★ ★　スライドマスターの基本

Q 086 スライドマスター表示に切り替えたい！

A [表示]タブの[スライドマスター]をクリックします。

プレゼンテーション全体の書式を変更したり、特定のスライドレイアウトの書式を変更したりするには、スライドマスター表示に切り替えます。[表示]タブをクリックして、[スライドマスター]をクリックすると、スライドマスター表示に切り替わり、プレゼンテーションに設定しているテーマで使用するレイアウトが表示されます。

もとの表示に戻るには、[スライドマスター]タブの[マスター表示を閉じる]をクリックします。

1 [表示]タブをクリックして、

2 [スライドマスター]をクリックすると、

3 スライドマスター表示に切り替わります。

4 [スライドマスター]タブの[マスター表示を閉じる]をクリックすると、もとの表示に戻ります。

Q 087 すべてのスライドの書式を統一したい!

A スライドマスターで変更すると、すべてのスライドに反映されます。

すべてのスライドの書式をまとめて変更するには、スライドマスター表示に切り替えて、書式を変更します。[表示] タブをクリックして、[スライドマスター] をクリックし、画面左側に表示されるサムネイルの一番上のスライドマスターをクリックします。[ホーム] タブに切り替えて目的の書式を設定すると、すべてのスライドに設定が反映されます。

ここでは、プレゼンテーション全体のタイトルのフォントの種類を変えてみましょう。なお、手順 4 で表示されるフォントは、お使いのパソコン環境によって異なります。

1 [表示] タブから [スライドマスター] をクリックして、一番上のスライドマスターをクリックします。

2 [ホーム] タブをクリックして、

3 プレースホルダーの枠線上をクリックして、プレースホルダーを選択します。

4 [フォント] のここをクリックして、

5 フォントの種類をクリックします。

6 [スライドマスター] タブをクリックして、

7 [マスター表示を閉じる] をクリックすると、

8 スライドマスターで変更した書式がすべてのスライドに反映されます。

基本
2 スライド
3 マスター
4 文字入力
5 アウトライン
6 図形
7 写真・イラスト
8 表
9 グラフ
10 アニメーション
11 切り替え
12 動画・音楽
13 プレゼン
14 印刷
15 保存・共有

重要度 ★★★　スライドマスターの基本

Q 088 スライドのレイアウトごとに書式を編集したい！

A スライドレイアウトで編集すると、個別に書式の変更ができます。

スライドのレイアウトごとに書式を変更したい場合は、スライドレイアウトで書式を設定します。
スライドレイアウトの書式を変更すると、以降、そのレイアウトのスライドを追加すると、すでに書式が設定された状態で追加されます。

1 スライドマスターを表示して、書式を変更したいスライドレイアウトをクリックします。

2 プレースホルダーの枠線上をクリックして、プレースホルダーを選択します。

3 [ホーム] タブをクリックして、

4 [フォントの色] のここをクリックし、

5 目的の色をクリックすると、

6 スライドのレイアウトの書式が変更されます。

重要度 ★★★　スライドマスターの基本

Q 089 スライドマスターにテーマを設定したい！

A [スライドマスター] タブの [テーマ] から設定します。

スライドマスターにテーマを設定するには、スライドマスター表示に切り替えて、画面左側に表示される一番上のスライドマスターをクリックし、テーマを設定します。スライドマスターに設定したテーマは、すべてのスライドに反映されます。

1 スライドマスターを表示して、一番上のスライドマスターをクリックします。

2 [スライドマスター] タブの [テーマ] をクリックして、

3 利用したいテーマ（ここでは [ファセット]）をクリックすると、

4 スライドマスターにテーマが設定されます。

重要度 ★★★　スライドマスターの基本

Q 090 スライドマスターの配色を一括で変更したい！

A [スライドマスター]タブの [配色]から変更します。

テーマには、テーマカラーに合わせた背景や文字の配色パターンが複数用意されています。スライドマスターの配色を一括で変更するには、[スライドマスター]タブの[配色]をクリックして、変更したい配色を選択します。スライドマスターで変更した配色は、すべてのスライドに反映されます。

1 スライドマスターを表示して、一番上のスライドマスターをクリックします。

2 [スライドマスター]タブの [配色]をクリックして、

3 変更したい配色をクリックすると、

4 スライドマスターの配色が変更されます。

重要度 ★★★　スライドマスターの基本

Q 091 複数のテーマがあるスライドマスターを編集したい！

A それぞれのテーマごとの スライドマスターを変更します。

1つのプレゼンテーションに複数のテーマを設定している場合は、テーマごとにスライドマスターとスライドレイアウトが表示されます。それぞれのテーマのスライドマスターを編集すると、同じテーマのスライドにのみ変更が反映されます。

1 プレゼンテーションに 複数のテーマを設定している場合は、

2 テーマごとにスライドマスターと スライドレイアウトが表示されるので、

3 テーマごとにスライドマスターを編集します。

基本 1
スライド 2
マスター 3
文字入力 4
アウトライン 5
図形 6
写真・イラスト 7
表 8
グラフ 9
アニメーション 10
切り替え 11
動画・音楽 12
プレゼン 13
印刷 14
保存・共有 15

重要度 ★ ★ ★　スライドマスターの基本

Q 092 スライドマスターを追加したい！

A [スライドマスター]タブの [スライドマスターの挿入]をクリックします。

プレゼンテーションには、複数のスライドマスターを作成してカスタマイズすることができます。1つのプレゼンテーションに複数の異なるスタイルやテーマを設定する場合などに、あらかじめ追加して設定するとよいでしょう。

スライドマスターを追加するには、スライドマスター表示に切り替えて、[スライドマスター]タブの[スライドマスターの挿入]をクリックします。

1 スライドマスターを表示して、

2 [スライドマスター] タブの
[スライドマスターの挿入] をクリックすると、

3 スライドマスターが追加されます。

重要度 ★ ★ ★　スライドマスターの活用

Q 093 スライドに「社外秘」などの透かし文字を入れたい！

A テキストボックスを挿入して文字を入力し、書式を設定します。

スライドの背景に透かし文字を入れるには、スライドマスターにテキストボックスを挿入して文字を入力し、書式を設定します。文字書式を設定したら [図形の書式]タブをクリックして、テキストボックスの配置を最背面へ移動させると、透かし文字が挿入できます。

参照▶ Q 147

1 スライドマスターを表示して、一番上のスライドマスターをクリックします。

2 [挿入]タブの [テキストボックス] をクリックして、テキストボックスを挿入します。

3 テキストボックスに文字を入力し、フォントの種類やサイズ、色を変更します。

4 [図形の書式] タブの [背面へ移動] のここをクリックして、

5 [最背面へ移動]をクリックします。

6 [スライドマスター] タブでマスター表示を閉じると、透かし文字が挿入されます。

Q 094 すべてのスライドに社章やロゴを入れたい!

A スライドマスターを表示して画像を挿入します。

すべてのスライドに社章やロゴを入れるには、スライドマスターを表示して一番上のスライドマスターをクリックし、[挿入]タブの[画像]から[このデバイス]をクリックして、画像を挿入します。

タイトルスライドに画像が表示されない場合は、タイトルスライドのレイアウトをクリックして、[スライドマスター]タブの[背景]グループにある[背景を非表示]をクリックしてオフにすると、表示されます。

参照▶Q 061

1 スライドマスターを表示して、一番上のスライドマスターをクリックします。

2 [挿入]タブの[画像]をクリックして、

3 [このデバイス]をクリックします。

4 画像の保存場所を指定して、

5 挿入する画像をクリックし、

6 [挿入]をクリックすると、

7 画像が挿入されます。

8 画像をドラッグして表示したい位置に移動し、大きさを調整します。

9 [スライドマスター]タブをクリックして、

10 [マスター表示を閉じる]をクリックすると、

11 すべてのスライドに画像が表示されます。

基本 1
スライド 2
マスター 3
文字入力 4
アウトライン 5
図形 6
写真・イラスト 7
表 8
グラフ 9
アニメーション 10
切り替え 11
動画・音楽 12
プレゼン 13
印刷 14
保存・共有 15

1 基本
2 スライド
3 マスター
4 文字入力
5 アウトライン
6 図形
7 写真・イラスト
8 表
9 グラフ
10 アニメーション
11 切り替え
12 動画・音楽
13 プレゼン
14 印刷
15 保存・共有

重要度 ★ ★ ★　スライドマスターの活用

Q 095 見出しと本文で異なる 書式を設定したい!

A スライドマスター表示で見出しと 本文の異なるフォントを設定します。

スライドマスター表示でテーマで使われているフォントをまとめて変更するには、[スライドマスター]タブの[フォント]から設定します。[フォント]の一覧には、「英数字」「見出し」「本文」の3つのフォントの組み合わせがセットで用意されているので、見出しと本文で異なる書式がセットされているものを選択します。

1 スライドマスターを表示して、一番上の スライドマスターをクリックします。

2 [スライドマスター]タブの [フォント]をクリックして、

3 見出しと本文で異なる書式が セットされているもの指定すると、

4 見出しと本文で異なる書式が設定されます。

重要度 ★ ★ ★　スライドマスターの活用

Q 096 スライドマスター表示で 背景の設定をしたい!

A [スライドマスター]タブの [背景のスタイル]で設定します。

スライドマスター表示で背景のスタイルを変更するには、スライドマスターを表示して、[背景のスタイル]から目的のスタイルを選択します。
[背景のスタイル]の一覧に目的のスタイルがない場合は、手順**3**で[背景の書式設定]をクリックし、[背景の書式設定]作業ウィンドウを表示して設定します。

1 スライドマスターを 表示して、一番上 のスライドマスター をクリックします。

2 [スライドマス ター]タブの[背 景のスタイル] をクリックして、

3 目的のスタイルをクリックします。

一覧に目的のスタイルがない場合は、 [背景の書式設定]作業ウィンドウを 表示して設定します。

Q 097 スライドの背景に透かし図を入れたい！

A [背景の書式設定] から図を挿入して透明度を設定します。

スライドの背景に透かし図を挿入するには、スライドマスターを表示して、透かし図を入れたいスライドレイアウトを右クリックし、[背景の書式設定] をクリックして図を挿入し、透明度を設定します。

ここでは、PowerPoint 2019で追加された「アイコン」を挿入してみましょう。

なお、PowerPoint 2016の場合は、手順 **4** で [挿入する] をクリックすると、[画像の挿入] 画面が表示されます。

1 スライドマスターを表示して、透かし図を入れたいスライドレイアウトを右クリックし、

2 [背景の書式設定] をクリックします。

3 [塗りつぶし (図またはテクスチャ)] をクリックしてオンにし、

4 [挿入する] をクリックします。

5 [アイコンから] をクリックして、

6 [自然とアウトドア] をクリックします。

7 挿入する画像をクリックして、

8 [挿入] をクリックすると、

9 背景に画像が挿入されます。

10 画像の色に合わせて、透明度をドラッグして設定します。

基本 1
スライド 2
マスター 3
文字入力 4
アウトライン 5
図形 6
写真・イラスト 7
表 8
グラフ 9
アニメーション 10
切り替え 11
動画・音楽 12
プレゼン 13
印刷 14
保存・共有 15

重要度 ★★★ プレースホルダーの編集

Q 098

追加できるプレースホルダーについて知りたい!

A コンテンツや図、グラフなど 10種類が用意されています。

[スライドマスター]タブの[プレースホルダーの挿入]の下の部分をクリックすると、追加できるプレースホルダーの種類が一覧で表示されます。プレースホルダーは10種類用意されており、用途に応じて追加できます。[コンテンツ]や[コンテンツ(縦)]を指定すると、テキストやすべての種類のオブジェクトが挿入できるプレースホルダーを挿入できます。また、[図]や[グラフ]のように特定のコンテンツのみ挿入できるものもあります。

1 追加できるプレースホルダーが 10種類用意されています。

2 [コンテンツ]や[コンテンツ(縦)]を 指定すると、テキストやすべての種類の オブジェクトが挿入できるようになります。

重要度 ★★★ プレースホルダーの編集

Q 099

レイアウトにプレースホルダーを追加したい!

A [プレースホルダーの挿入]から 目的のコンテンツを追加します。

レイアウトにプレースホルダーを追加するには、追加したいスライドレイアウトをクリックして、[スライドマスター]タブの[プレースホルダーの挿入]をクリックします。プレースホルダーの一覧が表示されるので、挿入したいプレースホルダーの種類をクリックして、スライド上をドラッグします。

1 プレースホルダーを追加したいスライドレイアウトをクリックして、

2 [スライドマスター]タブの[プレースホルダーの挿入]のここをクリックし、

3 挿入したいプレースホルダーの種類 (ここでは[テキスト])をクリックします。

4 配置したい位置でドラッグすると、

5 プレースホルダーが追加されます。

Q 100 プレースホルダーの大きさや位置を変更したい！

A プレースホルダーを選択して、ドラッグします。

プレースホルダーのサイズを変更するには、プレースホルダー内をクリックして、周囲に表示されるハンドル ○ を拡大あるいは縮小したい方向にドラッグします。プレースホルダーを移動するには、プレースホルダーの枠線上にマウスポインターを合わせ、ポインターの形が変わった状態でドラッグします。

1 プレースホルダー内をクリックして、

2 周囲に表示されるハンドルをドラッグすると、拡大あるいは縮小されます。

3 プレースホルダーの枠線上にマウスポインターを合わせ、

4 ポインターの形が変わった状態でドラッグすると、移動されます。

Q 101 フッターの位置をすべてのスライドで変更したい！

A スライドマスターを表示して、フッターをドラッグします。

フッターの表示位置は、設定しているテーマによって異なります。フッターの位置を任意に移動するには、スライドマスターを表示して、フッターのプレースホルダーをドラッグします。

1 スライドマスターを表示して、一番上のスライドマスターをクリックします。

2 フッターをドラッグして、任意の位置に移動します。

Q 102 レイアウトから見出しを削除したい！

A [スライドマスター]タブの[タイトル]をクックしてオフにします。

スライドレイアウトのタイトル（見出し）は、[スライドマスター]タブの[タイトル]でオンとオフを切り替えることができます。

1 スライドマスターを表示して、見出しを削除するスライドレイアウトをクリックします。

2 [スライドマスター]タブの[タイトル]をクリックしてオフにすると、

3 タイトルが削除されます。

1 基本
2 スライド
3 マスター
4 文字入力
5 アウトライン
6 図形
7 写真・イラスト
8 表
9 グラフ
10 アニメーション
11 切り替え
12 動画・音楽
13 プレゼン
14 印刷
15 保存・共有

重要度 ★ ★ ★　プレースホルダーの編集

Q 103

白紙のレイアウトに自由に プレースホルダーを配置したい!

A [プレースホルダーの挿入]から 追加します。

白紙のレイアウトにプレースホルダーを配置するには、[スライドマスター]タブの[プレースホルダーの挿入]をクリックして、任意のプレースホルダーを追加します。ここでは、4枚の写真が配置できるレイアウトを作成してみましょう。　参照▶Q 098, Q 099

1 スライドマスターを表示して、 白紙のスライドをクリックし、

2 [スライドマスター]タブの [プレースホルダーの挿入]の ここをクリックして、

3 [図]をクリックします。

4 配置したい位置でドラッグすると、

5 プレースホルダーが追加されます。

6 手順**2**〜**4**の操作を繰り返して、 必要なプレースホルダーを追加します。

重要度 ★ ★ ★　プレースホルダーの編集

Q 104

プレースホルダーを 削除したい!

A [ホーム]タブの[切り取り]を クリックします。

プレースホルダーを削除するには、プレースホルダーをクリックして、[ホーム]タブの[切り取り]をクリックします。
あるいは、プレースホルダーをクリックして、Delete または BackSpace を押します。

1 プレースホルダーをクリックして、

2 [ホーム]タブの[切り取り]をクリックすると、

3 プレースホルダーが削除されます。

Q 105 スライドのサイズを まとめて変更したい！

A [スライドマスター]タブの [スライドのサイズ]で変更します。

スライドのサイズは、既定ではワイド画面（16:9）に設定されています。スライドのサイズを任意に変更したい場合は、[スライドのサイズ]をクリックして、[ユーザー設定のスライドのサイズ]をクリックし、[スライドのサイズ指定]で変更します。

1 [スライドマスター]タブの [スライドのサイズ]をクリックして、

2 [ユーザー設定のスライドのサイズ]を クリックします。

3 ここを クリックして、

4 目的のサイズを クリックし、

5 [OK]を クリックします。

6 [サイズに合わせて調整]（または [最大化]）をクリックします。

Q 106 マスターに表示される 要素を変更したい！

A スライドマスターの［マスターの レイアウト］で設定します。

スライドマスターには、タイトル、テキスト、日付、スライド番号、フッターの各要素が表示されていますが、これらの要素は表示／非表示を自由に設定することができます。[スライドマスター]タブの［マスターのレイアウト］をクリックして設定します。ここでは、マスタータイトルの日付を非表示にしてみましょう。

1 スライドマスターを表示して、 一番上のスライドマスターをクリックし、

2 [スライドマスター]タブの ［マスターのレイアウト］をクリックします。

3 [日付]をクリックして オフにし、

4 [OK]を クリックすると、

5 日付のプレースホルダーが非表示になります。

1 基本
2 スライド
3 マスター
4 文字入力
5 アウトライン
6 図形
7 写真・イラスト
8 表
9 グラフ
10 アニメーション
11 切り替え
12 動画・音楽
13 プレゼン
14 印刷
15 保存・共有

重要度 ★★★　レイアウトの編集

Q 107 スライドマスターに新しいレイアウトを追加したい!

A [スライドマスター]タブの [レイアウトの挿入]から追加します。

あらかじめ用意されているレイアウトに利用したいものがない場合は、オリジナルのレイアウトを作成することができます。[表示]タブの[スライドマスター]をクリックして、[スライドマスター]タブで[レイアウトの挿入]をクリックし、新しいスライドレイアウトを追加します。続いて、プレースホルダーを挿入して、位置や大きさを調整します。
追加したレイアウトには、「ユーザー設定レイアウト」という名前が設定されます。

1 [表示]タブの[スライドマスター]をクリックして、[スライドマスター]タブを表示します。

2 [レイアウトの挿入]をクリックすると、

3 新しいレイアウトが挿入されます。

4 [スライドマスター]タブの[プレースホルダーの挿入]のここをクリックして、

5 挿入したいプレースホルダーの種類（ここでは[表]）をクリックします。

6 配置したい位置でドラッグすると、

7 プレースホルダーが作成されます。

8 手順 4〜6 の操作を繰り返して必要なプレースホルダーを追加し、

9 [マスター表示を閉じる]をクリックします。

10 [ホーム]タブの[レイアウト]をクリックすると、

11 作成したレイアウトが追加されていることが確認できます。

重要度 ★★★ レイアウトの編集

Q 108 追加したレイアウトの名前を変更したい！

A [スライドマスター]タブの [名前の変更]を利用します。

スライドマスターに追加したオリジナルのレイアウトには、「ユーザー設定レイアウト」という名前が設定されます。この名前を変更するには、[スライドマスター]タブの[名前の変更]をクリックし、[レイアウト名の変更]ダイアログボックスで変更します。

参照▶Q 107

1 スライドマスターを表示して、追加したレイアウトをクリックし、

2 [スライドマスター]タブの [名前の変更]をクリックします。

3 レイアウト名を入力して、

4 [名前の変更]をクリックし、

5 [マスター表示を閉じる]をクリックします。

6 [ホーム]タブの[レイアウト]をクリックすると、名前が変更されていることが確認できます。

重要度 ★★★ レイアウトの編集

Q 109 不要なスライドレイアウトを削除したい！

A [スライドマスター]タブの [削除]をクリックします。

スライドマスターに含まれる不要なレイアウトを削除するには、削除するレイアウトをクリックして、[スライドマスター]タブの[削除]をクリックします。削除されたレイアウトは、[新しいスライド]や[レイアウト]の一覧から削除され、現在のプレゼンテーションでは利用できなくなります。

ただし、スライドで使用されているレイアウトは削除することはできません。スライドで使用しているレイアウトを選択すると、[削除]コマンドは利用不可になります。

1 スライドマスターを表示して、削除するレイアウトをクリックします。

2 [スライドマスター]タブの [削除]をクリックすると、

3 レイアウトが削除されます。

Q 110 レイアウトを複製したい！

A レイアウトを右クリックして、[レイアウトの複製]をクリックします。

スライドマスターでレイアウトを複製するには、複製したいレイアウトを右クリックして、[レイアウトの複製]をクリックします。

あるいは、[ホーム]タブの[コピー]の をクリックして、[複製]をクリックします。

1 スライドマスターを表示して、複製したいレイアウトを右クリックし、

2 [レイアウトの複製]クリックすると、

↓

3 レイアウトが複製されます。

Q 111 レイアウトの要素を変更したい！

A スライドマスターを表示して、目的の要素を変更します。

スライドマスターでレイアウトの要素を変更すると、そのスライドと関連付けられているすべてのスライドレイアウトに変更が反映されます。ここでは、マスタータイトルの位置を変更してみましょう。

1 スライドマスターを表示して、レイアウトを変更したいスライドレイアウトをクリックします。

2 マスタータイトルのプレースホルダーの枠を目的の位置までドラッグして、

3 [マスター表示を閉じる]をクリックします。

↓

4 関連するスライドのタイトル位置が変更されます。

⑮弘法大師と丹沢へのみち

南平橋バス停からコサギが遊ぶ金目川を後に権現山に向か田植え時期にはカルガ モが見られる田んぼの中を通り、（てはや）神社を左に見ながら東名高速（峰ノ上橋）を渡り県ます。ここから500メートルは連絡コースとなり県道を歩注意してください。県道を右折し、細いなだらかな坂道を住宅地を抜け、左に白山神社を見 ながら進むと山腹の市道るので左に曲がります。300mほど行くと左に駐車場と公があり、右に階段があります。階段を150m登ると権現山展望台からは丹 沢山塊や三浦半島、房総半島、関東平野のな展望を楽しむことができます。

1 基本 2 スライド 3 マスター 4 文字入力 5 アウトライン 6 図形 7 写真・イラスト 8 表 9 グラフ 10 アニメーション 11 切り替え 12 動画・音楽 13 プレゼン 14 印刷 15 保存・共有

文字入力の
快速技!

1 基本
2 スライド
3 マスター
4 文字入力
5 アウトライン
6 図形
7 写真・イラスト
8 表
9 グラフ
10 アニメーション
11 切り替え
12 動画・音楽
13 プレゼン
14 印刷
15 保存・共有

Q112 文字のフォントを変更したい！

重要度 ★★★　書式設定

A [ホーム]タブの[フォント]で変更します。

入力した文字のフォント（書体）を変更するには、フォントを変更したい文字をドラッグで選択して、[ホーム]タブの[フォント]からフォントの一覧を表示し、種類を指定します。プレースホルダーを選択した状態でフォントを変更すると、プレースホルダー内の文字をまとめて変更することができます。プレースホルダーを選択するには、プレースホルダーの枠線をクリックします。
なお、手順3でフォントにマウスポインターを合わせると、そのフォントが一時的に適用されるので、変更後のイメージを確認できます。

1 フォントを変更したい文字をドラッグして選択します。

2 [ホーム]タブの[フォント]のここをクリックし、

3 フォント名（ここでは[HG丸ゴシックM-PRO]）をクリックすると、

4 フォントが変更されます。

Q113 文字を大きくしたい！

重要度 ★★★　書式設定

A [ホーム]タブの[フォントサイズ]で変更します。

入力した文字のサイズを変更するには、サイズを変更したい文字をドラッグで選択して、[ホーム]タブの[フォントサイズ]からサイズを指定します。また、[フォントサイズ]ボックスに数値を直接入力することでもサイズを変更できます。
プレースホルダーを選択した状態でサイズを変更すると、プレースホルダー内の文字をまとめて変更することができます。プレースホルダーを選択するには、プレースホルダーの枠線をクリックします。

1 文字サイズを変更したい文字をドラッグして選択します。

2 [ホーム]タブの[フォントサイズ]のここをクリックし、

3 サイズ（ここでは[28]）をクリックすると、

4 文字のサイズが変更されます。

国営公園の種類

国営公園はその設置の趣旨から次の二つの種類に分けられます。
（都市公園法第2条第1項第2号）
（イ）一の都府県の区域を超えるような広域の見地から設置する
都市計画施設である公園又は緑地。（ロに該当するものを除く）（イ号国営公園）
（ロ）国家的な記念事業として、又は我が国固有の優れた文化的
資産の保存及び活用を図るために閣議の決定を経て設置する
都市計画施設である公園又は緑地。（ロ号国営公園）

基本 1
スライド 2
マスター 3
文字入力 4
アウトライン 5
図形 6
写真・イラスト 7
表 8
グラフ 9
アニメーション 10
切り替え 11
動画・音楽 12
プレゼン 13
印刷 14
保存・共有 15

重要度 ★★★　書式設定

Q 114 文字に色を付けたい!

A [ホーム]タブの
[フォントの色]で変更します。

入力した文字の色を変更するには、色を変更したい文字をドラッグで選択して、[ホーム]タブの[フォントの色]から色を指定します。手順**2**で表示される一覧の色は、スライドに設定しているテーマによって異なります。一覧に目的の色がない場合は、[その他の色]をクリックして[色の設定]ダイアログボックスを表示し、色を指定します。

1 色を変更したい文字をドラッグして選択します。

2 [ホーム]タブ[フォントの色]のここをクリックし、

3 色(ここでは[緑])をクリックすると、

4 文字の色が変更されます。

公園の現状と課題解決

"公園"の存在意義を見つめなおし活用する

一覧に表示されている以外の色を指定する場合は、手順**3**で[その他の色]をクリックし、[色の設定]ダイアログボックスを表示します。

重要度 ★★★　書式設定

Q 115 文字を太くしたり飾りを付けたりしたい!

A [ホーム]タブの[フォント]グループのコマンドを利用します。

入力した文字には、太字や斜体、下線、影、取り消し線などの飾り(スタイル)を設定することができます。文字をドラッグで選択し、[ホーム]タブの[フォント]グループにある各コマンドをクリックすることで設定できます。

● 文字飾りの設定例

太字　下線　取り消し線

斜体　文字の影

みんなのための公園 ----- 飾りなし
みんなのための公園 ----- 太字
みんなのための公園 ----- 斜体
みんなのための公園 ----- 下線
みんなのための公園 ----- 文字の影
みんなのための公園 ----- 取り消し線

1 基本
2 スライド
3 マスター
4 文字入力
5 アウトライン
6 図形
7 写真・イラスト
8 表
9 グラフ
10 アニメーション
11 切り替え
12 動画・音楽
13 プレゼン
14 印刷
15 保存・共有

重要度 ★★★　書式設定

Q 116 下線を点線で引きたい！

A [フォント]ダイアログボックスで設定します。

フォントの設定は、[ホーム]タブの[フォント]グループのコマンドを利用して行うことができますが、[フォント]ダイアログボックスを利用すると、より細かく設定できます。フォントを設定したい文字をドラッグで選択して、[ホーム]タブの[フォント]グループの □ をクリックすると、[フォント]ダイアログボックスが表示されます。[フォント]ダイアログボックスでは、点線の下線や二重取り消し線など、[ホーム]タブではできない設定を行えるほか、複数のフォント設定をまとめて変更できます。

1 文字をドラッグして選択し、

2 [ホーム]タブの[フォント]の ここをクリックすると、

3 [フォント]ダイアログボックスが表示されます。

複数のフォント設定をまとめて行えます。

文字飾りを設定できます。

下線のスタイルと色を設定できます。

重要度 ★★★　書式設定

Q 117 英単語の大文字／小文字をすばやく修正したい！

A [ホーム]タブの[文字種の変換]を利用します。

小文字で書かれた英単語をすべて大文字にしたり、文章の先頭の文字だけ大文字に直したりなどの操作を手作業で行うのは面倒です。PowerPointでは、英単語を選択して[ホーム]タブの[文字種の変換]をクリックし、目的の操作を指定するだけで、これらの作業をかんたんに行うことができます。以下の変換が可能です。

- 文の先頭文字を大文字にする
- すべて小文字にする
- すべて大文字にする
- 各単語の先頭文字を大文字にする
- 大文字と小文字を入れ替える

1 修正したい文字をドラッグして選択します。

2 [ホーム]タブの[文字種の変換]をクリックし、

3 [すべて小文字にする]をクリックすると、

4 小文字に変換されます。

Q 118 文字を蛍光ペンで強調表示したい！

A [ホーム]タブの[蛍光ペンの色]で設定します。

PowerPoint 2019以降のバージョンでは、テキスト用の蛍光ペンを使用できるようになりました。蛍光ペンを設定する文字を選択して、[ホーム]タブの[蛍光ペンの色]で任意の色を指定します。

蛍光ペンの色を消すには、手順②の一覧で[色なし]をクリックし、マウスポインターの形が👆に変わった状態で文字をドラッグします。ポインターを通常の矢印に戻すには、Tabを押すか、手順②の一覧を表示して、[蛍光ペンの終了]をクリックします。

1 蛍光ペンで強調する文字をドラッグして選択します。

2 [ホーム]タブの[蛍光ペンの色]のここをクリックして、

3 目的の色をクリックすると、

↓

4 選択した文字に蛍光ペンが設定されます。

住区基幹公園

・**街区公園**
もっぱら街区に居住する者の利用に供することを目的とする公園の範囲内で1箇所当たり面積0.25haを標準として配置する。
・**近隣公園**
主として近隣に居住する者の利用に供することを目的とする公園

Q 119 文字を特殊効果で目立たせたい！

A [図形の書式]タブの[文字の効果]で設定します。

[図形の書式]タブの[文字の効果]を利用すると、影、反射、光彩、3-D回転、変形などの効果を文字に設定することができます。文字をドラッグで選択して[図形の書式]タブをクリックし、[文字の効果]をクリックして目的の効果を指定します。なお、3-D回転と変形はプレースホルダー内のテキスト全体に設定されます。

また、それぞれのメニューの最下段にある[(項目)のオプション]をクリックすると、各効果の細かい設定を調節することができます。

1 文字をドラッグして選択し、[図形の書式]タブをクリックして、

2 [文字の効果]をクリックします。

3 ここでは[光彩]にマウスポインターを合わせて、

4 光彩の種類をクリックすると、

↓

5 文字に効果が設定されます。

公園の現状と課題解決

"公園"の存在意義を見つめなおし活用する

基本 1
スライド 2
マスター 3
文字入力 4
アウトライン 5
図形 6
写真・イラスト 7
表 8
グラフ 9
アニメーション 10
切り替え 11
動画・音楽 12
プレゼン 13
印刷 14
保存・共有 15

重要度 ★★★　書式設定

Q120 指定した文字だけ書式をリセットしたい!

A [ホーム]タブの [すべての書式をクリア]をクリックします。

文字に設定したフォントやフォントサイズ、太字や斜体などの文字書式を取り消して初期設定に戻したいときは、書式を取り消したい文字をドラッグで選択して、[ホーム]タブの [すべての書式をクリア] をクリックします。

[すべての書式をクリア] をクリックすると、文字書式がリセットされます。

重要度 ★★★　書式設定

Q121 スライド内の文字の書式をすべてリセットしたい!

A [ホーム]タブの [リセット]をクリックします。

スライド内の文字に設定した書式をすべて初期設定に戻したいときは、書式を取り消したいスライドをクリックして、[ホーム]タブの [リセット]をクリックすると、設定した書式がまとめてリセットされます。

[リセット] をクリックすると、設定した書式がまとめてリセットされます。

重要度 ★★★　コピー

Q122 文字の書式をコピーしてほかの文字に設定したい!

A [ホーム]タブの [書式のコピー／貼り付け]を利用します。

文字に設定した書式をほかの文字にも設定したい場合は、書式を設定した文字をドラッグで選択して、[ホーム]タブの[書式のコピー／貼り付け] をクリックし、書式を設定したい文字をドラッグします。なお、書式の貼り付けは、1回のコピーにつき一度しか実行できませんが、手順2で [書式のコピー／貼り付け]をダブルクリックすると、続けて何度でも貼り付けることができます。再度[書式のコピー／貼り付け]をクリックするか、Escを押すと貼り付けを中止できます。

1 書式をコピーする文字をドラッグして選択し、

2 [ホーム]タブの [書式のコピー／貼り付け]をクリックします。

3 マウスポインターの形が に変わった状態で、貼り付け先の文字をドラッグすると、

4 書式がコピーされます。

重要度 ★★★ コピー

Q123 「貼り付けのオプション」とは？

A コピーしたデータを貼り付ける際の形式を指定できる機能です。

スライドのほか、文字や表、図などのデータをコピーして貼り付ける際は、[貼り付けのオプション]を利用できます。貼り付けのオプションを利用すると、コピーしたデータをいろいろな形式で貼り付けることができます。たとえば、テキストのコピーの場合は、コピーもとの書式ごとコピーすることも、貼り付け先の書式を反映することもできます。

[貼り付けのオプション]は、[ホーム]タブの[貼り付け]の下の部分をクリックすると利用できます。貼り付けのオプションに表示される項目は、貼り付けるデータによって異なります。

> 文字をコピーした場合は、4種類の貼り付けのオプションが利用できます。

項　目	概　要
貼り付け先のテーマを使用	貼り付け先のテーマを適用してデータを貼り付けます。
元の書式を保持	もとの書式のままデータを貼り付けます。
図	コピーした文字を図として貼り付けます。
テキストのみ保持	コピーもとの書式などは反映させずに文字のみを貼り付けます。

重要度 ★★★ コピー

Q124 書式を反映させず文字だけをコピーしたい！

A [貼り付けのオプション]の[テキストのみ保持]を利用します。

設定した書式はコピーせずに、テキストのみをコピーしたいときは、[貼り付けのオプション]を利用します。コピーする文字をドラッグで選択して[ホーム]タブの[コピー] 🖹 をクリックします。貼り付けたい位置をクリックして、[貼り付け]の下の部分をクリックし、[テキストのみ保持]をクリックすると、もとの書式を反映せずにテキストをコピーできます。

1 コピーする文字をドラッグして選択し、

> **2** [ホーム]タブの[コピー]をクリックします。

3 貼り付けたい位置をクリックして、

4 [ホーム]タブの[貼り付け]のここをクリックし、

5 [テキストのみ保持]をクリックすると、

6 テキストのみが貼り付けられます。

我が国における公園の定義とは

我が国における公園の定義とは、一般に「公園」ものは都市公園に代表される営造公園と、国立公に代表される地域制公園とに大別されます。
国営公園は国が維持管理を行う都市公園として、設置するものです。
都市公園とは、国営公園及び地方公共団体が設置

1 基本
2 スライド
3 マスター
4 文字入力
5 アウトライン
6 図形
7 写真・イラスト
8 表
9 グラフ
10 アニメーション
11 切り替え
12 動画・音楽
13 プレゼン
14 印刷
15 保存・共有

重要度 ★★★　コピー

Q 125 少し前にコピーした データをまた使いたい！

A Officeクリップボードを 利用します。

コピーした（または切り取った）データが一時的に保管される場所のことを「クリップボード」といいます。PowerPoint内でコピーしたデータは、Officeに搭載されているクリップボードに保管されます。Officeクリップボードはコピーしたデータを最大24個まで保管できます。また、クリップボードに保管されているデータはPowerPointを終了するまで、繰り返し貼り付けることができます。

Officeクリップボードを利用するには、[ホーム]タブの[クリップボード]グループの 🔽 をクリックして、[クリップボード]作業ウィンドウを表示します。

1 [ホーム]タブをクリックして、

2 ここをクリックすると、

3 [クリップボード]作業ウィンドウが表示されます。

コピーしたデータが保管されています。

4 貼り付けたい位置をクリックして、

5 データをクリックすると、

6 データが貼り付けられます。

重要度 ★★★　コピー

Q 126 バラバラにコピーした文字を まとめて貼り付けたい！

A Officeクリップボードの [すべて貼り付け]を利用します。

クリップボードに保管したデータはまとめてスライドに貼り付けることができます。[ホーム]タブの[クリップボード]グループの 🔽 をクリックして、[クリップボード]作業ウィンドウを表示し、貼り付けたい位置をクリックして、[すべて貼り付け]をクリックします。

1 [クリップボード]作業ウィンドウを表示して、

2 貼り付けたい位置をクリックし、

3 [すべて貼り付け]をクリックすると、

4 クリップボードに保管されたデータがまとめて貼り付けられます。

重要度 ★★★　コピー

Q 127 文字を貼り付けると書式が変わってしまう！

A [貼り付けのオプション]の [元の書式を保持]を利用します。

文字をコピーして貼り付けると、貼り付け先に合わせて書式が変わってしまうことがあります。もとの書式を保持したまま貼り付けたい場合は、[貼り付けのオプション]の[元の書式を保持]を利用します。

1 コピーする文字をドラッグして選択し、

2 [ホーム]タブの[コピー]をクリックします。

3 貼り付けたい位置をクリックして、[ホーム]タブの[貼り付け]をクリックすると、

4 貼り付け先の書式に合わせて、文字が貼り付けられます。

5 [ホーム]タブの[貼り付け]のここをクリックして、

6 [元の書式を保持]をクリックすると、

7 もとの書式を保持したまま文字が貼り付けられます。

重要度 ★★★　箇条書き

Q 128 箇条書きの行頭記号を変更したい！

A [ホーム]タブの[箇条書き]から記号を指定します。

行頭記号（行頭文字）とは、段落の先頭に表示する文字や記号のことです。行頭文字はテーマに合わせたものが自動的に設定されますが、あとから変更することもできます。行頭文字を変更したい箇条書き全体をドラッグで選択し、[ホーム]タブの[箇条書き]をクリックして行頭文字を指定します。

行頭文字が設定されていない段落の場合でも、この方法で行頭文字を設定することができます。

1 箇条書き全体をドラッグして選択します。

2 [ホーム]タブの[箇条書き]のここをクリックして、

3 目的の行頭文字をクリックすると、

4 箇条書きの行頭文字が変更されます。

1 基本
2 スライド
3 マスター
4 文字入力
5 アウトライン
6 図形
7 写真・イラスト
8 表
9 グラフ
10 アニメーション
11 切り替え
12 動画・音楽
13 プレゼン
14 印刷
15 保存・共有

重要度 ★★★　箇条書き

Q 129 箇条書きに段落番号を付けたい!

A [ホーム]タブの[段落番号]から番号を指定します。

箇条書きの先頭には記号だけでなく、連続した番号を設定することもできます。段落番号を付けたい箇条書き全体をドラッグで選択し、[ホーム]タブの[段落番号]をクリックして番号の種類を指定します。
行頭文字が設定されていない段落の場合でも、この方法で段落番号を設定することができます。

1 段落番号を付けたい段落全体をドラッグして選択します。

2 [ホーム]タブの[段落番号]のここをクリックし、

3 番号の種類をクリックすると、

4 段落の先頭に連続した番号が付きます。

重要度 ★★★　箇条書き

Q 130 箇条書きに段階を付けたい!

A [インデントを増やす]をクリックするか、[Tab]を押します。

箇条書きには、第1レベル、第2レベル…と段階(レベル)を設定することができます。段落をドラッグで選択して、[ホーム]タブの[インデントを増やす] をクリックするか、[Tab]を押すと、段落レベルが1つ下がります。レベルを上げる場合は、段落を選択した状態で[ホーム]タブの[インデントを減らす] をクリックするか、[Shift]+[Tab]を押します。

1 段落レベルを変更したい箇条書きをドラッグして選択します。

2 [ホーム]タブの[インデントを増やす]をクリックすると、

3 段落レベルが1つ下がります。

文字サイズも1段階下がります。

基本 1
スライド 2
マスター 3
文字入力 4
アウトライン 5
図形 6
写真・イラスト 7
表 8
グラフ 9
アニメーション 10
切り替え 11
動画・音楽 12
プレゼン 13
印刷 14
保存・共有 15

重要度 ★★★　箇条書き

Q 131

イラストを箇条書きの行頭記号に利用したい!

A [箇条書きと段落番号]から[図]をクリックして挿入します。

箇条書きの行頭記号には、イラストや画像を利用することもできます。箇条書き全体をドラッグで選択して、[ホーム]タブの[箇条書き]から[箇条書きと段落番号]をクリックします。続いて、[図]をクリックし、画像を指定すると、その記号が行頭記号に設定されます。なお、手順④で[ユーザー設定]をクリックすると、特殊記号を指定することもできます。

1 箇条書き全体をドラッグして選択し、

2 [ホーム]タブの[箇条書き]のここをクリックし、

3 [箇条書きと段落番号]をクリックします。

4 [箇条書きと段落番号]ダイアログボックスが表示されるので、[図]をクリックして、

5 [ファイルから]をクリックします。

図の挿入

ファイルから
コンピューターまたはローカル ネットワークのファイルを参照

ストック画像
ストック画像ライブラリのプレミアム コンテンツで、想像力を解き放つ

6 使用するイラストがあるフォルダーを指定して、

7 イラストをクリックし、

8 [挿入]をクリックすると、

9 行頭文字にイラストが挿入されます。

重要度 ★★★　箇条書き

Q 132

段落番号を1以外から始めたい!

A [箇条書きと段落番号]ダイアログボックスで開始番号を指定します。

段落番号の開始番号を変更するには、[ホーム]タブの[段落番号]から[箇条書きと段落番号]をクリックし、[箇条書きと段落番号]ダイアログボックスで開始番号を指定します。　参照▶ Q 129

ここで開始する番号を指定します。

Q 133 文字どうしの間隔を広くしたい！

A [ホーム]タブの[文字の間隔]から間隔を指定します。

文字と文字の間隔を調整するには、[ホーム]タブの[文字の間隔] をクリックし、間隔を指定します。[広く]をクリックすると3pt広がります。[狭く]をクリックすると1.5pt狭くなります。

また、手順**3**で[その他の間隔]をクリックして、[フォント]ダイアログボックスの[文字幅と間隔]を開いても間隔が調整できます。

1 文字間隔を調整する文字をドラッグして選択します。

2 [ホーム]タブの[文字の間隔]をクリックし、

3 目的の間隔（ここでは[広く]）をクリックすると、

4 文字の間隔が調整されます。

● [フォント]ダイアログボックスを利用する

1 [文字間隔を広げる]か[文字間隔をつめる]を選択して、

2 数値を指定します。

Q 134 行間を広げたい！

A [ホーム]タブの[行間]から間隔を指定します。

文章の行と行の間隔を調整するには、文章またはプレースホルダーを選択して、[ホーム]タブの[行間]から行間の数値を指定します。なお、行間を自由に指定したい場合は、手順**3**で[行間のオプション]をクリックして、[段落]ダイアログボックスの[インデントと行間隔]の[行間]で指定します。

1 文章をドラッグして選択します。

2 [ホーム]タブの[行間]をクリックし、

3 行間の数値（ここでは[1.5]）をクリックすると、

4 行間が通常の間隔の1.5倍に広がります。

● [段落]ダイアログボックスを利用する

1 [行間]で[固定値]を選択して、

2 [間隔]を数値で指定します。

基本 1
スライド 2
マスター 3
文字入力 4
アウトライン 5
図形 6
写真・イラスト 7
表 8
グラフ 9
アニメーション 10
切り替え 11
動画・音楽 12
プレゼン 13
印刷 14
保存・共有 15

重要度 ★★★　文章のレイアウト

Q 135 文章の行頭を きれいに揃えたい！

A ルーラーを表示して、 インデントを設定します。

段落の先頭位置を揃えるには、ルーラーを利用してインデントを設定します。ルーラーが表示されていない場合は、[表示]タブの[ルーラー]をオンにして表示します。行頭を揃えたい段落を選択して、左インデントマーカー □ をドラッグすると、破線の位置に行頭が揃います。段落が離れている場合は、Ctrl を押しながらドラッグして選択しましょう。

1 [表示] タブを クリックして、

2 [ルーラー]を クリックして オンにします。

3 行頭を揃えたい段落を ドラッグで選択して、

4 左インデントマーカーを ドラッグすると、

5 行頭がきれいに揃います。

重要度 ★★★　文章のレイアウト

Q 136 文中の文字の位置を 揃えたい！

A Tab を押してタブを挿入し、 ルーラーでタブ位置を揃えます。

行の途中で文字の位置を揃える場合は、Tab を押してタブを挿入したあと、ルーラー上のタブ位置をクリックすると、きれいに揃います。ここでは左揃えのタブを設定しますが、ほかにも右揃え、中央揃え、小数点揃えのタブがあります。ルーラーの左側にあるタブマーカーをクリックしてタブの種類を切り替えます。

1 [表示] タブの [ルーラー] を クリックしてオンにします。

2 文字を揃えたい位置で Tab を押して、 タブを挿入します。

3 段落をドラッグで選択し、

4 タブマーカーをクリックして、文章を揃える方法を指定し（ここでは左揃え）、

5 ルーラー上の文字を揃えたい位置をクリックすると、

6 ルーラー上にタブ位置が設定され、

7 文字がタブ位置に揃います。

1 基本
2 スライド
3 マスター
4 文字入力
5 アウトライン
6 図形
7 写真・イラスト
8 表
9 グラフ
10 アニメーション
11 切り替え
12 動画・音楽
13 プレゼン
14 印刷
15 保存・共有

重要度 ★★★　文章のレイアウト

Q 137 文章をスライドの左右で揃えたい!

A [ホーム]タブの[右揃え]や[左揃え]で揃えます。

プレースホルダー内に文章を入力すると、通常は左揃えで表示されます。文章を右揃えにしたい場合は、文章を選択して、[ホーム]タブの[右揃え] をクリックします。左揃えに戻したいときは、[左揃え] をクリックします。

1 プレースホルダーを選択し、[ホーム]タブの[右揃え]をクリックすると、

2 文章が右揃えになります。

重要度 ★★★　文章のレイアウト

Q 138 文章をスライドの上下で揃えたい!

A [ホーム]タブの[文字の配置]で設定します。

プレースホルダーに入力した文章の配置は、設定しているテーマによって異なります。文章の配置を変更したい場合は、プレースホルダーを選択して、[ホーム]タブの[文字の配置]で設定します。

1 [ホーム]タブの[文字の配置]をクリックして、

2 揃えたい位置をクリックします。

重要度 ★★★　文章のレイアウト

Q 139 文章をスライドの中央に揃えたい!

A [上下中央揃え]と[中央揃え]で揃えます。

プレースホルダー内の文章を上下中央に揃えたい場合は、プレースホルダーを選択して、[ホーム]タブの[文字の配置]をクリックして[上下中央揃え]をクリックします。さらに、[ホーム]タブの[中央揃え] をクリックすると、文章がプレースホルダーの中央に揃います。

1 プレースホルダーを選択して、[ホーム]タブの[文字の配置]をクリックし、

2 [上下中央揃え]をクリックすると、

3 文章が上下中央に揃います。

4 [ホーム]タブの[中央揃え]をクリックすると、

5 文章が左右中央に揃います。

Q 140 文章の両端を揃えたい！

A [ホーム]タブの[両端揃え]や [均等割り付け]で揃えます。

プレースホルダーに入力した文章の折り返しの行末がきれいに揃わない場合は、両端揃えにすると、行の端がプレースホルダーの端に揃うように文字間隔が調整されます。また、文字列をプレースホルダー内に均等に配置したいときは均等割り付けを利用します。

● 両端揃えを設定する

文章の行末がきれいに揃っていません。

1 プレースホルダーを選択して、[ホーム]タブの [両端揃え]をクリックすると、

2 行の端がプレースホルダーの端に揃います。

● 均等割り付けを設定する

1 プレースホルダーを選択して、[ホーム]タブの [均等割り付け]をクリックすると、

2 文字列がプレースホルダー内に均等に配置されます。

Q 141 段落の後ろだけ間隔を 空けたい！

A [段落]ダイアログボックスで 設定します。

[ホーム]タブの[行間]から行間を調節すると、文章の前後の間隔が空きます。特定の段落の前だけ、あるいは後ろだけ行間を空けたい場合は、変更したい段落をクリックして、[ホーム]タブの[行間]をクリックし、[行間のオプション]をクリックします。
[行間]ダイアログボックスが表示されるので、[インデントと行間隔]の[段落前]や[段落後]で数値を指定します。

1 変更したい段落をクリックして、[ホーム]タブをクリックし、

2 [行間]をクリックして、

3 [行間のオプション]をクリックします。

4 [インデントと行間隔]の[間隔]（ここでは[段落後]）を数値で指定して、

5 [OK]をクリックすると、

6 段落の後ろの間隔が広がります。

Q 142 段組みを2段以上にしたい！

A [ホーム]タブの [段の追加または削除]で段組みを設定します。

プレースホルダー内の文章が長かったり、箇条書きの行数が多かったりする場合は、2段組みや3段組みにすると読みやすくなります。段組みを設定するには、プレースホルダーを選択して、[ホーム]タブの[段の追加または削除]から段数を指定します。段組みにした結果、左右のバランスが悪い場合は、改行を入れて調整しましょう。なお、段組みを解除するには、手順3で[1段組]をクリックします。

1 プレースホルダーを選択して、[ホーム]タブをクリックし、

2 [段の追加または削除]をクリックして、

3 [2段組み]（あるいは[3段組み]）をクリックすると、

4 段落が2段組みになります。

5 右段に移動したい段落の先頭をクリックして、Enter を押すと、

6 左右のバランスがよくなります。

Q 143 段組みの間隔を変更したい！

A [段の追加または削除]の[段組みの詳細設定]を利用します。

文章や段落を段組みにした際に、段組みどうしが近すぎる場合は、段組みの間隔を調整することができます。プレースホルダーを選択して、[ホーム]タブの[段の追加または削除]から[段組みの詳細設定]をクリックして、間隔を指定します。なお、このダイアログボックスで段数を設定することもできます。

1 プレースホルダーを選択して、[ホーム]タブをクリックし、

2 [段の追加または削除]をクリックして、

3 [段組みの詳細設定]をクリックします。

4 [間隔]を数値で指定し、

5 [OK]をクリックすると、

6 段と段の間が変更されます。

Q 144 スライドの文章を縦書きにしたい！

A 文字列の方向を縦書きにするか、縦書きのレイアウトを利用します。

スライドに入力した文章を縦書きにしたい場合は、プレースホルダーを選択して、[ホーム]タブの[文字列の方向]から[縦書き]をクリックします。

タイトルも含めてスライド全体を縦書きに設定する場合は、縦書きにしたいスライドを選択して、[ホーム]タブの[レイアウト]から[縦書きタイトルと縦書きテキスト]をクリックします。

● プレースホルダーに入力した文章を縦書きにする

1 プレースホルダーを選択して、

2 [ホーム]タブの[文字列の方向]をクリックし、

3 [縦書き]をクリックすると、

4 文章が縦書きに設定されます。

● スライド全体の文章を縦書きにする

1 縦書きにしたいスライドを選択して、

2 [ホーム]タブの[レイアウト]をクリックし、

3 [縦書きタイトルと縦書きテキスト]をクリックすると、

4 スライド全体が縦書きに設定されます。

Q 145 アルファベットも縦書きにしたい！

A [文字列の方向]から[縦書き（半角文字含む）]を指定します。

文章を縦書きに設定すると、初期設定では、アルファベットなどの半角文字が横向きに表示されます。半角文字も縦書きにしたい場合は、[ホーム]タブの[文字列の方向]をクリックして、[縦書き（半角文字含む）]をクリックします。

[縦書き（半角文字含む）]をクリックすると、半角文字が縦書きになります。

Q 146 文字を回転させたい！

A [文字列の方向]から[右へ90度回転]／[左へ90度回転]を指定します。

文字を回転させたい場合は、プレースホルダーを選択して、[ホーム]タブの[文字列の方向]をクリックし、[右へ90度回転]または[左へ90度回転]をクリックします。

[右へ90度回転]あるいは[左へ90度回転]をクリックすると、文字が回転します。

重要度 ★★★　テキストボックス

Q 147 スライド内の好きな場所に文字を入力したい！

A [挿入]タブの [テキストボックス]からテキストボックスを挿入します。

プレースホルダーとは別に、スライドの任意の場所に文字を挿入したい場合は、テキストボックスを利用します。[挿入]タブの [テキストボックス]をクリックして、[横書きテキストボックスの描画]または [縦書きテキストボックス]をクリックし、スライド上をドラッグまたはクリックします。クリックして作成したテキストボックスは、文字を入力すると、幅や高さが自動的に広がります。

1 [挿入]タブをクリックして、

2 [テキストボックス]のここをクリックし、

3 [横書きテキストボックスの描画] をクリックします。

4 文字を挿入したい場所で対角線上にドラッグすると、

5 テキストボックスの枠が作成されるので、

6 文字を入力します。

重要度 ★★★　テキストボックス

Q 148 縦書きのテキストボックスを利用したい！

A [テキストボックス]の [縦書きテキストボックス]を利用します。

縦書きのテキストボックスを利用したいときは、[挿入]タブの [テキストボックス]をクリックして、[縦書きテキストボックス]をクリックし、スライド上をドラッグするかクリックします。

1 [テキストボックス]のここをクリックして、

2 [縦書きテキストボックス]をクリックし、スライド上をドラッグします。

重要度 ★★★　テキストボックス

Q 149 テキストボックスを線で囲みたい！

A [図形の書式]タブの [図形の枠線]から線の色、太さや種類などを指定します。

テキストボックスは初期設定では、プレースホルダーと同様に、枠線が表示されません。テキストボックスに枠線を表示したい場合は、テキストボックスを選択して [図形の書式]タブをクリックし、[図形の枠線]の右側をクリックして、線の色や太さ、種類を指定します。

1 [図形の枠線]の右側をクリックして、

2 色や太さ、線の種類を指定します。

Q 150 特定の文字をすばやく見つけ出したい!

A [ホーム]タブの[検索]を利用して検索します。

プレゼンテーションの中から特定の文字をすばやく見つけ出したいときは、検索機能を利用すると便利です。[ホーム]タブの[検索]をクリックして、[検索]ダイアログボックスに検索したい文字を入力し、[次を検索]をクリックすると、スライド内の文字を次々に検索することができます。検索の条件を指定することも可能です。

1 [ホーム]タブをクリックして、

2 [検索]をクリックします。

3 検索したい文字を入力して、

4 [次を検索]をクリックすると、

必要であれば条件をクリックしてオンにします。

5 文字が検索されます。

6 [次を検索]をクリックすると、

7 次の文字が検索されます。

8 すべて検索し終えるとメッセージが表示されるので、[OK]をクリックします。

Q 151 特定の文字をほかの文字に置き換えたい!

A [ホーム]タブの[置換]を利用して置き換えます。

プレゼンテーションの中にある特定の文字を別の文字に置き換えたいときは、置換機能を利用すると便利です。[ホーム]タブの[置換]をクリックして、[置換]ダイアログボックスに検索する文字と置き換える文字を入力し、[次を検索]をクリックします。該当する文字が検索されるので、置換する場合は[置換]を、置換しない場合は[次を検索]をクリックします。

1 [ホーム]タブをクリックして、

2 [置換]をクリックします。

3 検索する文字と置換後の文字を入力して、

4 [次を検索]をクリックすると、

5 文字が選択されます。

6 [置換]をクリックすると、

7 指定した文字に置き換わります。

8 [次を検索]をクリックして、

9 該当する文字がなければメッセージが表示されるので、[OK]をクリックします。

基本 1
スライド 2
マスター 3
文字入力 4
アウトライン 5
図形 6
写真・イラスト 7
表 8
グラフ 9
アニメーション 10
切り替え 11
動画・音楽 12
プレゼン 13
印刷 14
保存・共有 15

重要度 ★★★　検索と置換

Q152 特定の文字をすべて ほかの文字に置き換えたい！

A [ホーム]タブの [置換]を利用して置き換えます。

プレゼンテーションの中にある特定の文字を別の文字にまとめて置き換えたいときは、置換機能を利用します。[ホーム]タブの[置換]をクリックして、[置換]ダイアログボックスに検索する文字と置き換える文字を入力し、[すべて置換]をクリックすると、すべての文字をまとめて置き換えることができます。

1 [ホーム]タブをクリックして、

2 [置換]をクリックします。

3 検索する文字と置換後の文字を入力して、

- 年齢に応じた運動
- 体力に応じた運動
- 目的に応じた運動
- 病気に応じた運動
- 疾病に応じた運動

4 [すべて置換]をクリックすると、

5 該当する文字がすべて置き換わります。

- 年齢に応じたトレーニング
- 体力に応じたトレーニング
- 目的に応じたトレーニング
- 病気に応じたトレーニング
- 疾病に応じたトレーニング

Microsoft PowerPoint
プレゼンテーションの検索が終了し、5 個の置換が行われました。
OK

6 検索・置換が終了するとメッセージが表示されるので、[OK]をクリックします。

重要度 ★★★　検索と置換

Q153 特定のフォントをまとめて ほかのフォントにしたい！

A [置換]から [フォントの置換]を利用します。

プレゼンテーション内の特定のフォントをまとめてほかのフォントに置き換えるには、[ホーム]タブの[置換]の▼をクリックして、[フォントの置換]をクリックします。[フォントの置換]ダイアログボックスが表示されるので、置換前のフォントと置換後のフォントを指定して、[置換]をクリックすると、指定したフォントをまとめて変更することができます。

1 [ホーム]タブをクリックして、

2 [置換]のここをクリックし、

置換(R)...
フォントの置換(O)...

3 [フォントの置換]をクリックします。

4 ここをクリックして置換前のフォントを指定し、

フォントの置換
置換前のフォント(P)：
MS P明朝
置換後のフォント(W)：
MS Pゴシック
置換(R)
閉じる(C)

5 ここをクリックして置換後のフォントを指定します。

6 [置換]をクリックすると、

7 指定したフォントがすべて置換されます。

健康維持のためのトレーニングの種類

- 年齢に応じたトレーニング
- 体力に応じたトレーニング
- 目的に応じたトレーニング
- 病気に応じたトレーニング
- 疾病に応じたトレーニング

フォントの置換
置換前のフォント(P)：
MS Pゴシック
置換後のフォント(W)：
MS Pゴシック
置換(R)
閉じる(C)

8 [閉じる]をクリックします。

基本 1
スライド 2
マスター 3
文字入力 4
アウトライン 5
図形 6
写真・イラスト 表 7
グラフ 8 9
アニメーション 10
切り替え 11
動画・音楽 12
プレゼン 13
印刷 14
保存・共有 15

重要度 ★★★　入力のトラブル

Q 154 入力した文字のサイズが小さくなってしまう！

A [自動調整オプション]で自動調整をしないように設定します。

プレースホルダーに入力した文章の量が多いと、自動的に調整機能が働き、文字サイズが縮小されます。文字をもとのサイズに戻したい場合は、プレースホルダーの左下に表示される［自動調整オプション］ をクリックして、［このプレースホルダーの自動調整をしない］をクリックします。

なお、自動調整をしないように設定すると、プレースホルダーから文字がはみ出す場合があります。この場合は、プレースホルダーを広げるか、文字サイズを変更するか、2段組みに設定するとよいでしょう。

参照▶Q 100, Q 113, Q 142

プレースホルダーに入力した文章の量が多いと、文字サイズが自動的に小さくなります。

1 ［自動調整オプション］をクリックして、

2 ［このプレースホルダーの自動調整をしない］をクリックすると、

3 文字の大きさがもとに戻ります。

重要度 ★★★　入力のトラブル

Q 155 勝手に不必要な変換をさせないようにしたい！

A [オートコレクト]で自動修正機能をオフにします。

PowerPointには、入力ミスと思われる単語や文字を自動的に修正したり、小文字で入力した(c)を©に自動的に変換したりする機能が用意されています。この機能をオフにしたい場合は、［ファイル］タブの［その他］から［オプション］をクリックし、［PowerPointのオプション］ダイアログボックスで設定します。

「(c)」と入力すると、自動的に「©」と変換されてしまいます。

1 ［PowerPointのオプション］ダイアログボックスを表示して、

2 ［文章校正］をクリックし、

3 ［オートコレクトのオプション］をクリックします。

4 ［オートコレクト］をクリックして、

5 ［入力中に自動修正する］をクリックしてオフにします。

6 ［OK］をクリックして、

7 ［PowerPointのオプション］ダイアログボックスの［OK］をクリックします。

1 基本
2 スライド
3 マスター
4 文字入力
5 アウトライン
6 図形
7 写真・イラスト
8 表
9 グラフ
10 アニメーション
11 切り替え
12 動画・音楽
13 プレゼン
14 印刷
15 保存・共有

Q 156

重要度 ★★★ 入力のトラブル

メールアドレスや URLの下線を削除したい！

A 入力オートフォーマット機能をオフにします。

メールアドレスやURLを入力すると、入力オートフォーマット機能により、ハイパーリンクに自動で設定され、文字色が変わり下線が付きます。この機能をオフにしたい場合は、[オートコレクト]ダイアログボックスを表示して、[入力オートフォーマット]の[インターネットとネットワークのアドレスをハイパーリンクに変更する]をクリックしてオフにします。

参照▶Q 155

[インターネットとネットワークのアドレスをハイパーリンクに変更する]をクリックしてオフにします。

Q 157

重要度 ★★★ 入力のトラブル

英語の頭文字が勝手に大文字になってしまう！

A オートコレクト機能をオフにします。

英単語を入力すると、オートコレクト機能によって、自動的に2文字目が小文字になったり、先頭文字が大文字になったりします。この機能をオフにしたい場合は、[オートコレクト]ダイアログボックスを表示して、[オートコレクト]の[文の先頭文字を大文字にする]をクリックしてオフにします。

参照▶Q 155

[文の先頭文字を大文字にする]をクリックしてオフにします。

Q 158

重要度 ★★★ ワードアート

インパクトのあるデザイン文字を利用したい！

A ワードアートを利用します。

ワードアートとは、デザインされた文字を作成するための機能、もしくはその機能を使って作成された文字のことです。あらかじめ用意されたスタイルから選択するだけで、文字に色や影、斜体、反射などの視覚効果が設定されたデザイン文字をかんたんに利用することができます。

ワードアートのスタイルを選ぶだけで、デザイン文字をかんたんに入力できます。

作成したワードアートには、影や反射、光彩などを設定したり、変形したりと、さまざまな編集が可能です。

Q 159 ワードアートを追加したい！

A [挿入]タブの [ワードアート]からスタイルを指定して挿入します。

スライドにワードアートを挿入するには、[挿入]タブの [ワードアート]をクリックして任意のスタイルを指定します。テキストボックスが挿入されるので、文字を入力するとワードアートが挿入されます。ワードアートのスタイルに表示される一覧は、設定しているテーマによって配色が異なります

ワードアートを移動するには、ワードアートの枠線上にマウスポインターを合わせ、ポインターの形が に変わった状態でドラッグします。

1 [挿入]タブをクリックして、　**2** [ワードアート]をクリックし、

3 使用したいスタイルをクリックします。

4 テキストボックスが挿入されるので、

- 年齢に応じたトレーニング
- 体力に応じたトレーニング
- 目的に応じたトレーニング

5 文字を入力します。

- 年齢に応じたトレーニング
- 体力に応じたトレーニング
- 目的に応じたトレーニング

Q 160 すでに入力した文字をワードアートにしたい！

A 文字を選択し、[図形の書式]タブからワードアートを指定します。

すでに入力した文字をワードアートに変換することもできます。ワードアートに変換したい文字をドラッグで選択して、[図形の書式]タブをクリックし、[ワードアートのスタイル]からスタイルを指定します。

1 文字をドラッグして選択します。　**2** [図形の書式]タブをクリックして、

3 [ワードアートのスタイル]の [その他]をクリックします。

4 使用したいスタイルをクリックすると、

5 ワードアートスタイルが適用されます。

基本 1
スライド 2
マスター 3
文字入力 4
アウトライン 5
図形 6
写真・イラスト 7
表 8
グラフ 9
アニメーション 10
切り替え 11
動画・音楽 12
プレゼン 13
印刷 14
保存・共有 15

1 基本
2 スライド
3 マスター
4 文字入力
5 アウトライン
6 図形
7 写真・イラスト
8 表
9 グラフ
10 アニメーション
11 切り替え
12 動画・音楽
13 プレゼン
14 印刷
15 保存・共有

重要度 ★★★　ワードアート

Q 161 ワードアートの色を変更したい！

A [図形の書式]タブの [文字の塗りつぶし]から変更します。

ワードアートの色を変更するには、ワードアートを選択して、[図形の書式]タブの [文字の塗りつぶし] 🅰▾ の ▾ をクリックし、表示される一覧から色を指定します。一覧に使用したい色がない場合は、[その他の塗りつぶしの色]をクリックすると表示される [色の設定]ダイアログボックスから色を指定します。
また、[図形の書式]タブの [文字の輪郭] 🅰▾ を利用すると、枠線の色を変更することもできます。

1 ワードアートを選択して、[図形の書式]タブをクリックします。

2 [文字の塗りつぶし] のここをクリックして、

3 使用したい色をクリックすると、

4 ワードアートの色が変更されます。

重要度 ★★★　ワードアート

Q 162 ワードアートのデザインを変更したい！

A [図形の書式]タブの [ワードアートのスタイル]から変更します。

作成したワードアートのスタイルは変更することができます。ワードアートを選択して、[図形の書式]タブをクリックし、[ワードアートのスタイル]から変更したいスタイルを指定します。
また、[文字の効果] 🅰▾ を利用すると、影や光彩、反射などの視覚効果を設定することもできます。

参照▶Q 164

1 ワードアートを選択して、[図形の書式]タブをクリックします。

2 [ワードアートのスタイル] の [その他] をクリックして、

3 変更したいスタイルをクリックすると、

4 ワードアートのスタイルが変更されます。

基本 1
スライド 2
マスター 3
文字入力 4
アウトライン 図形 5
写真・イラスト 表 6 7
グラフ 8 9
アニメーション 切り替え 10 11
動画・音楽 プレゼン 12 13
印刷 14
保存・共有 15

重要度 ★★★　ワードアート

Q 163 白抜き文字を作りたい！

A [文字の塗りつぶし]を[塗りつぶしなし]にします。

ワードアートは文字の塗りつぶしと文字の輪郭で構成されています。白抜き文字を作りたい場合は、ワードアートを選択して[図形の書式]タブの[文字の塗りつぶし]を[塗りつぶしなし]に設定します。

1 [文字の塗りつぶし]のここをクリックして、

2 [塗りつぶしなし]をクリックすると、

3 枠線だけの白抜き文字になります。

重要度 ★★★　ワードアート

Q 164 ワードアートを変形させたい！

A [文字の効果]の[変形]から変形の種類を指定します。

ワードアートの文字に動きを付けることもできます。文字に動きを付けるには、ワードアートを選択して、[図形の書式]タブから[文字の効果] をクリックし、[変形]から変形の種類を指定します。

1 ワードアートを選択して、[図形の書式]タブをクリックします。

2 [文字の効果]をクリックして、

3 [変形]にマウスポインターを合わせ、

4 任意の変形の種類をクリックすると、

5 ワードアートが変形されます。

重要度 ★★★　ワードアート

Q 165 文字は残したままワードアートだけを解除したい！

A [ワードアートのスタイル]から[ワードアートのクリア]を指定します。

作成したワードアートを解除して文字のみを残したい場合は、ワードアートを選択して、[図形の書式]タブをクリックし、[ワードアートのスタイル]から[ワードアートのクリア]をクリックします。

1 [図形の書式]タブをクリックします。

2 [ワードアートのスタイル]の[その他]をクリックして、

3 [ワードアートのクリア]をクリックすると、

4 ワードアートが解除され、通常のテキストに戻ります。

1 基本
2 スライド
3 マスター
4 文字入力
5 アウトライン
6 図形
7 写真・イラスト
8 表
9 グラフ
10 アニメーション
11 切り替え
12 動画・音楽
13 プレゼン
14 印刷
15 保存・共有

重要度 ★★★　特殊な文字

Q166 特殊な記号を かんたんに入力したい！

A [挿入]タブの [記号と特殊文字]を利用します。

キーボードから入力できない特殊な記号を入力するには、記号を入力する位置にカーソルを移動して、[挿入]タブの[記号と特殊文字]（画面サイズが大きい場合は不要）から[記号と特殊文字]をクリックし、表示される[記号と特殊文字]ダイアログボックスから入力します。

1 [フォント]を 選択して、

2 目的の記号を クリックし、

3 [挿入]をクリックすると、

4 記号が入力されます。

重要度 ★★★　特殊な文字

Q167 複雑な数式を かんたんに入力したい！

A₁ [数式]タブを利用します。

スライドに数式を入力するには、[挿入]タブの[記号と特殊文字]（画面サイズが大きい場合は不要）から[数式]をクリックすると表示される[数式]タブを利用します。[数式]タブに用意されている数学記号や数式の種類を指定して数字を入力し、数式を完成させます。入力した数式は、画像データとして扱われます。
また、[数式]の下の部分をクリックすると表示される一覧には、円の面積や二項定理、ピタゴラスの定理などの公式が9種類用意されています。

1 [挿入]タブを クリックして、

2 [記号と特殊文字] をクリックし、

3 [数式]を クリックすると、

↗

4 [数式]タブが表示されます。

5 目的の記号や式を クリックして、 数式を入力します。

A₂ [インク数式]を利用します。

PowerPoint 2021では、[インク数式]を使用して、数式を手描きで入力することもできます。書き込んだ数式はすぐに認識されて、データに変換されます。

1 [挿入]タブの[記号と特殊文字]から[数式]の下部をクリック、[インク数式]をクリックします。

2 数式を手書きで 入力すると、

3 認識された数式が ここに表示されます。

4 [挿入]をクリックすると、 数式が入力されます。

アウトラインの
便利技!

Q 168 アウトラインとは？

A 文章だけを階層構造で表示し、効率的に全体の構成を作成できる機能です。

アウトラインとは、プレゼンテーション内の文章だけを階層構造で表示する機能のことです。

アウトライン表示では、プレゼンテーション全体が階層構造で表示されるので、全体の流れや項目間の上下関係などがひと目で確認でき、プレゼンテーション全体の構成を考えながら効率的にスライドを作成するのに適しています。タイトルと本文を入れ替えたり、スライドの内容を入れ替える操作もかんたんに行えます。

● アウトライン表示モードの画面

1 アウトライン領域にテキストを入力すると、

2 プレースホルダーに反映されます。

青少年社会教育施設の現状と今後の積極的な活用について

アウトライン

スライドウィンドウ

青少年社会教育施設の現状と今後の積極的な活用について

ノートペイン

● アウトラインを利用したプレゼンテーション作成の流れ

① 全体の構成を考える

全体の構成を考えて、各スライドのタイトルを入力します。

② 各スライドの内容を入力する

各スライドの内容を考えて、テキストを入力します。

③ 段落レベルを設定する

テキストに段落レベルを設定します。

Q 169 アウトライン表示にしたい！

A [表示]タブの [アウトライン表示]を クリックします。

表示モードをアウトライン表示にするには、[表示]タブをクリックして、[アウトライン表示]をクリックします。

ここでは、新規のスライドを作成した状態で、アウトライン表示に切り替えます。

1 [表示] タブをクリックして、

2 [アウトライン表示] をクリックすると、

3 アウトライン表示モードに切り替わります。

Q 170 アウトライン表示で タイトルを入力したい！

A スライドのアイコンの右側を クリックしてタイトルを入力します。

アウトライン表示では、はじめにスライドのタイトルだけを入力して、全体の流れを確認してから、内容を入力していくことで、効率のよいスライド作成ができます。表示モードをアウトラインに切り替えると、左側のウィンドウにはスライドがアイコン □ で表示されます。このアイコンの右側にスライドのタイトルを入力します。1枚目のスライドには、全体のタイトルが入力されます。

1 スライドのアイコンの右側をクリックして、

2 タイトルを入力します。

入力したテキストがプレースホルダーに反映されます。

基本 1
スライド 2
マスター 3
文字入力 4
アウトライン 5
図形 6
写真・イラスト 表 7
グラフ 8
アニメーション 9
切り替え 10
動画・音楽 11
プレゼン 12
印刷 13
保存・共有 14
15

117

1 基本
2 スライド
3 マスター
4 文字入力
5 アウトライン
6 図形
7 写真・イラスト
8 表
9 グラフ
10 アニメーション
11 切り替え
12 動画・音楽
13 プレゼン
14 印刷
15 保存・共有

重要度 ★★★　アウトラインの基本

Q171

アウトライン表示で
サブタイトルを入力したい！

A タイトルの行末で Ctrl を押しながら Enter を押して入力します。

サブタイトルはタイトルの1つ下の階層になります。サブタイトルを入力するには、タイトルの行末にカーソルを移動して、Ctrl を押しながら Enter を押して改行し、入力します。

1 タイトルの行末にカーソルを移動して、

2 Ctrl ＋ Enter を押し、

3 サブタイトルを入力します。

入力したテキストがプレースホルダーに反映されます。

重要度 ★★★　アウトラインの基本

Q172

アウトライン表示で
スライドを追加したい！

A タイトルを入力したあとに Enter を押して改行します。

アウトライン表示でスライドを追加するには、タイトルを入力したあとに Enter を押して改行します。なお、サブタイトルを入力した場合は、Enter を押して改行すると、サブタイトルにテキストが追加されます。サブタイトルを入力したあとにスライドを追加する場合は、Ctrl を押しながら Enter を押します。

1 タイトルを入力したあとに Enter を押すと、

1 □ 青少年社会教育施設の現状と今後の積極的な活用について

2 新しいスライドが追加されます。

1 □ 青少年社会教育施設の現状と今後の積極的な活用について
2 □ |

● **サブタイトルを入力したあとにスライドを追加する**

1 サブタイトルを入力したあとに Ctrl ＋ Enter を押すと、

1 □ 青少年社会教育施設の現状と今後の積極的な活用について
　　〜公営施設等の活用法を再検討する〜

2 新しいスライドが追加されます。

1 □ 青少年社会教育施設の現状と今後の積極的な活用について
　　〜公営施設等の活用法を再検討する〜
2 □ |

重要度 ★★★　アウトラインの基本

Q 173 アウトライン表示で スライドの内容を入力したい!

A タイトルの行末で Ctrl を押しながら Enter を押して入力します。

アウトライン表示でスライドの内容(テキスト)を入力するには、そのスライドのタイトルを入力したあとにCtrl を押しながら Enter を押します。段落レベルが下がり、箇条書きが設定されるので、そこでテキストを入力すると、コンテンツを表示するプレースホルダーにテキストが反映されます。Enter を押して改行すると次の段落に移動するので、さらに内容を入力していきます。

1 タイトルの行末にカーソル移動して、

2 Ctrl + Enter を押します。　↗

3 行頭文字が表示されるので、

設定しているテーマによっては、行頭文字が表示されない場合があります。

4 テキストを入力します。

プレースホルダーにテキストが反映されます。

重要度 ★★★　アウトラインの基本

Q 174 アウトライン表示で図や グラフを挿入するには?

A 画面右側のスライドウィンドウに 挿入します。

アウトライン表示で表やグラフ、画像などを挿入するには、通常の標準表示モードと同じ方法で操作します。プレースホルダーのアイコンをクリックするか、[挿入]タブをクリックして、目的のコマンドをクリックし、オブジェクトを挿入します。

参照 ▶ Q 248

1 挿入したいオブジェクトのアイコンをクリックして、

2 オブジェクトを挿入します。

基本 1
スライド 2
マスター 3
文字入力 4
アウトライン 5
図形 6
写真・イラスト 7
表 8
グラフ 9
アニメーション 10
切り替え 11
動画・音楽 12
プレゼン 13
印刷 14
保存・共有 15

重要度 ★ ★ ★　アウトラインの基本

Q 175 アウトライン表示で同じ段落レベルの内容を入力したい！

A 行末にカーソルがある状態で Enter を押します。

アウトライン表示で、同じ段落レベルの内容（テキスト）を続けて入力するには、テキストの行末にカーソルがある状態で Enter を押します。

1 テキストの行末にカーソルがある状態で Enter を押すと、

2 同じ段落レベルのテキストを入力できます。

1 □ **青少年社会教育施設の現状と今後**
　〜公営施設等の活用法を再検討する

2 □ **青少年社会教育施設の種類**
　・少年自然の家

3 □ **青少年社会教育施設とは**
　青少年社会教育施設は、青少年をラムの提供、青 少年の健全育成を推学校や青少年団体等の利用に供すあり、自然体験や宿泊体験などの場もに、青少年が社会の担い手となるこ

→

1 ■ **青少年社会教育施設の現状と今後**
　〜公営施設等の活用法を再検討する

2 **青少年社会教育施設の種類**
　・少年自然の家
　・｜

3 **青少年社会教育施設とは**
　青少年社会教育施設は、青少年をラムの提供、青 少年の健全育成を推学校や青少年団体等の利用に供すあり、自然体験や宿泊体験などの場

重要度 ★ ★ ★　アウトライン入力のテクニック

Q 176 アウトライン表示で段落を変えずに改行したい！

A Shift を押しながら Enter を押します。

テキストを入力して Enter を押すと、段落が変わります。段落を変えずに改行したい場合は、目的の位置にカーソルを移動して、Shift を押しながら Enter を押します。

1 行末にカーソルを移動して、Shift ＋ Enter を押すと、

2 段落を変えずに改行されます。

1 □ **青少年社会教育施設の現状と今後**
　〜公営施設等の活用法を再検討する

2 □ **青少年社会教育施設の種類**
　・少年自然の家
　・青年の家（宿泊型）
　・青年の家（非宿泊型）
　・児童文化センター
　・野外教育施設
　・その他の青少年教育施設

3 □ **青少年社会教育施設とは**
　青少年社会教育施設は、青少年を

→

1 □ **青少年社会教育施設の現状と今後**
　〜公営施設等の活用法を再検討する

2 □ **青少年社会教育施設の種類**
　・少年自然の家
　・青年の家（宿泊型）
　・青年の家（非宿泊型）
　・児童文化センター
　・野外教育施設
　・その他の青少年教育施設
　・｜

3 □ **青少年社会教育施設とは**

重要度 ★ ★ ★　アウトライン入力のテクニック

Q 177 複数のプレースホルダーに入力するには？

A Ctrl を押しながら Enter を押します。

スライドにタイトル以外のプレースホルダーが2つある場合には、行頭にプレースホルダーごとの数字が表示されます。プレースホルダーを移動して入力するには、1つ目のプレースホルダーにテキストを入力したあと、Ctrl を押しながら Enter を押します。次のプレースホルダーにあたる行に改行されるので、テキストを入力します。

1 タイトルの行末にカーソル移動して、Ctrl ＋ Enter を押すと、

2 行頭に数字が表示されます。

↓

3 テキストを入力して Ctrl ＋ Enter を押すと、

↓

4 行頭の数字が追加されます。

↓

5 テキストを入力すると、

6 それぞれのプレースホルダーにテキストが反映されます。

基本 1
スライド 2
マスター 3
文字入力 4
アウトライン 5
図形 6
写真・イラスト 7
表 8
グラフ 9
アニメーション 10
切り替え 11
動画・音楽 12
プレゼン 13
印刷 14
保存・共有 15

重要度 ★★★　アウトライン入力のテクニック

Q 178

アウトライン表示で段落レベルを下げたい！

A 段落にカーソルを移動して、[Tab]を押します。

アウトライン表示で入力済みの段落のレベルを下げるには、段落にカーソルを移動して[Tab]を押します。[Tab]を押すごとに、レベルが1つずつ下がります。スライドのタイトルのレベルを下げると、前のスライドの内容になります。

また、[ホーム]タブの[インデントを増やす] をクリックしても、段落レベルを下げることができます。

1 段落にカーソルを移動して、[Tab]を押すと、

2 段落のレベルが下がります。

重要度 ★★★　アウトライン入力のテクニック

Q 179

アウトライン表示で段落レベルを上げたい！

A 段落にカーソルを移動して、[Shift]を押しながら[Tab]を押します。

アウトライン表示で入力済みの段落のレベルを上げるには、段落にカーソルを移動して、[Shift]を押しながら[Tab]を押します。[Shift]を押しながら[Tab]を押すごとに、レベルが1つずつ上がります。段落レベルが一番上のテキストのレベルを上げると、新たなスライドのタイトルになります。

また、[ホーム]タブの[インデントを減らす] をクリックしても、段落レベルを上げることができます。

1 段落にカーソルを移動して、[Shift]+[Tab]を押すと、

2 段落のレベルが上がります。

重要度 ★★★　アウトライン入力のテクニック

Q 180

アウトライン表示で文中にタブを挿入したい！

A [Ctrl]を押しながら[Tab]を押します。

アウトライン表示で文中にタブを挿入したい場合は、タブを挿入したい位置にカーソルを移動して、[Ctrl]を押しながら[Tab]を押します。[Ctrl]を押しながら[Tab]を押すごとに、タブが1つずつ増えます。

1 ここにカーソルを移動して、[Ctrl]+[Tab]を押すと、

2 タブが挿入されます。

重要度 ★★★　アウトライン入力のテクニック

Q 181 アウトライン表示で書式を設定したい！

A アウトラインに設定するとスライドに反映されます。

アウトライン表示で文字のフォント（書式）や文字サイズ、文字色などを変更するには、アウトラインにこれらの文字書式を設定します。設定した書式は、アウトラインのテキストには反映されませんが、スライド中のテキストには反映されます。

ここでは、文字色を変更して、影を付けてみましょう。

1 書式を設定したい文字をドラッグして選択します。

2 ［ホーム］タブの［フォントの色］のここをクリックして、

3 色（ここでは［緑］）をクリックすると、

4 スライド上の文字色が変更されます。

5 文字を選択した状態で、［ホーム］タブの［文字の影］をクリックすると、

6 文字に影が設定されます。

重要度 ★★★　アウトライン入力のテクニック

Q 182 テキストファイルからスライドを作成したい！

A ［新しいスライド］の［アウトラインからスライド］を利用します。

PowerPointでは、Unicode形式で保存したテキストファイルをスライドに読み込んで利用することができます。

挿入したテキストは、段落ごとにスライドが分かれ、テキストの1行目はスライドのタイトルとして、タブを挿入した部分は箇条書きとして挿入されます。

1 ［ホーム］タブの［新しいスライド］のここをクリックして、

2 ［アウトラインからスライド］をクリックします。

3 ファイルの保存場所を指定して、

4 テキストファイルをクリックし、

5 ［挿入］をクリックすると、

6 テキストファイルの内容がスライドに挿入されます。

Q 183 アウトライン表示で不要なスライドを削除したい！

A スライドのアイコンを右クリックして [スライドの削除]をクリックします。

アウトライン表示で不要なスライドを削除するには、スライドのアイコンを右クリックして、[スライドの削除] をクリックします。あるいは、スライドのアイコンをクリックしてスライドを選択し、Delete または BackSpace を押しても削除できます。

1 スライドのアイコンを右クリックして、

2 [スライドの削除] をクリックすると、スライドが削除されます。

Q 184 スライド内の文字がアウトラインに表示されない！

A テキストボックスや図形に入力した文字は表示されません。

[アウトライン表示]モードでは、プレースホルダーに入力されている文字がアウトラインに表示されます。テキストボックスや図形に入力した文字はアウトラインには表示されません。アウトラインにそれらの文字を表示したいときは、テキストボックスを削除してプレースホルダーに入力し直すか、レイアウトを変更して、テキストボックスからプレースホルダーに文章を移動してください。

テキストボックス内に入力した文章は、アウトラインには表示されません。

図形内に入力した文章は、アウトラインには表示されません。

基本　1
スライド　2
マスター　3
文字入力　4
アウトライン　5
図形　6
写真・イラスト　7
表　8
グラフ　9
アニメーション　10
切り替え　11
動画・音楽　12
プレゼン　13
印刷　14
保存・共有　15

1 基本
2 スライド
3 マスター
4 文字入力
5 アウトライン
6 図形
7 写真・イラスト
8 表
9 グラフ
10 アニメーション
11 切り替え
12 動画・音楽
13 プレゼン
14 印刷
15 保存・共有

重要度 ★★★　アウトラインのスライド編集

**Q 185 アウトライン表示で
タイトルだけを確認したい！**

**A スライドのアイコンを
ダブルクリックします。**

アウトライン表示では、スライドの内容（テキスト）を非表示にして、タイトルだけを表示することができます。スライドのアイコン □ をダブルクリックするとテキスト部分が非表示になり、タイトルだけが表示されます。再度ダブルクリックするとテキスト部分が表示されます。

1 スライドのアイコンをダブルクリックすると、

2 スライドのタイトルだけが表示されます。

3 再びダブルクリックすると、

4 テキストが表示されます。

重要度 ★★★　アウトラインのスライド編集

**Q 186 タイトルだけを表示して
全体の流れを確認したい！**

**A ［折りたたみ］から［すべて折り
たたみ］をクリックします。**

アウトライン表示では、すべてのスライドの内容（テキスト）を非表示にして、タイトルだけを表示することができます。いずれかのスライドのタイトルを右クリックして［折りたたみ］から［すべて折りたたみ］をクリックします。テキスト部分をすべて表示するには、タイトルを右クリックして［展開］から［すべて展開］をクリックします。

1 いずれかのタイトルを右クリックして、

2 ［折りたたみ］にマウスポインターを合わせ、

3 ［すべて折りたたみ］をクリックすると、

4 すべてのスライドのテキストが折りたたまれ、見出しだけが表示されます。

5 いずれかのタイトルを右クリックして、

6 ［展開］にマウスポインターを合わせ、

7 ［すべて展開］をクリックすると、

8 すべてのテキスト部分が表示されます。

Q 187 アウトライン表示でスライドの順番を入れ替えたい！

A スライドのアイコンをドラッグして入れ替えます。

アウトライン表示でスライドの順番を入れ替えたいときは、スライドのアイコンをドラッグして、目的の場所に移動します。入れ替えたいスライドのアイコンにマウスポインターを合わせ、ポインターの形が ✥ になった状態で、ドラッグします。

1 入れ替えたいスライドのアイコンにマウスポインターを合わせ、ポインターの形が ✥ になった状態で、

2 移動先までドラッグします。

3 マウスのボタンを離すと、スライドの順番が入れ替わります。

Q 188 アウトライン表示でテキストを別のスライドに移動したい！

A 移動したいテキストを選択して目的の位置までドラッグします。

アウトライン表示でテキストを別のスライドに移動したいときは、移動したいテキストを選択し、目的の位置までドラッグします。移動先はあらかじめ用意しておきます。

1 移動したいテキストをドラッグして選択し、

2 目的の位置までドラッグします。

3 マウスのボタンを離すと、テキストが移動します。

アウトラインを保存したい！

A ファイルの種類をアウトライン／リッチテキスト形式で保存します。

アウトラインを保存するときは、保存形式をアウトライン／リッチテキスト形式（.rtf）で保存します。アウトライン／リッチテキスト形式は、文字サイズや文字色などが保持されたテキスト形式で、Wordやワードパッドで開くとPowerPointと同じ見た目で表示することができます。

1 ［ファイル］タブをクリックして、［名前を付けて保存］をクリックし、

2 ［参照］をクリックします。

3 保存場所を指定して、

4 ［ファイルの種類］のここをクリックし、

5 ［アウトライン／リッチテキスト形式］をクリックします。

6 ファイル名を入力して、

7 ［保存］をクリックすると、

8 アウトラインが保存されます。

9 保存したファイルをWordで開くと、文字サイズや文字色などが保持されていることを確認できます。

基本 1
スライド 2
マスター 3
文字入力 4
アウトライン 5
図形 6
写真・イラスト 7
表 8
グラフ 9
アニメーション 10
切り替え 11
動画・音楽 12
プレゼン 13
印刷 14
保存・共有 15

重要度 ★★★ アウトラインの設定

Q 190 ソフトの起動時からアウトライン表示にさせたい!

A [PowerPointのオプション] ダイアログボックスで設定します。

PowerPoint を起動したときの画面をアウトライン表示にしたい場合は、[ファイル]タブの [オプション]をクリックすると表示される [PowerPointのオプション]ダイアログボックスから設定します。
[詳細設定]をクリックし、[表示]から起動時の画面を設定できます。

1 [ファイル] タブをクリックして、[オプション] をクリックします。

2 [詳細設定]を クリックし、

3 [表示] のここをクリックして [標準表示モード (アウトライン、ノート、スライド)] を選択し、

4 [OK] をクリックします。

重要度 ★★★ アウトラインの設定

Q 191 アウトライン表示でスライドの表示を大きくしたい!

A アウトラインの表示とスライド ウィンドウの境界をドラッグします。

アウトライン表示でスライドの表示を大きくしたい場合は、アウトラインの表示領域とスライドウィンドウの境界線にマウスポインターを合わせ、ポインターの形が ⇔ になった状態で左側にドラッグします。右側にドラッグすると、アウトラインの表示領域が広くなります。

1 ここにマウスポインターを合わせて、

2 左側にドラッグすると、

3 スライドの表示が大きくなります。

4 右側にドラッグすると、

5 アウトラインの表示領域が広くなります。

Q 192 Wordのアウトラインからスライドを作成したい！

A [新しいスライド]の [アウトラインからスライド]を利用します。

Wordの文書にアウトラインを設定すると、Word文書からスライドを作成することができます。Wordで「レベル1」が設定された段落はスライドのタイトルとして、「レベル2」が設定された段落は第1レベルのテキストとして読み込まれます。

アウトラインを設定したWord文書をPowerPointで利用するには、[ホーム]タブの [新しいスライド]をクリックして、[アウトラインからスライド]をクリックし、Wordのファイルを挿入します。

● Wordの文書にアウトラインを設定する

1 文章を入力して、[表示]タブの[アウトライン]をクリックします。

2 スライドのタイトルにしたい段落を選択して、

3 [レベル1]を選択すると、

4 [レベル1]が設定されます。

5 同様にして、アウトラインレベルを設定し、

6 文書を保存して閉じます。

● PowerPointに挿入する

1 [ホーム]タブの [新しいスライド]のここをクリックして、

2 [アウトラインからスライド]をクリックします。

3 ファイルの保存場所を指定して、

4 アウトラインを設定したファイルをクリックし、

5 [挿入]をクリックすると、

6 アウトラインに沿ってスライドが作成されます。

第**6**章

図形作成の
活用技!

1 基本
2 スライド
3 マスター
4 文字入力
5 アウトライン
6 図形
7 写真・イラスト
8 表
9 グラフ
10 アニメーション
11 切り替え
12 動画・音楽
13 プレゼン
14 印刷
15 保存・共有

重要度 ★★★　図形の挿入

Q 193 スライドに図形を挿入したい！

A [挿入]タブの[図形]から図形の種類を選択します。

図形は、わかりやすく見やすいプレゼンテーションを作成するために欠かせない要素です。スライドに図形を挿入するには、図形を挿入するスライドを指定して、[挿入]タブの[図形]をクリックし、表示される一覧から目的の図形をクリックして、スライド上でクリックあるいはドラッグします。

スライド上をクリックすると、既定の大きさで図が作成されます。スライド上をドラッグすると、ドラッグした大きさで図形が作成されます。

作成される図形や線の色は、設定しているテーマやバリエーションによって異なりますが、作成後に変更することができます。

● 基本の図形を描く

1 [挿入]タブをクリックして、

2 [図形]をクリックし、

3 図形（ここでは[矢印:山形]）をクリックします。

4 始点にマウスポインターを合わせて、

5 スライド上をドラッグすると、

6 ドラッグしたサイズで図形が作成されます。

● 曲線を描く

1 左の手順**1**、**2**の操作を実行して、[曲線]をクリックします。

2 始点をクリックして、

3 曲げる位置でクリックします。

4 同様に曲げる位置でクリックして、

5 終点でダブルクリックすると、

6 曲線を描くことができます。

基本 1
スライド 2
マスター 3
文字入力 4
アウトライン 5
図形 6
写真・イラスト 7
表 8
グラフ 9
アニメーション 10
切り替え 11
動画・音楽 12
プレゼン 13
印刷 14
保存・共有 15

重要度 ★★★　図形の挿入

Q194 PowerPointでは どんな図形が使えるの？

A 四角形、基本図形、ブロック矢印など さまざまな図形が描けます。

PowerPoint で描くことができる図形の種類は、[挿入] タブの [図形] をクリックして表示される一覧で確認 できます。一覧には、線、四角形、基本図形、ブロック矢 印、吹き出しなどのさまざまな図形の種類が用意され ており、図形を個別に描くだけでなく、組み合わせるこ とで、複雑な図形を作成することもできます。作成した 図形は、大きさや形状を自由に変更することができま す。また、テキストボックスを挿入することもできま す。

基本図形からブロック矢印、フローチャート、吹き出し など、さまざまな図形を描くことができます。

重要度 ★★★　図形の挿入

Q195 図形の大きさや位置を 変更したい！

A ハンドルをドラッグしてサイズを 変更、ドラッグして移動します。

作成した図形をクリックすると、図形の周囲にハンド ル ◯ が表示されます。このハンドルをドラッグする と、図形の大きさを変更することができます。上下のハ ンドルをドラッグすると縦に、左右のハンドルをド ラッグすると横に広がります。 図形を移動する場合は、図形をドラッグします。

1 基本
2 スライド
3 マスター
4 文字入力
5 アウトライン
6 図形
7 写真・イラスト
8 表
9 グラフ
10 アニメーション
11 切り替え
12 動画・音楽
13 プレゼン
14 印刷
15 保存・共有

重要度 ★★★ 図形の挿入

Q 196 図形に文字を入力したい！

A 図形をクリックして選択すると、入力できます。

直線や曲線以外の図形には、文字を入力することができます。図形をクリックして選択し、そのまま文字を入力します。図形に入力した文字は、通常の文字と同様に[ホーム]タブの[フォント]や[フォントサイズ]を利用して、文字の種類やサイズを変更することができます。文字の色は、[図形の書式]タブの[文字の塗りつぶし]から変更できます。

1 図形をクリックして、

2 文字を入力すると、図形に文字が入力できます。

会場はこちら

3 通常の文字と同様に、フォントやフォントサイズ、色を変更することができます。

会場はこちら

重要度 ★★★ 図形の挿入

Q 197 同じ図形を連続して描きたい！

A [描画モードのロック]を利用します。

同じ図形を連続して描きたいときは、[挿入]タブの[図形]をクリックして、目的の図形を右クリックし、[描画モードのロック]をクリックします。描画モードをロックすると、Escを押すまで、同じ図形を続けて描くことができます。

1 目的の図形を右クリックして、

2 [描画モードのロック]をクリックすると、

3 同じ図形を連続して描くことができます。

重要度 ★★★ 図形の挿入

Q 198 水平／垂直な線をきれいに引きたい！

A Shiftを押しながらドラッグします。

[挿入]タブの[図形]をクリックして、[線]◥をクリックし、Shiftを押しながらドラッグします。45度ずつ線が回転するので、水平線や垂直線、45度の斜線をかん

たんに描くことができます。

Shiftを押しながらドラッグすると、水平線や垂直線、45度の斜線を描くことができます。

Q 199 正円や正方形を作成したい！

A [Shift]を押しながらドラッグします。

正円や正方形を描くには、[挿入]タブの[図形]をクリックして、正円の場合は[楕円]◯ を、正方形の場合は[正方形／長方形]▢ をクリックし、[Shift]を押しながらドラッグします。

作成後、正円や正方形のまま大きさを変えたい場合は、[Shift]を押しながら四隅のハンドルをドラッグします。

[Shift]を押しながらドラッグすると、正円を描くことができます。

Q 200 図形の大きさを微調整したい！

A [Shift]を押しながら[↑][↓][←][→]を押します。

図形の大きさを微調整するには、図形をクリックして、[Shift]を押しながら[↑][↓][←][→]を押します。それぞれ矢印の方向に高さや幅が微調整されます。

1 [Shift]を押しながら[→]を押すと、

2 横幅が微調整されます。

Q 201 縦横の比率を変えずに図形の大きさを変更したい！

A [Shift]を押しながら四隅のハンドルをドラッグします。

図形の縦横の比率を変えずに大きさを変更するには、図形をクリックすると表示される四隅のハンドル◯ を、[Shift]を押しながらドラッグします。

1 四隅のハンドルを[Shift]を押しながらドラッグすると、

2 縦横比を変えずに大きさを変更できます。

重要度 ★★★　図形の操作

Q202 図形の大きさを数値で指定したい!

A [図形の書式]タブの[高さ]と[幅]で数値を指定します。

図形の大きさは、図形をクリックして、[図形の書式]タブの[高さ] 🔲 や [幅] 🔲 で、高さと幅の数値を指定することでも変更できます。

また、[サイズ]グループの 🔽 をクリックすると表示される[図形の書式設定]作業ウィンドウで、[縦横比を固定する]をオンにすると、縦横比を保った状態で図形の大きさを変更できます。

1 図形をクリックして、[図形の書式]タブをクリックし、

2 [高さ]や[幅]で数値を指定します。

● 縦横の比率を固定する

1 [図形の書式設定]作業ウィンドウの[図形のオプション]の[サイズとプロパティ]をクリックします。

2 [縦横比を固定する]をクリックしてオンにすると、

3 縦横の比率を固定したまま図形の大きさを変更できます。

重要度 ★★★　図形の操作

Q203 図形の位置を微調整したい!

A ↑↓←→ で移動します。

図形の位置を微調整したい場合は、図形をクリックして、↑↓←→ を押します。それぞれ矢印の方向に位置が微調整されます。

重要度 ★★★　図形の操作

Q204 図形を垂直／平行に移動させたい!

A Shift を押しながらドラッグします。

図形を垂直方向または水平方向に移動させるには、Shift を押しながら上下または左右にドラッグします。また、Shift と Ctrl を押しながらドラッグすると、垂直方向または水平方向に図形をコピーすることができます。

重要度 ★★★　図形の操作

Q205 図形を少しずつ回転させたい!

A 回転ハンドルをドラッグします。

図形を少しずつ回転させたい場合は、回転ハンドル 🔄 をドラッグします。Shift を押しながらドラッグすると、15度ずつ回転させることができます。また、[図形の書式]タブの[回転]から[その他の回転オプション]をクリックすると表示される[図形の書式設定]作業ウィンドウの[回転]を利用すると、角度を指定して回転させることができます。

図形を少しずつ回転させたい場合は、回転ハンドルをドラッグします。

Q 206 図形を直角に回転させたい！

A [図形の書式]タブの [回転]から回転方向を指定します。

図形を直角に回転させたい場合は、図形をクリックして [図形の書式]タブをクリックし、[回転]をクリックして、[右へ90度回転]あるいは [左へ90度回転]をクリックします。

1 回転させる図形をクリックして、

2 [図形の書式] タブの[回転] をクリックし、

3 [右へ90度回転]（あるいは [左へ90度回転]）をクリックします。

Q 207 図形を反転させたい！

A [図形の書式]タブの [回転]から反転方向を指定します。

図形を上下あるいは左右に反転させたい場合は、図形をクリックして [図形の書式]タブをクリックし、[回転]をクリックして、[上下反転]あるいは [左右反転]をクリックします。

1 反転させる図形をクリックして、

2 [図形の書式] タブの[回転] をクリックし、

3 [左右反転]（あるいは [上下反転]）をクリックします。

Q 208 図形を変形させたい！

A 黄色の調整ハンドルをドラッグします。

図形をクリックすると、周囲にハンドルが表示されますが、図形によっては調整ハンドルという黄色のハンドルが表示されます。調整ハンドルを利用すると、図形の形状を部分的に変更することができます。調整ハンドルの位置やドラッグの方向によって、変形する場所が異なります。

1 調整ハンドルにマウスポインターを合わせて、

2 ドラッグすると、

3 図形が変形されます。

基本 1
スライド 2
マスター 3
文字入力 4
アウトライン 5
図形 6
写真・イラスト 7
表 8
グラフ 9
アニメーション 10
切り替え 11
動画・音楽 12
プレゼン 13
印刷 14
保存・共有 15

重要度 ★★★　図形の操作

Q 209

図形の輪郭を自由に変更したい！

A [図形の編集]から[頂点の編集]をクリックして変更します。

図形の輪郭を自由に変更するには、図形をクリックして、[図形の書式]タブの[図形の編集]から[頂点の編集]をクリックします。図形の各頂点に小さい黒い四角形が表示されるので、その四角形をドラッグすると、図形の各頂点を自由に変更することができます。

1 [図形の編集]をクリックして、

2 [頂点の編集]をクリックします。

3 頂点が表示され、編集ができる状態になります。

4 いずれかの頂点をドラッグすると、

5 図形が変更されます。

6 同様にほかの頂点も変更します。

重要度 ★★★　図形の操作

Q 210

図形どうしを線や矢印で結びたい！

A [挿入]タブの[図形]から線の種類を選択して結合します。

図形どうしを線や矢印で結ぶには、2つの図形を作成して、[挿入]タブの[図形]から線の種類を選択します。図形にマウスポインターを近づけると結合点が表示されるので、マウスポインターを合わせて、もう1つの図形の結合点までドラッグします。この方法で結合すると、図形を移動しても結合部分は維持されます。なお、手順❸でクリックしている「コネクタ」とは、複数の図形を結合する線のことです。

1 [挿入]タブをクリックして、

2 [図形]をクリックし、

3 線の種類（ここでは[コネクタ：カギ線]を）クリックします。

4 図形にマウスポインターを近づけると、結合点が表示されるので、

5 マウスポインターを合わせ、

6 もう1つの図形の結合点までドラッグすると、

7 図形がコネクタで結合されます。

Q 211 図形の色を変更したい!

A [図形の塗りつぶし]から色を指定します。

図形を描くと、設定しているテーマやバリエーションに基づいた色で塗りつぶされますが、塗りつぶしの色は、自由に変更することができます。図形をクリックして、[図形の書式]タブの[図形の塗りつぶし]の右側をクリックし、表示される一覧から目的の色を選択します。一覧に目的の色がない場合は、[塗りつぶしの色]をクリックして選択します。

1 図形をクリックして、[図形の書式]タブの[図形の塗りつぶし]の右側をクリックし、

2 目的の色をクリックすると、

3 色が変更されます。

一覧に表示されている以外の色を指定する場合は、手順**2**で[塗りつぶしの色]をクリックし、[色の設定]ダイアログボックスを表示します。

Q 212 枠線の色を変更したい!

A [図形の枠線]から色を指定します。

図形には、図形そのものとは別に枠線にも色が設定されており、枠線の色も自由に変更することができます。図形をクリックして、[図形の書式]タブの[図形の枠線]の右側をクリックし、表示される一覧から目的の色を選択します。一覧に目的の色がない場合は、[その他の枠線の色]をクリックして選択します。

1 図形をクリックして、[図形の書式]タブの[図形の枠線]の右側をクリックし、

2 目的の色をクリックすると、

一覧に目的の色がない場合は、[その他の枠線の色]をクリックし、[色の設定]ダイアログボックスを表示します。

3 枠線の色が変更されます。

基本 1
スライド 2
マスター 3
文字入力 4
アウトライン 5
図形 6
写真・イラスト 7
表 8
グラフ 9
アニメーション 10
切り替え 11
動画・音楽 12
プレゼン 13
印刷 14
保存・共有 15

Q213 枠線を太くしたい！

A [図形の枠線]から線の種類を選択します。

図形の枠線は、太さや種類も自由に変更することができます。図形をクリックして、[図形の書式]タブの[図形の枠線]の右側をクリックし、[太さ]あるいは[実線／点線]にマウスポインターを合わせ、表示される一覧から目的の太さや線の種類を選択します。

● 枠線の太さを変更する

1 [図形の枠線]の右側をクリックして、

2 [太さ]にマウスポインターを合わせ、

3 目的の太さをクリックすると、

4 枠線の太さが変更されます。

● 枠線の種類を変更する

1 [実線／点線]にマウスポインターを合わせ、

2 目的の線の種類をクリックすると、

3 線種が変更されます。

Q214 見栄えのするデザインを図形に設定したい！

A [図形のスタイル]からスタイルを設定します。

スタイルとは、図形の色や枠線の色、図形の効果などがあらかじめ組み合わされたものです。[図形の書式]タブの[図形のスタイル]の一覧から利用したいものを選択するだけで、図形の見栄えをよくすることができます。なお、スタイルの一覧に表示される配色は、設定しているテーマやバリエーションによって異なります。

1 図形をクリックします。

2 [図形の書式]タブをクリックして、

3 [図形のスタイル]の[その他]をクリックし、

4 目的のスタイルをクリックすると、

5 図形のスタイルが変更されます。

重要度 ★ ★ ★ 　色と枠線

Q 215 グラデーションを付けたい!

A [図形の塗りつぶし]の
[グラデーション]から設定します。

図形には単色だけでなく、グラデーション（色の濃淡）を付けることもできます。図形をクリックして、[図形の書式]タブの [図形の塗りつぶし]の右側をクリックし、[グラデーション]からグラデーションの種類を選択します。

1 [図形の塗りつぶし]の右側をクリックして、

2 [グラデーション]にマウスポインターを合わせ、

3 グラデーションの種類をクリックします。

重要度 ★ ★ ★ 　色と枠線

Q 216 手持ちの画像を図形の絵柄に利用したい!

A [図形の塗りつぶし]の [図]から
画像を指定します。

画像を図形の絵柄に利用するには、図形をクリックして、[図形の書式]タブの [図形の塗りつぶし]から [図]をクリックし、使用する画像を指定します。また、手順 **4** で [オンライン画像]（PowerPoint 2016では [Bing イメージ検索]）をクリックすると、オンライン画像を利用できます。オンライン画像を利用する場合は、必ずライセンスや利用条件を確認してください。

参照 ▶ Q 256

1 図形をクリックして、[図形の書式] タブをクリックし、

2 [図形の塗りつぶし]の右側をクリックして、

3 [図] をクリックします。

4 [ファイルから] をクリックして、

図の挿入

ファイルから
コンピューターまたはローカル ネットワークのファイルを参照

ストック画像
ストック画像ライブラリのプレミアム コンテンツで、想像力を解き放つ

オンライン画像
Bing、Flickr、OneDrive などのオンライン ソースから画像を検索

5 画像の保存先を指定し、

6 使用する画像をクリックして、

7 [挿入] をクリックすると、

8 画像が図形に挿入されます。

139

基本 1
スライド 2
マスター 3
文字入力 4
アウトライン 5
図形 6
写真・イラスト 7
表 8
グラフ 9
アニメーション 10
切り替え 11
動画・音楽 12
プレゼン 13
印刷 14
保存・共有 15

重要度 ★★★　色と枠線

Q 217 図形に絵柄を付けたい!

A [図形の塗りつぶし]の [テクスチャ]から設定します。

図形にはテクスチャ（絵柄）を付けることもできます。図形をクリックして、[図形の書式]タブの[図形の塗りつぶし]の右側をクリックし、[テクスチャ]から目的のテクスチャを選択します。

1 [図形の塗りつぶし]の右側をクリックして、

2 [テクスチャ]にマウスポインターを合わせ、

3 テクスチャの種類をクリックします。

重要度 ★★★　特殊効果と書式

Q 218 図形に特殊効果を 付けたい!

A [図形の書式]タブの [図形の効果]から設定します。

図形に特殊効果を付けて、図形の外観を変えることができます。図形をクリックして、[図形の書式]タブの[図形の効果]をクリックし、表示される一覧から目的の効果を選択します。標準スタイルのほか、影、反射、光彩、ぼかし、面取り、3-D回転の特殊効果を設定できます。

1 [図形の効果]をクリックして、

2 目的の効果をクリックし、

3 効果の種類をクリックします。

重要度 ★★★　特殊効果と書式

Q 219 図形を半透明にしたい!

A [図形の書式設定]作業ウィンドウ で透明度を調整します。

図形を半透明にするには、図形をクリックして、[図形の書式]タブの[図形のスタイル]グループの🔽をクリックします。[図形の書式設定]作業ウィンドウが表示されるので、[塗りつぶし]の[透明度]で設定します。

1 図形をクリックして、[図形の書式]タブをクリックし、

2 [図形のスタイル]のここをクリックします。

3 [図形の書式設定]作業ウィンドウが表示されます。

4 [塗りつぶし]をクリックして、

5 [透明度]のスライダーを右側にドラッグすると、

6 図形が半透明になります。

Q220 図形の書式をほかの図形に設定したい！

A [ホーム]タブの[書式のコピー／貼り付け]を利用します。

図形に設定した塗りつぶしや枠線、スタイル、特殊効果などの書式をほかの図形にも設定したい場合は、[ホーム]タブの[書式のコピー／貼り付け] を利用します。図形にテキストが入力されている場合は、テキストの書式もコピーされます。

なお、[書式のコピー／貼り付け]をダブルクリックすると、続けて何度でもコピーすることができます。貼り付けを終了するには、再度[書式のコピー／貼り付け]をクリックするか、Escを押します。

1 書式をコピーする図形をクリックして、[ホーム]タブをクリックし、

2 [書式のコピー／貼り付け]をクリックします。

3 マウスポインターの形が に変わった状態で、ほかの図形をクリックすると、

4 図形に設定した書式だけが貼り付けられます。

Q221 図形の特殊効果をリセットしたい！

A 設定した効果の一覧を表示して、[（効果）なし]をクリックします。

図形に設定した特殊効果を解除するには、設定した効果の一覧を表示して、[（効果）なし]をクリックします。図形に設定した透明度は、[図形の書式設定]作業ウィンドウを表示して、透明度を「0%」に戻します。

設定した効果の一覧を表示して、[（効果）なし]をクリックします。

Q222 図形の既定の書式を設定したい！

A 図形を右クリックして、[既定の図形に設定]をクリックします。

よく使う図形の書式を既定に設定しておくと、図形を描いたとき、その書式で図形が作成されます。書式を設定した図形を右クリックして、[既定の図形に設定]をクリックすると設定できます。この設定は、現在のファイルに対してのみ適用されます。

1 図形を右クリックして、

2 [既定の図形に設定]をクリックします。

基本
スライド
マスター
文字入力
アウトライン
図形
写真・イラスト
表
グラフ
アニメーション
切り替え
動画・音楽
プレゼン
印刷
保存・共有

1 基本
2 スライド
3 マスター
4 文字入力
5 アウトライン
6 図形
7 写真・イラスト
8 表
9 グラフ
10 アニメーション
11 切り替え
12 動画・音楽
13 プレゼン
14 印刷
15 保存・共有

重要度 ★★★　削除とコピー

Q 223

同じ図形を
かんたんに増やしたい！

A Ctrl を押しながらドラッグします。

同じ形や色、大きさの図形を追加したいときは、Ctrl を押しながら図形をドラッグします。複数の書式を設定した図形も、この方法でコピーできるので、最初から書式を設定する手間が省けます。
なお、Ctrl と Shift を押しながらドラッグすると、水平または垂直方向にコピーすることができます。

1 Ctrl を押しながら目的の位置までドラッグすると、

2 図形がコピーされます。

重要度 ★★★　削除とコピー

Q 224

書式を残したまま
図形の種類を変更したい！

A [図形の編集]の[図形の変更]から図形を選択します。

図形に設定したサイズや書式などは保持したまま、図形の種類だけを変更することができます。図形をクリックして、[図形の書式]タブの[図形の編集]をクリックし、[図形の変更]から図形を選択します。

1 図形をクリックして、[図形の書式]タブの[図形の編集]をクリックします。

2 [図形の変更]にマウスポインターを合わせ、

3 目的の図形をクリックすると、

4 図形の種類が変更されます。

重要度 ★★★　レイアウト

Q 225

図形を等間隔に並べたい！

A [図形の書式]タブの[配置]から図形の配置方法を指定します。

複数の図形をきれいに揃えて配置するには、Ctrl を押しながら揃えたい図形をすべてクリックして、[図形の書式]タブの[配置]をクリックし、図形の配置方法を指定します。上下、左右に等間隔で並べられるほか、図形の左右や上下を揃えることもできます。

1 揃えたい図形をすべて選択して、[図形の書式]タブの[配置]をクリックし、

2 [左右に整列]をクリックすると、

3 図形が左右等間隔に配置されます。

Q 226 図形をスライドの中央に配置したい！

A [配置]を[上下中央揃え]と[左右中央揃え]に設定します。

図形をスライドの中央に配置したい場合は、図形をクリックして、[図形の書式]タブの[配置]をクリックし、[上下中央揃え]と[左右中央揃え]をそれぞれ設定します。

1 図形をクリックします。

2 [図形の書式]タブの[配置]をクリックして、

上下中央揃え(M)

3 [上下中央揃え]をクリックすると、

4 スライドの上下中央に揃います。

5 再度、[配置]をクリックして、

左右中央揃え(C)

6 [左右中央揃え]をクリックすると、

7 図形がスライドの中央に配置されます。

Q 227 スライドに目安になるマス目を表示したい！

A [表示]タブの[グリッド線]をオンにします。

グリッド線は、スライド上に表示される碁盤の目のような罫線です。図形を作成したり配置したりする際は、グリッド線を表示すると便利です。スライドにグリッド線を表示するには、[表示]タブの[グリッド線]をクリックしてオンにします。グリッド線は、印刷時やスライドショー再生時には表示されません。

1 [表示]タブの[グリッド線]をクリックしてオンにすると、

2 グリッド線が表示されます。

Q 228 スライドにガイド線を表示したい！

A [表示]タブの[ガイド]をオンにします。

ガイドは、スライド上に表示される補助線で、図形などを配置する際に目安として利用できます。初期設定では、スライドの中央に縦横1本ずつのガイドが表示されますが、ドラッグして移動することもできます。また、Ctrlを押しながらドラッグすると、ガイドを増やすこともできます。

1 [表示]タブの[ガイド]をクリックしてオンにすると、

2 ガイドが表示されます。

1 基本
2 スライド
3 マスター
4 文字入力
5 アウトライン
6 図形
7 写真・イラスト
8 表
9 グラフ
10 アニメーション
11 切り替え
12 動画・音楽
13 プレゼン
14 印刷
15 保存・共有

重要度 ★ ★ ★ 　重なりと選択

Q 229 図形の重なりの順番を変更したい！

A [前面へ移動]
または [背面へ移動]を利用します。

図形を重ねて描くと、あとから描いた図形が前面に表示されます。後ろに隠れた図形を編集したい場合などは、重なり順を変更します。重なり順を変更するには、重なり順を変えたい図形をクリックして、[図形の書式]タブの [前面へ移動]または [背面へ移動]をクリックします。複数の図形が重なっている場合に、最前面や最背面に配置したい場合は、[前面へ移動]や [背面へ移動]の 〔 ✓ 〕をクリックして、[最前面へ移動]や [最背面へ移動]をクリックします。

なお、[選択]作業ウィンドウを利用して並べ替えることもできます。

1 重なりを変えたい図形をクリックします。

2 [図形の書式]タブをクリックして、

3 [前面へ移動]のここをクリックし、

4 [最前面へ移動]をクリックすると、

5 選択した図形が最前面に移動されます。

重要度 ★ ★ ★ 　重なりと選択

Q 230 ほかの図形と重なって見えない図形を選択したい！

A [選択]作業ウィンドウを表示して選択します。

重なった図形の下にある図形が選択できない場合は、図形をクリックして、[図形の書式]タブの、[オブジェクトの選択と表示]をクリックすると表示される [選択]作業ウィンドウを利用します。

また、[選択]作業ウィンドウでは図形をクリックし、[前面へ移動] 〔 ∧ 〕あるいは [背面へ移動] 〔 ∨ 〕をクリックして、重なり順を変更することもできます。

1 いずれかの図形をクリックして、[図形の書式]タブをクリックし、

2 [オブジェクトの選択と表示]をクリックすると、

3 [選択]作業ウィンドウが表示されます。

4 選択したい図形をクリックすると、

5 隠れていた図形を選択することができます。

6 ここをクリックすると、

7 重なり順を変更できます。

基本 1
スライド 2
マスター 3
文字入力 4
アウトライン 5
図形 6
写真・イラスト 7
表 8
グラフ 9
アニメーション 10
切り替え 11
動画・音楽 12
プレゼン 13
印刷 14
保存・共有 15

重要度 ★★★　重なりと選択

Q 231 オブジェクトを 一時的に隠したい！

A [選択]作業ウィンドウを表示して、 表示／非表示を設定します。

オブジェクトを一時的に隠したい場合は、非表示にすることができます。[図形の書式]タブの［オブジェクトの選択と表示］をクリックすると表示される[選択]作業ウィンドウを利用します。

特定の図形を非表示にする場合は、その図形の名前の横に表示される 👁 をクリックします。再表示する場合は、🚫 をクリックします。スライド上の図形をすべて隠したい場合は、[すべて非表示]をクリックします。[すべて表示]をクリックすると、再表示されます。

1 いずれかの図形をクリックして、[図形の書式]タブをクリックし、

2 ［オブジェクトの選択と表示］をクリックすると、

3 ［選択］作業ウィンドウが表示されます。

すべての図形を隠したいときは、[すべて非表示]をクリックします。

4 隠したい図形のここをクリックすると、

5 選択した図形が非表示になります。

6 ここをクリックすると、再表示されます。

重要度 ★★★　重なりと選択

Q 232 複数の図形を 一度に選択したい！

A すべての図形を囲むように ドラッグします。

複数の図形を選択するには、すべてのオブジェクトを囲むようにドラッグするか、Shift または Ctrl を押しながら選択したい図形をクリックします。また、Ctrl を押しながら A を押しても選択することができます。ドラッグして選択する場合は、ドラッグからはみ出た図形は選択されないので、注意が必要です。

1 すべてのオブジェクトを囲むようにドラッグすると、

2 すべての図形が選択されます。

基本 1
スライド 2
マスター 3
文字入力 4
アウトライン 5
図形 6
写真・イラスト 7
表 8
グラフ 9
アニメーション 10
切り替え 11
動画・音楽 12
プレゼン 13
印刷 14
保存・共有 15

重要度 ★★★　複数の図形の組み合わせ

Q 233 複数の図形をまとめて 1つの図にしたい!

A すべての図形を選択して [グループ化]を設定します。

グループ化とは、複数の図形をまとめて1つの図として扱えるようにする機能のことです。図形をグループ化すると、まとめて移動したり大きさを変えたりすることができます。図形をグループ化するには、複数の図形を選択して、[図形の書式]タブの[グループ化]から[グループ化]をクリックします。

参照▶Q 232

1 グループ化する図形を選択します。

2 [図形の書式]タブをクリックして、　**3** [グループ化]をクリックし、

4 [グループ化]をクリックすると、

5 選択した図形がグループ化されます。

重要度 ★★★　複数の図形の組み合わせ

Q 234 オブジェクトが グループ化できない!

A プレースホルダーを利用して 挿入するとグループ化できません。

プレースホルダーに表示されているコンテンツ([図]や[ストック画像])を利用して挿入したオブジェクトはグループ化できません。プレースホルダーのコンテンツから挿入したオブジェクトを含めてグループ化しようとすると[グループ化]が利用不可になっています。

プレースホルダーのコンテンツから挿入したオブジェクトを含めるとグループ化できません。

重要度 ★★★　複数の図形の組み合わせ

Q 235 グループ化を解除したい!

A [グループ化]から [グループ解除]をクリックします。

図形のグループ化を解除するには、グループ化した図形を選択して、[図形の書式]タブの[グループ化]から[グループ解除]をクリックします。グループ化を解除した直後は、すべてのオブジェクトが選択されている状態になります。図形以外の場所をクリックすると、選択が解除されます。

1 [グループ化]をクリックして、

2 [グループ解除]をクリックすると、グループ化が解除されます。

Q 236 図形を結合させたい！

A [図形の書式] タブの [図形の結合] を利用します。

図形を結合すると、複数の図形を1つの図形にしたり、重なっている部分を抽出したり、型抜きしたりして、別の形の図形を作成することができます。図形を結合するには、結合したい図形を選択して、[図形の書式] タブの [図形の結合] から結合の種類を選択します。

1 結合させたい図形を選択します。

2 [図形の書式] タブをクリックして、

3 [図形の結合] をクリックし、

4 結合の種類（ここでは [接合]）をクリックすると、

5 選択した結合が適用されます。

● そのほかの結合の種類

● 型抜き／合成

● 切り出し

● 重なり抜出

● 単純型抜き

Q 237 手順や組織図をかんたんに作りたい！

A SmartArtを利用します。

SmartArt は、あらかじめデザインされた図表をかんたんに作成する機能です。リストや階層構造、循環図といった複数の図表がSmartArt グラフィックとして用意されています。SmartArt グラフィックを利用するには、プレースホルダーに表示されている [SmartArt グラフィックの挿入] をクリックするか、[挿入] タブの [SmartArt] をクリックします。

1 プレースホルダーの [SmartArt グラフィックの挿入] をクリックします。

2 SmartArt の分類（ここでは、[循環]）をクリックして、

3 描きたい図表（ここでは [基本の循環]）をクリックし、

4 [OK] をクリックすると、

5 SmartArt グラフィックが挿入されます。

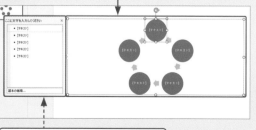

テキストウィンドウが表示されます。

基本 1
スライド 2
マスター 3
文字入力 4
アウトライン 5
図形 6
写真・イラスト 7
表 8
グラフ 9
アニメーション 10
切り替え 11
動画・音楽 12
プレゼン 13
印刷 14
保存・共有 15

1 基本
2 スライド
3 マスター
4 文字入力
5 アウトライン
6 図形
7 写真・イラスト
8 表
9 グラフ
10 アニメーション
11 切り替え
12 動画・音楽
13 プレゼン
14 印刷
15 保存・共有

重要度 ★★★　SmartArt

Q 238 文章をSmartArtに 入力したい！

A テキストウィンドウを利用するか、図形内に直接入力します。

SmartArtグラフィックに文字を入力するには、テキストウィンドウを利用します。テキストウィンドウが表示されないときは、図表の左にある ◁ をクリックするか、[SmartArtのデザイン]タブの [テキストウィンドウ]をクリックします。テキストウィンドウを閉じるには、[閉じる] ✕ をクリックします。また、図形をクリックして、文字を直接入力することもできます。なお、テキストウィンドウで入力後に Enter を押すと、同じレベルの図形が追加されます。

1 テキストウィンドウのボックスをクリックして、

2 文字を入力すると、

3 対応する図形に文字が表示されます。

4 同様の手順でほかの文字を入力します。

図形をクリックして、直接入力することもできます。

重要度 ★★★　SmartArt

Q 239 文章をSmartArtに 変換したい！

A [ホーム]タブの [SmartArtに 変換]を利用します。

プレースホルダーに入力した箇条書きの文字列をSmartArtグラフィックに変換することができます。プレースホルダーを選択するか、プレースホルダー内にカーソルを移動して、[ホーム]タブの [SmartArtに変換]をクリックし、任意の図表を選択します。
変換したSmartArtグラフィックをテキストに戻すことも可能です。[デザイン]タブの [変換]をクリックして、[テキストに変換]をクリックします。

1 プレースホルダーを選択して、　　**2** [ホーム]タブをクリックし、

3 [SmartArtに変換]をクリックします。

4 目的の図 (ここでは [ピラミッドリスト]) をクリックすると、

5 箇条書きの文字列がSmartArtに変換されます。

基本 1
スライド 2
マスター 3
文字入力 4
アウトライン 5
図形 6
写真・イラスト 7
表 8
グラフ 9
アニメーション 10
切り替え 11
動画・音楽 12
プレゼン 13
印刷 14
保存・共有 15

重要度 ★ ★ ★ SmartArt

Q 240 SmartArtのスタイルを変更したい!

A [SmartArtのスタイル] から設定します。

SmartArt グラフィックのスタイルを変更するには、SmartArt グラフィックをクリックして、[SmartArtのデザイン] タブの [SmartArtのスタイル] の一覧から選択します。SmartArtのスタイルの一覧には、パステルやグラデーション、光沢などのほかに、3-D効果を加えた立体的なものも用意されています。

1 SmartArt グラフィックをクリックして選択し、[SmartArtのデザイン] タブをクリックして、

2 [SmartArtのスタイル] の [その他] をクリックします。

3 任意のスタイルをクリックすると、

4 SmartArtのスタイルが変更されます。

重要度 ★ ★ ★ SmartArt

Q 241 SmartArt全体の色合いを変更したい!

A [SmartArtのデザイン] タブの [色の変更] から設定します。

SmartArt グラフィックを挿入した直後の色は、スライドに設定したテーマとバリエーションに基づいていますが、色合いは変更することができます。SmartArt グラフィックをクリックし、[SmartArtのデザイン] タブの [色の変更] をクリックすると表示される一覧から選択します。一覧に表示されるアクセント1から6は、テーマの配色に基づいています。

1 SmartArt グラフィックをクリックして選択し、[SmartArtのデザイン] タブをクリックして、

2 [色の変更] をクリックし、

3 変更したい色をクリックすると、

4 全体の色が変更されます。

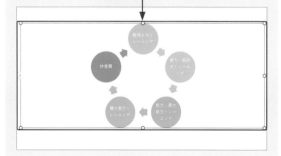

1 基本
2 スライド
3 マスター
4 文字入力
5 アウトライン
6 図形
7 写真・イラスト
8 表
9 グラフ
10 アニメーション
11 切り替え
12 動画・音楽
13 プレゼン
14 印刷
15 保存・共有

重要度 ★★★　SmartArt

Q 242 SmartArtの一部の図形だけ色を変更したい！

A 図形をクリックして、[図形の塗りつぶし]から色を設定します。

SmartArtグラフィック内の図形の色は、個別に変更することもできます。色を変えたい図形をクリックして、[書式]タブの[図形の塗りつぶし]の一覧から色を選択します。

1 色を変更したい図形をクリックして、[書式]タブをクリックします。

2 [図形の塗りつぶし]の右側をクリックして、

3 色をクリックすると、

4 選択した図形の色が変更されます。

重要度 ★★★　SmartArt

Q 243 画像をSmartArtに挿入したい！

A SmartArtグラフィックの分類で[図]を選択します。

SmartArtの分類で[図]を選択すると、画像入りのSmartArtグラフィックを作成できます。アクセントとして画像を挿入したり、写真に説明を入れたSmartArtグラフィックを作成したりするときに利用すると有用です。

1 [図]に分類されるSmartArtグラフィックを挿入します。

2 ここをクリックして、

3 [ファイルから]をクリックします。

4 画像の保存場所を指定して、

5 挿入する画像をクリックし、

6 [挿入]をクリックすると、

7 画像が挿入されます。

Q 244 画像をSmartArtに 変換したい!

A [図の形式]タブの [図のレイアウト]を利用します。

スライドに挿入した画像をSmartArtグラフィックに変換することができます。画像をクリックして、[図の形式]タブの[図のレイアウト]をクリックし、変換したいSmartArtグラフィックの種類を選択します。ここでは、画像をまとめてSmartArtグラフィックに変換しましょう。

1 Ctrl を押しながら クリックして複数の 画像を選択し、

2 [図の形式]タブの[図 のレイアウト]をクリッ クします。

箱根湿性花園の植物

箱根湿性花園の

3 変換したいSmart Artグラフィックを クリックすると、

4 画像がSmartArt グラフィックに 変換されます。

[テキスト]
[テキスト]
[テキスト]

Q 245 SmartArtの図形を 増やしたい!

A [SmartArtのデザイン]タブの [図形の追加]を利用します。

SmartArtグラフィックの図形の数は、図表によって異なります。同じレベルの図形を追加する場合は、追加したい場所の図形をクリックし、[SmartArtのデザイン]タブの[図形の追加]をクリックして追加します。追加する位置は指定できます。

また、テキストウィンドウで追加することもできます。テキストウィンドウで行をクリックして、Enter を押すと行が追加され、図形も同時に追加されます。

1 図形を追加したい場所の図形をクリックします。

ハコネアザミ
・キク科
・アザミ属

ハコネウツギ
・タニウツギ科
・タニウツギ属

ユリ科
・ホトトギス属

2 [SmartArtのデザイン]タブをクリックして、

3 [図形の追加]のここをクリックし、

自動保存 オフ プレゼンテーション

ファイル ホーム 挿入 描画 デザイン ... ヘルプ SmartArtのデザイン 書式

図形の追加
後に図形を追加(A)
前に図形を追加(B)
上に図形を追加(V)
下に図形を追加(W)

SmartArtのスタイル

4 追加する位置(ここでは[後に図形を追加])を クリックすると、

5 同じレベルの図形が指定した 位置に追加されます。

ハコネアザミ
・キク科
・アザミ属

ハコネウツギ
・タニウツギ科
・タニウツギ属

ホトトギス
・ユリ科
・ホトトギス属

基本 1
スライド 2
マスター 3
文字入力 4
アウトライン 5
図形 6
写真・イラスト 7
表 8
グラフ 9
アニメーション 10
切り替え 11
動画・音楽 12
プレゼン 13
印刷 14
保存・共有 15

1 基本
2 スライド
3 マスター
4 文字入力
5 アウトライン
6 図形
7 写真・イラスト
8 表
9 グラフ
10 アニメーション
11 切り替え
12 動画・音楽
13 プレゼン
14 印刷
15 保存・共有

重要度 ★★★ SmartArt

Q 246 低い階層レベルの図形を増やしたい！

A ［SmartArtのデザイン］タブの［図形の追加］から追加します。

SmartArtグラフィックの組織図などでは、階層レベルを指定して図形を追加することができます。追加したい場所の図形をクリックして、［SmartArtのデザイン］タブの［図形の追加］から［上に図形を追加］や［下に図形を追加］をクリックします。組織図の場合は、［アシスタントの追加］を指定することもできます。

1 図形を追加したい場所の図形をクリックします。

2 ［SmartArtのデザイン］タブをクリックして、

3 ［図形の追加］のここをクリックし、

4 追加する位置（ここでは［下に図形を追加］）をクリックすると、

5 下のレベルの図形が追加されます。

重要度 ★★★ SmartArt

Q 247 SmartArtをバラバラにして利用したい！

A ［SmartArtのデザイン］タブの［変換］から図形に変換します。

SmartArtグラフィックを個別に編集したい場合は、SmartArtグラフィックを選択して、［SmartArtのデザイン］タブの［変換］から［図形に変換］をクリックし、図形に変換します。図形に変換した直後はグループ化されているので、個別に編集する場合はグループ化を解除します。

1 SmartArtグラフィックをクリックして選択し、［SmartArtのデザイン］タブをクリックして、

2 ［変換］をクリックし、

3 ［図形に変換］をクリックします。

4 ［図形の書式］タブをクリックして、

5 ［グループ化］をクリックし、

6 ［グループ解除］をクリックすると、

7 グループ化が解除されます。

第 **7** 章

写真やイラストの
活用技!

Q 248 パソコン内の画像を スライドに挿入したい！

A プレースホルダー内の [図]をクリックして挿入します。

パソコンに保存してある画像をスライドに挿入するには、プレースホルダーの [図] をクリックして、[図の挿入]ダイアログボックスから画像を挿入します。この方法で画像を挿入すると、プレースホルダーのサイズに合わせて画像の大きさが自動的に調整されます。
また、[挿入]タブの[画像]から[このデバイス]をクリックして、画像を挿入することもできます。[白紙]のレイアウトなど、プレースホルダーがない場合でも挿入でき、スライド全体に合わせて大きさが調整されます。
スライドに挿入できるおもな画像のファイル形式は、次のとおりです。

- Windows拡張メタファイル（.emf）
- Windowsメタファイル（.wmf）
- Windowsビットマップ（.bmp）
- JPEG形式（.jpg）
- PNG形式（.png）
- GIF形式（.gif）
- TIFF形式（.tif）
- PICT形式（.pct）
- EPS形式（.eps）

1 プレースホルダーの [図] をクリックします。

↗

2 画像の保存場所を指定して、

3 挿入する画像をクリックし、

4 [挿入] を クリックすると、

↓

5 画像が挿入されます。

● プレースホルダー以外の場所に画像を挿入する場合

1 [挿入] タブを クリックして、

2 [画像] をクリックし、

3 [このデバイス] をクリックして、

4 上の手順 **2** 以降の操作を実行します。

左側インデックス: 1 基本 / 2 スライド / 3 マスター / 4 文字入力 / 5 アウトライン / 6 図形 / 7 写真・イラスト / 8 表 / 9 グラフ / 10 アニメーション / 11 切り替え / 12 動画・音楽 / 13 プレゼン / 14 印刷 / 15 保存・共有

重要度 ★★★　画像の挿入

Q 249
クラウドを利用して画像を挿入したい！

A クラウド上にある
OneDriveから挿入します。

OneDriveは、マイクロソフトが提供するオンラインストレージサービス（データの保管場所）です。OneDriveに画像を保存しておくと、ネットワークに接続できる環境であればどこからでもファイルを利用できるので、画像を移動させる手間が省けるなど便利です。
OneDriveの画像をスライドに挿入するには、[挿入]タブの[画像]から[オンライン画像]をクリックして、挿入する画像を指定します。なお、PowerPoint 2016の場合は、手順**1**で[OneDrive-個人用]をクリックします。

参照 ▶ Q 248

1 [OneDrive] をクリックして、

2 [画像]を
ダブルクリックし、

3 画像が保存されて
いるフォルダーを
ダブルクリックし
ます。

4 挿入する画像を
クリックして、

5 [挿入]を
クリックすると、

6 OneDriveに保存してある
画像が挿入されます。

重要度 ★★★　画像の挿入

Q 250
画像の大きさを変更したい！

A 画像をクリックして、周囲に表示
されるハンドルをドラッグします。

スライドに挿入した画像の大きさは自由に変更することができます。画像の縦横の比率を変えずに大きさを変更するには、画像をクリックすると表示される四隅のハンドル○をドラッグします。各辺のハンドルをドラッグすると、縦・横につぶれる形で大きさが変わります。

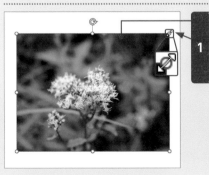

1 画像をクリックして、四
隅のハンドルにマウス
ポインターを合わせ、
ポインターの形が↖に
変わった状態で、

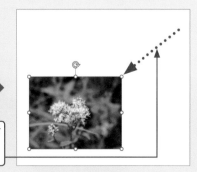

2 ドラッグすると、縦横比を
維持したままサイズが
変更されます。

Q 251 画像の位置を変更したい!

A 画像をドラッグして移動します。

スライドに挿入した画像は、自由に移動させることができます。画像の位置を変更するには、画像の上にマウスポインターを合わせ、ポインターの形が ✣ に変わった状態でドラッグします。

1 画像にマウスポインターを合わせ、ポインターの形が ✣ に変わった状態で、

2 ドラッグすると、

3 画像が移動されます。

Q 252 画像を左右反転させたい!

A [図の形式]タブの[回転]から [左右反転]をクリックします。

スライドに挿入した画像は左右や上下に反転させたり、回転させたりすることができます。左右反転させたい場合は、画像をクリックして、[図の形式]タブの[回転]をクリックし、[左右反転]をクリックします。
また、[右へ90度回転]か[左へ90度回転]をクリックすると、画像を回転させることができます。画像をクリックすると表示される回転ハンドル ⟳ をドラッグしても回転できます。

1 画像をクリックして、[図の形式]タブをクリックします。

2 [回転]をクリックして、

3 [左右反転]をクリックすると、

4 画像が左右反転されます。

左メニュー:
1 基本
2 スライド
3 マスター
4 文字入力
5 アウトライン
6 図形
7 写真・イラスト
8 表
9 グラフ
10 アニメーション
11 切り替え
12 動画・音楽
13 プレゼン
14 印刷
15 保存・共有

基本 1
スライド 2
マスター 3
文字入力 4
アウトライン 5
図形 6
写真・イラスト 7
表 8
グラフ 9
アニメーション 10
切り替え 11
動画・音楽 12
プレゼン 13
印刷 14
保存・共有 15

重要度 ★★★　画像の挿入

Q 253

複数の画像をきれいに配置したい！

A₁ [図の形式]タブの[配置]から画像の配置方法を指定します。

複数の画像をきれいに揃えて配置するには、Ctrl を押しながら揃えたい画像をすべてクリックして、[図の形式]タブの[配置]をクリックし、配置方法を指定します。[配置]を利用すると、スライド上にある複数の画像を左右や上下、中央を基準に並べたり、等間隔に並べたりすることができます。

ここでは、はじめに等間隔に配置したあと、上下中央揃えに配置しましょう。

1 複数の画像を Ctrl を押しながらクリックして選択します。

2 [図の形式]タブをクリックして、[配置]をクリックし、

3 [左右に整列]をクリックすると、

4 画像が等間隔に揃います。

5 画像が選択された状態で、[図の形式]タブの[配置]をクリックし、

6 [上下中央揃え]をクリックすると、

7 画像がスライドの上下中央に揃います。

A₂ スマートガイドを利用して配置します。

スマートガイドを利用して配置を整えることもできます。画像を等間隔で配置したり上下を揃えるためにドラッグすると、自動的に赤いガイド線（スマートガイド）が表示されるので、これを目安にして画像の配置を調整します。

1 画像をドラッグすると、

2 上端が揃っていることを示すスマートガイドと、

3 等間隔であることを示すスマートガイドが表示されます。

Q 254 ストック画像とは？

A Officeアプリで使用する限り、自由に利用できる画像です。

PowerPoint 2021には、著作権や使用料なしで自由に利用できるストック画像という機能が搭載されています。ストック画像は、画像やアイコン、人物の切り絵、ステッカー、ビデオ、イラストなどのカテゴリ別に用意されており、その下のサブカテゴリで絞り込むこともできます。また、キーワードで検索することもできます。ストック画像は随時更新されています。

● 画像

よく使用されるシチュエーションのイメージ写真を利用できます。

● アイコン

アイキャッチなどに使用できるアイコン画像を利用できます。色や効果を変更することもできます。

● 人物の切り絵

人物の切り絵写真を利用できます。透過画像なので、背景が設定してあるスライドに挿入した場合も、違和感なく表示できます。

● ステッカー

ポップ調のイラスト画像を利用できます。透過画像なので、背景が設定してあるスライドに挿入した場合も、違和感なく表示できます。

● ビデオ

イメージビデオを利用できます。ビデオの表示サイズは自由に変更できます。

● イラスト

ベクターデータを複数組み合わせてグループ化されたイラストを利用できます。図形に変換すると、パーツの色や効果などを個別に変更できます。

● マンガの読者

顔や頭、上半身などの体のパーツが別々に提供されており、組み合わせることでさまざまな登場人物を作ることができます。

1 基本
2 スライドマスター
3 マスター
4 文字入力
5 アウトライン
6 図形
7 写真・イラスト
8 表
9 グラフ
10 アニメーション
11 切り替え
12 動画・音楽
13 プレゼン
14 印刷
15 保存・共有

基本 1
スライド 2
マスター 3
文字入力 4
アウトライン 5
図形 6
写真・イラスト 7
表 8
グラフ 9
アニメーション 10
切り替え 11
動画・音楽 12
プレゼン 13
印刷 14
保存・共有 15

重要度 ★★★　ストック画像の挿入　　❌2019　❌2016

Q255 ストック画像を利用したい！

A [挿入]タブの[画像]から[ストック画像]をクリックします。

ストック画像を利用するには、[挿入]タブの[画像]から[ストック画像]をクリックするか、プレースホルダーの[ストック画像]をクリックします。ストック画像の画面が表示されるので、カテゴリやサブカテゴリをクリックして、使用したい画像を挿入します。
カテゴリから目的の画像が見つからない場合は、検索ボックスにキーワードを入力して検索することができます。

● ストック画像を挿入する

1 [挿入]タブをクリックして、

2 [画像]をクリックし、　　**3** [ストック画像]をクリックします。

↓

4 カテゴリ（ここでは[画像]）をクリックして、

5 サブカテゴリ（ここでは[環境]）をクリックします。　↗

6 利用したい画像をクリックして、

7 [挿入]をクリックすると、

↓

8 画像が挿入されます。

● ストック画像を検索して挿入する

1 ストック画像の画面を表示して、検索ボックスにキーワードを入力します。　**2** 使用したい画像をクリックして、

3 [挿入]をクリックすると、　　**4** 画像が挿入されます。

1 基本
2 スライド マスター
3 マスター
4 文字入力
5 アウトライン
6 図形
7 写真・イラスト
8 表
9 グラフ
10 アニメーション
11 切り替え
12 動画・音楽
13 プレゼン
14 印刷
15 保存・共有

重要度 ★★★　オンライン画像の挿入

Q 256 インターネットから画像を探して利用したい!

A [挿入]タブの[画像]から[オンライン画像]をクリックします。

画像はインターネットから検索してスライドに挿入することができます。[挿入]タブの[画像]から[オンライン画像]をクリックします。[オンライン画像]画面が表示されるのでカテゴリをクリックするか、キーワードを入力して目的の画像を検索します。PowerPoint 2016の場合は、[画像の挿入]画面の[Bingイメージ検索]にキーワードを入力して検索します。

なお、オンライン画像を利用する場合は、ライセンスや利用条件を確認してください。

1 [挿入]タブをクリックして、

2 [画像]をクリックし、

3 [オンライン画像]をクリックします。

4 キーワードを入力して、

5 Enter を押すと、

カテゴリから画像を絞り込むこともできます。

6 キーワードに関連する画像が表示されるので、使用したい画像をクリックします。

7 [挿入]をクリックすると、

8 画像が挿入されます。

9 必要に応じてサイズと位置を調整します。

基本 1
スライド 2
マスター 3
文字入力 4
アウトライン 5
図形 6
写真・イラスト 7
表 8
グラフ 9
アニメーション 10
切り替え 11
動画・音楽 12
プレゼン 13
印刷 14
保存・共有 15

重要度 ★★★　オンライン画像の挿入

Q 257 オンライン画像に利用条件はあるの？

A ライセンスや利用条件に注意する必要があります。

オンライン画像を使用するときは、ライセンスや利用条件に注意する必要があります。検索結果の［オンライン画像］に表示される画像にマウスポインターを合わせると、画像の左側に［詳細とその他の操作］コマンドが表示されます。それをクリックすると、画像の情報が確認できます。

1 ［詳細とその他の操作］をクリックすると、

2 画像の情報が確認できます。

重要度 ★★★　オンライン画像の挿入

Q 258 イラストだけに絞って検索したい！

A オンライン画像の検索結果で［クリップアート］を選択します。

インターネットからイラストを検索してスライドに挿入したい場合は、オンライン画像の検索結果画面で［クリップアート］を指定して絞り込みます。
なお、オンライン画像を利用する場合は、ライセンスや利用条件を確認してください。

1 ［挿入］タブの［画像］をクリックして、［オンライン画像］をクリックします。

2 キーワードを入力して、

3 [Enter] を押します。

↗

4 キーワードに関連する画像が表示されるので、［フィルター］をクリックして、

5 ［クリップアート］をクリックします。

↓

6 クリップアートのみに絞り込まれるので、目的のイラストをクリックして、

7 ［挿入］をクリックすると、

8 イラストが挿入されます。

1 基本
2 スライド
3 マスター
4 文字入力
5 アウトライン
6 図形
7 写真・イラスト
8 表
9 グラフ
10 アニメーション
11 切り替え
12 動画・音楽
13 プレゼン
14 印刷
15 保存・共有

重要度 ★★★　オンライン画像の挿入

Q 259 サイズや色を指定して イラストを検索したい！

A オンライン画像の検索結果で [サイズ] や [色] を指定します。

サイズや色を指定してイラストを検索したい場合は、オンライン画像の検索結果画面の [フィルター] で [クリップアート] を選択し、[サイズ] と [色] を指定して絞り込みます。

参照▶Q 258

1 画像を検索して、[フィルター] をクリックし、

2 [クリップアート] を クリックします。

3 目的のサイズを クリックして、

4 目的の色をクリックすると、

5 条件に合ったイラストが検索されます。

重要度 ★★★　トリミング

Q 260 画像の不要な部分を カットしたい！

A [図の形式] タブの [トリミング] を 利用します。

画像に不要な部分がある場合は、トリミングして必要な部分だけを表示することができます。トリミングとは画像の一部を切り取ることです。画像をクリックして、[図の形式] タブの [トリミング] をクリックし、不要な部分をドラッグして取り除きます。

1 画像をクリックして、[図の 形式] タブをクリックし、

2 [トリミング] を クリックすると、

3 画像の周囲に トリミングハンドルが表示 されます。

4 必要な部分が収まるようにトリミングハンドルをドラッグします。

5 画像以外をクリックすると、画像の不要な部分が切り取られます。

Q 261 画像の背景を削除したい！

A [図の形式]タブの[背景の削除]を利用します。

画像をクリックして、[図の形式]タブの[背景の削除]をクリックすると、背景が自動的に認識されます。削除したい部分や残したい部分が正しく認識されない場合は、[背景の削除]タブの[保持する領域としてマーク]や[削除する領域としてマーク]をクリックし、該当の部分をドラッグします。背景の削除を取り消す場合は、再度[背景の削除]をクリックして、[すべての変更を破棄]をクリックします。

1 画像をクリックして、[図の形式]タブをクリックし、

2 [背景の削除]をクリックすると、

↓

3 背景が自動的に認識されます。

4 [変更を保持]をクリックすると、

5 画像の背景が削除されます。

↓

Q 262 ☆などの図形の形に画像をくり抜きたい！

A [トリミング]の[図形に合わせてトリミング]を利用します。

画像は任意の図形の形にくり抜くことができます。画像をクリックして、[図の形式]タブの[トリミング]の下の部分をクリックし、[図形に合わせてトリミング]からトリミングしたい図形を指定します。

1 画像をクリックして、[図の形式]タブをクリックします。

2 [トリミング]のここをクリックして、

3 [図形に合わせてトリミング]にマウスポインターを合わせ、

4 くり抜きたい図形（ここでは[太陽]）をクリックすると、

↓

5 画像が指定した形にくり抜かれます。

1 基本
2 スライド
3 マスター
4 文字入力
5 アウトライン
6 図形
7 写真・イラスト
8 表
9 グラフ
10 アニメーション
11 切り替え
12 動画・音楽
13 プレゼン
14 印刷
15 保存・共有

重要度 ★★★ トリミング

Q263 好きな形に画像を切り抜きたい!

A [図形の書式]タブの[図形の結合]を利用します。

フリーフォームの図形やワードアートの形に画像の一部を切り抜くことができます。スライドに挿入した画像の上に図形やワードアートを挿入します。最初に画像をクリックしたあと、Ctrl を押しながら図形やワードアートをクリックし、[図形の書式]タブの[図形の結合]から[重なり抽出]をクリックします。
ここでは、ワードアートの形に画像を切り抜きましょう。

1 スライドに画像を挿入して、画像の上にワードアートを挿入します。

2 画像をクリックして、

3 Ctrl を押しながらワードアートをクリックします。

4 [図形の書式]タブをクリックして、[図形の結合]をクリックし、

5 [重なり抽出]をクリックすると、

6 画像がワードアートの形に切り抜かれます。

重要度 ★★★ トリミング

Q264 画像を正方形に切り抜きたい!

A [トリミング]の[縦横比]で[1:1]を選びます。

画像を正方形にトリミングするには、画像をクリックして、[図の形式]タブの[トリミング]の下の部分をクリックし、[縦横比]から[1:1]を指定します。

1 [トリミング]のここをクリックして、

2 [縦横比]から[1:1]をクリックします。

重要度 ★★★ トリミング

Q265 トリミング部分のデータを削除したい!

A [図の形式]タブの[図の圧縮]を利用します。

画像をトリミングした場合、切り取った部分はスライドには表示されませんが、データは削除されません。このトリミング部分のデータを削除すると、ファイルの容量を小さくできます。

1 トリミングした画像をクリックして、[図の形式]タブの[図の圧縮]をクリックします。

ほかの画像のトリミング部分も削除する場合は、ここをクリックしてオフにします。

2 [図のトリミング部分を削除する]をクリックしてオンにし、

3 [OK]をクリックします。

基本 1
スライド 2
マスター 3
文字入力 4
アウトライン 5
図形 6
写真・イラスト 7
表 8
グラフ 9
アニメーション 10
切り替え 11
動画・音楽 12
プレゼン 13
印刷 14
保存・共有 15

重要度 ★★★　画像の修整

Q 266 画像を鮮明にしたい！

A [図の形式]タブの [修整]から [シャープネス]を指定します。

画像をはっきりさせたり、ぼやけ気味にするなど、鮮明度を修整するには、画像をクリックして、[図の形式]タブの [修整]をクリックし、[シャープネス]の一覧からシャープネスの割合を指定します。シャープネスとは、画像の輪郭をはっきり見せるようにする処理のことです。もとの画像の状態は、一覧の中央に表示されています。

[シャープネス]から目的の割合を指定します。

重要度 ★★★　画像の修整

Q 267 画像の明るさを修整したい！

A [図の形式]タブの [修整]から [明るさ／コントラスト]を指定します。

画像の明るさやコントラストを修整するには、画像をクリックして、[図の形式]タブの [修整]をクリックし、[明るさ／コントラスト]の一覧から最適な明るさを指定します。コントラストとは、明るい部分と暗い部分の差のことです。もとの画像の状態は、一覧の中央に表示されています。

[明るさ／コントラスト]から最適な明るさを選択します。

重要度 ★★★　画像の修整

Q 268 画像を鮮やかにしたい！

A [図の形式]タブの [色]から [色の彩度]を指定します。

画像の色の鮮やかさ修整するには、画像をクリックして、[図の形式]タブの [色]をクリックし、[色の彩度]の一覧から彩度の割合を指定します。彩度を高くすると画像が鮮やかになります。低くすると色が灰色に近くなります。もとの画像の状態は、一覧の中央に表示されています。

[色の彩度]から彩度の割合を指定します。

1 基本
2 スライド
3 マスター
4 文字入力
5 アウトライン
6 図形
7 写真・イラスト
8 表
9 グラフ
10 アニメーション
11 切り替え
12 動画・音楽
13 プレゼン
14 印刷
15 保存・共有

重要度 ★ ★ ★　画像の修整

Q 269 画像の色合いを修整したい!

A [図の形式]タブの [色]から [色のトーン]を指定します。

画像の色合いを修整するには、画像をクリックして、[図の形式]タブの [色]をクリックし、[色のトーン]の一覧から指定します。色のトーンでは、画像の色合いが偏って、青色またはオレンジ色が強くなった状態を調整します。もとの画像の状態は、一覧の中央に表示されています。

[色のトーン] からトーンの割合を指定します。

重要度 ★ ★ ★　画像の修整

Q 270 画像をセピア調にしたい!

A [図の形式]タブの [色]から 色調を指定します。

画像は、セピアカラーにしたり、モノトーンにしたり、薄くしたりと、さまざまな色に変換することができます。画像をクリックして、[図の形式]タブの [色]をクリックし、[色の変更]から色調を指定します。設定した色を取り消すには、[色の変更]の一覧の左上にある [色変更なし]をクリックします。

[色の変更] から色調を指定します。

重要度 ★ ★ ★　画像の修整

Q 271 画像をアート効果で 加工したい!

A [図の形式]タブの [アート効果]を利用します。

アート効果は、画像にマーカーや鉛筆画、ぼかし、パッチワーク、エッチングなどの特殊な効果を付けて、画像の外観を変える機能です。画像をクリックして、[図の形式]タブの [アート効果]をクリックし、一覧から目的のアート効果を指定します。設定した効果を取り消すには、[アート効果]の一覧の左上にある [なし]をクリックします。

[アート効果] の一覧から目的のアート効果を 指定します。

Q 272 画像を額縁などで目立たせたい！

A [図の形式]タブの
[図のスタイル]から設定します。

スタイルとは、枠線や影、ぼかし、回転などの書式を組み合わせたものです。[図のスタイル]を利用すると、画像にフレームや影、反射を付けたり、楕円に切り取ったり、角度を変えたりして、画像を修飾することができます。画像をクリックして、[図の形式]タブの[図のスタイル]から設定します。

1 画像をクリックして、[図の形式]タブをクリックし、

2 [図のスタイル]の[その他]をクリックします。

3 任意のスタイル（ここでは[楕円、ぼかし]）をクリックすると、

4 画像にスタイルが適用されます。

Q 273 画像に枠線を付けたい！

A [図の形式]タブの[図の枠線]から
線の色を指定します。

画像に枠線を付けるには、[図の形式]タブの[図の枠線]の右側をクリックして、表示される一覧から枠線の色を指定します。
一覧に目的の色がない場合は、[その他の枠線の色]をクリックすると表示される[色の設定]ダイアログボックスから選択することができます。

1 画像をクリックして、[図の形式]タブをクリックします。

2 [図の枠線]の右側をクリックして、

3 目的の色（ここでは[赤]）をクリックすると、

一覧に目的の色がない場合は、ここをクリックして指定します。

4 画像に枠線が付きます。

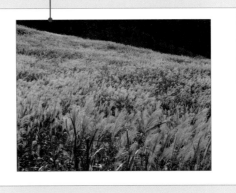

基本 1
スライド 2
マスター 3
文字入力 4
アウトライン 5
図形 6
写真・イラスト 7
表 8
グラフ 9
アニメーション 10
切り替え 11
動画・音楽 12
プレゼン 13
印刷 14
保存・共有 15

1 基本
2 スライド
3 マスター
4 文字入力
5 アウトライン
6 図形
7 写真・イラスト
8 表
9 グラフ
10 アニメーション
11 切り替え
12 動画・音楽
13 プレゼン
14 印刷
15 保存・共有

重要度 ★★★ スタイルと書式

Q 274 画像の枠線を太くしたい！

A [図の形式]タブの[図の枠線]から線の太さを指定します。

枠線を設定すると、既定では0.75ptの実線が表示されます。枠線の太さを変更するには、画像をクリックして、[図の形式]タブの[図の枠線]の右側をクリックし、[太さ]から設定します。

また、[実線／点線]から枠線の種類を変更することもできます。

参照▶Q 273

1 画像をクリックして、[図の形式]タブをクリックします。

2 [図の枠線]の右側をクリックして、

3 [太さ]にマウスポインターを合わせ、

[実線／点線]から線の種類を変更することもできます。

4 目的の太さをクリックすると、

5 枠線の太さが変更されます。

重要度 ★★★ スタイルと書式

Q 275 画像の周囲をぼかしたい！

A [図の形式]タブの[図の効果]の[ぼかし]を利用します。

画像の周囲をぼかすには、画像をクリックして、[図の形式]タブの[図の効果]をクリックし、[ぼかし]から任意のぼかしを指定します。ぼかし以外にも、影や反射、光彩、面取り、3-D回転の効果を設定できます。

1 画像をクリックして、[図の形式]タブをクリックします。

2 [図の効果]をクリックして、

3 [ぼかし]にマウスポインターを合わせ、

4 任意のぼかし（ここでは[25ポイント]）をクリックすると、

5 画像にぼかしが設定されます。

Q 276
画像の書式設定を コピーしたい!

A [ホーム]タブの[書式のコピー／ 貼り付け]を利用します。

画像に設定したスタイルや書式をほかの画像にも設定したい場合は、[ホーム]タブの[書式のコピー／貼り付け]を利用します。

なお、[書式のコピー／貼り付け]をダブルクリックすると、複数の画像に続けてコピーすることができます。貼り付けを終了するには、再度[書式のコピー／貼り付け]をクリックするか、Escを押します。

1 書式設定をコピーする画像をクリックして、

2 [ホーム]タブの[書式のコピー／貼り付け]をクリックします。

3 マウスポインターの形が ⇗🖌 に変わった状態で、ほかの画像をクリックすると、

4 画像に設定した書式だけがコピーされます。

Q 277
画像の書式設定を リセットしたい!

A [図の形式]タブの [図のリセット]をクリックします。

画像に設定したさまざまな書式をリセット（解除）して、もとの状態の画像に戻したい場合は、設定を解除したい画像をクリックして、[図の形式]タブの[図のリセット]をクリックします。

なお、手順**3**で[図のリセット]の⌄をクリックして、[図とサイズのリセット]をクリックすると、トリミングや画像のサイズをもとに戻すことができます。ただし、画像の圧縮を行った場合は、トリミングで切り取った部分はもとに戻りません。

参照▶Q 265

1 画像をクリックして、　**2** [図の形式]タブをクリックし、

3 [図のリセット]をクリックすると、

4 画像に設定した書式が解除されます。

1 基本
2 スライド
3 マスター
4 文字入力
5 アウトライン
6 図形
7 写真・イラスト
8 表
9 グラフ
10 アニメーション
11 切り替え
12 動画・音楽
13 プレゼン
14 印刷
15 保存・共有

重要度 ★ ★ ★ スタイルと書式

Q 278 書式設定を残したまま ほかの画像に差し替えたい!

A [図の形式]タブの[図の変更]から 画像を差し替えます。

画像に設定したスタイルや書式を保持したまま、別の画像に差し替えたい場合は、画像をクリックして、[図の形式]タブの[図の変更]をクリックし、代わりに挿入する画像を指定します。

ストック画像やオンライン画像、アイコンなどを使用することができますが、ここでは、パソコンに保存してある画像を挿入します。

1 画像をクリックして、[図の形式]タブをクリックし、

2 [図の変更]をクリックして、

3 [このデバイス]をクリックします。

4 画像の保存場所を指定して、

5 差し替えたい画像をクリックし、

6 [挿入]をクリックすると、

7 書式を保持したまま画像が差し替えられます。

重要度 ★ ★ ★ スクリーンショット

Q 279 スクリーンショットを すばやく挿入したい!

A [挿入]タブの [スクリーンショット]を利用します。

パソコンに表示されている画面のスクリーンショットを撮って、スライドに挿入することができます。あらかじめ使用するウィンドウを表示しておき、[挿入]タブの[スクリーンショット]をクリックして、挿入するウィンドウをクリックします。スクリーンショットはオブジェクトとして挿入されるので、サイズや配置などを自由に変更することができます。

1 スクリーンショットに使用するウィンドウ(ここでは[Word])を開きます。

2 [挿入]タブをクリックして、[スクリーンショット]をクリックし、

3 目的のウィンドウをクリックすると、

4 スクリーンショットが挿入されます。

Q 280 パソコンの画面の一部を スライドに挿入したい！

A [スクリーンショット]を利用して、 領域を指定して挿入します。

パソコンに表示されているウィンドウの一部を切り抜いてスライドに挿入することもできます。あらかじめ使用するウィンドウを表示しておき、[挿入]タブの[スクリーンショット]をクリックして、[画像の領域]をクリックし、必要な部分を指定します。

1 スクリーンショットに使用するウィンドウ（ここでは Microsoft Edge の Web ページ）を開きます。

2 [挿入]タブをクリックして、

3 [スクリーンショット]をクリックし、

4 [画面の領域]をクリックします。

5 画面が切り替わるので、 貼り付けたい部分をドラッグすると、

6 ドラッグした範囲がスライドに挿入されます。

Q 281 複数の写真を上手に スライドに表示したい！

A [フォトアルバム]を利用します。

フォトアルバムは、複数の写真を一度にまとめてスライドに挿入する機能です。1枚のスライドに表示する写真の枚数を指定したり、写真に付ける枠を設定したり、PowerPoint に用意されているテーマを設定したりして、アルバム風スライドをかんたんに作成することができます。

[フォトアルバム]を利用すると、オリジナルのアルバム風スライドをかんたんに作成できます。

1 基本
2 スライド
3 マスター
4 文字入力
5 アウトライン
6 図形
7 写真・イラスト
8 表
9 グラフ
10 アニメーション
11 切り替え
12 動画・音楽
13 プレゼン
14 印刷
15 保存・共有

重要度 ★★★　フォトアルバム

Q 282 フォトアルバムを作成したい！

A [挿入]タブの[フォトアルバム]から作成します。

フォトアルバムを作成するには、[挿入]タブの[フォトアルバム]をクリックすると表示される[フォトアルバム]ダイアログボックスで、[ファイル／ディスク]をクリックし、挿入する写真を指定します。ここでは、スライドに合わせた状態でフォトアルバムを作成し、作成後にテーマを設定しましょう。

1 [挿入]タブをクリックして、

2 [フォトアルバム]をクリックし、

3 [ファイル／ディスク]をクリックします。

4 写真の保存場所を指定して、

5 Ctrlを押しながら、挿入するすべての画像をクリックし、

6 [挿入]をクリックします。

7 選択した写真が一覧で表示されたのを確認して、

8 [作成]をクリックすると、

9 新しいプレゼンテーションにフォトアルバムが作成されます。

タイトルスライドは自動的に挿入されます。

10 [デザイン]タブの[テーマ]の一覧から任意のテーマとバリエーションを設定します。

重要度 ★★★　フォトアルバム

Q 283 フォトアルバムに 写真を追加したい！

A [フォトアルバムの編集] ダイアログボックスから追加します。

作成したフォトアルバムに写真を追加するには、[挿入]タブの[フォトアルバム]から[フォトアルバムの編集]をクリックします。[フォトアルバムの編集]ダイアログボックスが表示されるので、追加したい位置の前の写真をクリックして[ファイル／ディスク]をクリックし、写真を追加します。

1 [挿入]タブを クリックして、

2 [フォトアルバム]のここを クリックし、

3 [フォトアルバムの編集]をクリックします。

4 写真を追加したい位置の前の写真をクリックして、

5 [ファイル／ディスク]をクリックし、写真を挿入します。

6 写真が挿入されたことを 確認して、

7 [更新]を クリックします。

[フォト アルバム] ダイアログ ボックスを使用せずに背景やアニメーションなどを変更してフォト アルバムのスライドを変更した場合、[更新] をクリックするとその変更内容が失われる可能性があります。失われた変更内容を元に戻すには、[編集] メニューの [元に戻す] をクリックします。

重要度 ★★★　フォトアルバム

Q 284 フォトアルバムで テキストを挿入したい！

A [フォトアルバムの編集]で テキストボックスを挿入します。

フォトアルバムにテキストを挿入するには、[挿入]タブの[フォトアルバム]から[フォトアルバムの編集]をクリックして、[フォトアルバムの編集]ダイアログボックスを表示します。テキストボックスを挿入したい位置の前の写真をクリックして、[新しいテキストボックス]をクリックすると、テキストボックスが挿入されます。

1 テキストボックスを 挿入したい位置の前の 写真をクリックして、

2 [新しいテキスト ボックス]を クリックします。

3 テキストボックスが挿入されたことを 確認して、

[フォト アルバム] ダイアログ ボックスを使用せずに背景やアニメーションなどを変更してフォト アルバムのスライドを変更した場合、[更新] をクリックするとその変更内容が失われる可能性があります。失われた変更内容を元に戻すには、[編集] メニューの [元に戻す] をクリックします。

4 [更新]をクリックすると、

5 テキストボックスが挿入されるので、 目的のテキストを入力します。

撮影場所 箱根湿性花園（2023年8月23日）

1 基本
2 スライド
3 マスター
4 文字入力
5 アウトライン
6 図形
7 写真・イラスト
8 表
9 グラフ
10 アニメーション
11 切り替え
12 動画・音楽
13 プレゼン
14 印刷
15 保存・共有

重要度 ★★★　フォトアルバム

Q 285 フォトアルバムで写真のレイアウトを変更したい!

A [フォトアルバムの編集]の[アルバムのレイアウト]で設定します。

作成したフォトアルバムのレイアウトを変更するには、[フォトアルバムの編集]ダイアログボックスを表示します。[写真のレイアウト]をクリックすると、タイトルの有無や1枚のスライドに表示する写真の枚数を選べます。また、[枠の形]をクリックすると枠の形を指定できます。

参照▶Q 283

[写真のレイアウト]と[枠の形]を指定します。

重要度 ★★★　フォトアルバム

Q 286 フォトアルバムで写真の並び順を変更したい!

A [フォトアルバムの編集]ダイアログボックスで順番を変更します。

フォトアルバムの写真の並び順を変更するには、[フォトアルバムの編集]ダイアログボックスを表示します。移動したい写真をクリックしてオンにし、[↑]あるいは[↓]をクリックすると、並び順が変更されます。なお、[削除]をクリックすると、フォトアルバムから写真を削除することができます。

参照▶Q 283

1 移動する写真をクリックしてオンにし、

2 これらのアイコンをクリックします。

重要度 ★★★　フォトアルバム

Q 287 フォトアルバムでスライドにキャプションを表示したい!

A [フォトアルバムの編集]ダイアログボックスを利用します。

フォトアルバムの写真にキャプションを表示するには、[フォトアルバムの編集]ダイアログボックスを表示します。[すべての写真のキャプション]をクリックしてオンにすると、写真のファイル名がキャプションとして表示されます。スライド上でクリックすると編集できるので、必要に応じて変更するとよいでしょう。

参照▶Q 283

[すべての写真のキャプション]をクリックしてオンにします。

第 **8** 章

表作成の
便利技!

1 基本
2 スライド
3 マスター
4 文字入力
5 アウトライン
6 図形
7 写真・イラスト
8 表
9 グラフ
10 アニメーション
11 切り替え
12 動画・音楽
13 プレゼン
14 印刷
15 保存・共有

重要度 ★★★　表の作成

Q 288 スライドに表を挿入したい！

A プレースホルダーや［挿入］タブ
から列数と行数を指定します。

スライドに表を挿入するには、プレースホルダーの［表
の挿入］をクリックします。プレースホルダー以外の場
所に表を挿入する場合は、［挿入］タブの［表］をクリッ
クして、行数と列数を指定するか、［挿入］タブの［表］を
クリックして［表の挿入］をクリックし、行数と列数を
指定します。
ここでは、3通りの作成方法を紹介します。

● プレースホルダーの［表の挿入］を利用する

1 プレースホルダーの［表の挿入］を
クリックします。

2 列数と行数を
指定して、

3 ［OK］を
クリックすると、

4 表が挿入されます。

● ［挿入］タブの［表］から行数と列数を指定する

1 ［挿入］タブを
クリックして、

2 ［表］をクリックし、

3 ドラッグして行数と列数を指定し、
マウスのボタンを離すと、表が挿入されます。

● ［表の挿入］から列数と行数を指定する

1 ［挿入］タブを
クリックして、

2 ［表］をクリックし、

3 ［表の挿入］をクリックします。

4 列数と行数を
指定して、

5 ［OK］を
クリックすると、
表が挿入されます。

Q 289 表の行／列を挿入したい！

A [レイアウト]タブの[行と列]グループを利用します。

表を作成したあとで行を挿入するには、挿入したい位置の前後の行にカーソルを移動して、[レイアウト]タブの[上に行を挿入]または[下に行を挿入]をクリックします。

列を挿入するには、挿入したい位置の前後の列にカーソルを移動して、[左に列を挿入]または[右に列を挿入]をクリックします。列を挿入すると、表内の各列幅が自動的に調整されます。

1 セルをクリックしてカーソルを移動します。

2 [レイアウト]タブをクリックして、

3 [上に行を挿入]をクリックすると、

4 カーソルを移動した行の上に行が挿入されます。

支社名	10月	11月	12月	合計
札幌支社	692,200	662,200	1,043,780	
盛岡支社	823,300	775,150	835,600	
高崎支社	773,000	495,400	599,300	
千葉支社	976,730	988,200	1,035,200	
横浜支社	1,195,400	1,065,800	1,252,510	

5 列を挿入したい位置にカーソルを移動します。

6 [左に列を挿入]をクリックすると、

7 カーソルを移動した列の左に列が挿入されます。

	支社名	10月	11月	12月	合計
	札幌支社	692,200	662,200	1,043,780	
	盛岡支社	823,300	775,150	835,600	
	高崎支社	773,000	495,400	599,300	
	千葉支社	976,730	988,200	1,035,200	
	横浜支社	1,195,400	1,065,800	1,252,510	

8 列幅は自動的に調整されます。

Q 290 行をすばやく挿入したい！

A 右下のセルにカーソルを移動して、Tab を押します。

行を挿入する場合、通常は[レイアウト]タブの[上に行を挿入]または[下に行を挿入]を利用しますが、右下のセルにカーソルを移動してTabを押すと、表の最後に行をすばやく挿入することができます。

1 右下のセルをクリックして、

支社名	10月	11月	12月	合計
札幌支社	692,200	662,200	1,043,780	
盛岡支社	823,300	775,150	835,600	
高崎支社	773,000	495,400	599,300	
千葉支社	976,730	988,200	1,035,200	
横浜支社	1,195,400	1,065,800	1,252,510	

支社名	10月	11月	12月	合計
札幌支社	692,200	662,200	1,043,780	
盛岡支社	823,300	775,150	835,600	
高崎支社	773,000	495,400	599,300	
千葉支社	976,730	988,200	1,035,200	
横浜支社	1,195,400	1,065,800	1,252,510	

2 Tabを押すと、表の最後に行が追加されます。

1 基本
2 スライド
3 マスター
4 文字入力
5 アウトライン
6 図形
7 写真・イラスト
8 表
9 グラフ
10 アニメーション
11 切り替え
12 動画・音楽
13 プレゼン
14 印刷
15 保存・共有

重要度 ★★★　表の作成

Q 291 表の行／列を削除したい！

A [レイアウト]タブの[削除]を利用します。

不要になった行や列を削除するには、削除したい行や列にカーソルを移動して、[レイアウト]タブの[削除]をクリックし、[行の削除]や[列の削除]をクリックします。[表の削除]をクリックすると、表全体を削除することができます。

ここでは、行を削除しましょう。

1 削除したい行をクリックします。

	支社名	10月	11月	12月	合計
	札幌支社	692,200	662,200	1,043,780	
	盛岡支社	823,300	775,150	835,600	
	高崎支社	773,000	495,400	599,300	
	千葉支社	976,730	988,200	1,035,200	
	横浜支社	1,195,400	1,065,800	1,252,510	

2 [レイアウト]タブをクリックして、

3 [削除]をクリックし、

別売上状況（２０２３年度第３四半

支社名	10月	11月	12月
札幌支社	692,200	662,200	1,043,780
盛岡支社	823,300	775,150	835,600
高崎支社	773,000	495,400	599,300
千葉支社	976,730	988,200	1,035,200

4 [行の削除]をクリックすると、

5 行が削除されます。

	支社名	10月	11月	12月	合計
	札幌支社	692,200	662,200	1,043,780	
	盛岡支社	823,300	775,150	835,600	
	高崎支社	773,000	495,400	599,300	
	千葉支社	976,730	988,200	1,035,200	
	横浜支社	1,195,400	1,065,800	1,252,510	

重要度 ★★★　表の作成

Q 292 行の高さや列の幅を調節したい！

A 行や列の境界線をドラッグします。

行の高さを調整するには、行の境界線にマウスポインターを合わせ、ポインターの形が ✛ に変わった状態で上下にドラッグします。

列の幅を調整するには、列の境界線にマウスポインターを合わせ、ポインターの形が ✛ に変わった状態で左右にドラッグします。

ここでは、列幅を調整しましょう。

1 列の境界線にマウスポインターを合わせ、ポインターの形が ✛ に変わった状態で、

支社名	10月	11月	12月
札幌支社	692,200	662,200	1,043,780
盛岡支社	823,300	775,150	835,600
高崎支社	773,000	495,400	599,300
千葉支社	976,730	988,200	1,035,200
横浜支社	1,195,400	1,065,800	1,252,510

2 ドラッグすると、

支社名	10月	11月	12月
札幌支社	692,200	662,200	1,043,780
盛岡支社	823,300	775,150	835,600
高崎支社	773,000	495,400	599,300
千葉支社	976,730	988,200	1,035,200
横浜支社	1,195,400	1,065,800	1,252,510

3 列の幅が変わります。

支社名	10月	11月	12月
札幌支社	692,200	662,200	1,043,780
盛岡支社	823,300	775,150	835,600
高崎支社	773,000	495,400	599,300
千葉支社	976,730	988,200	1,035,200
横浜支社	1,195,400	1,065,800	1,252,510

基本 1
スライド 2
マスター 3
文字入力 4
アウトライン 5
図形 6
写真・イラスト 7
表 8
グラフ 9
アニメーション 10
切り替え 11
動画・音楽 12
プレゼン 13
印刷 14
保存・共有 15

重要度 ★★★　表の作成

Q293 行の高さや列の幅を指定の数値で揃えたい！

A [レイアウト]タブの [高さ]や[幅]を数値で指定します。

行の高さや列の幅を数値で揃えたい場合は、表を選択して、[レイアウト]タブの[セルのサイズ]グループで、[高さ]や[幅]をcm単位の数値で指定します。なお、表を選択するには、表内をクリックしたあと、表の枠線にマウスポインターを合わせ、ポインターの形が変わった状態でクリックします。

1 表を選択します。

支社別売上状況（２０２３年度第３四半期）

支社名	10月	11月	12月	合計
札幌支社	692,200	662,200	1,043,780	
盛岡支社	823,300	775,150	835,600	
高崎支社	773,000	495,400	599,300	
千葉支社	976,730	988,200	1,035,200	
横浜支社	1,195,400	1,065,800	1,252,510	

2 [レイアウト] タブをクリックして、

3 [高さ] で数値を指定し、

支社別売上状況（２０２３年度第３四半期）

4 [幅] で数値を指定します。

支社別売上状況（２０２３年度第３四半期）

5 行の高さと列の幅が指定した数値で揃えられます。

重要度 ★★★　表の作成

Q294 行の高さや列の幅を揃えたい！

A [レイアウト]タブの [高さを揃える]や[幅を揃える]を利用します。

表全体の列の幅や行の高さを均等に揃えたい場合は、表を選択して、[レイアウト]タブの [高さを揃える]あるいは [幅を揃える]をクリックします。
なお、一部の隣り合う列の幅や行の高さだけを揃えたい場合は、揃えたい列や行をドラッグして選択し、同様に操作します。

1 表を選択します。
2 [レイアウト] タブをクリックして、

支社名	10月	11月	12月	合計
札幌支社	692,200	662,200	1,043,780	
盛岡支社	823,300	775,150	835,600	
高崎支社	773,000	495,400	599,300	
千葉支社	976,730	988,200	1,035,200	
横浜支社	1,195,400	1,065,800	1,252,510	

3 [高さを揃える] をクリックすると、

4 行の高さが均等に揃います。

5 [幅を揃える] をクリックすると、

支社名	10月	11月	12月	合計
札幌支社	692,200	662,200	1,043,780	
盛岡支社	823,300	775,150	835,600	
高崎支社	773,000	495,400	599,300	
千葉支社	976,730	988,200	1,035,200	
横浜支社	1,195,400	1,065,800	1,252,510	

6 列の幅が均等に揃います。

支社名	10月	11月	12月	合計
札幌支社	692,200	662,200	1,043,780	
盛岡支社	823,300	775,150	835,600	
高崎支社	773,000	495,400	599,300	
千葉支社	976,730	988,200	1,035,200	

Q 295 セルを1つにまとめたい!

A [レイアウト]タブの
[セルの結合]をクリックします。

隣接する複数のセルを1つにまとめることを「セルの結合」といいます。セルを結合するには、結合したいセルをドラッグして選択し、[レイアウト]タブの[セルの結合]をクリックします。

結合するそれぞれのセルに文字が入力されている場合は、結合されたセルに改行された状態で残ります。

1 結合したいセルを
ドラッグして選択します。

2 [レイアウト]タブ
をクリックして、

3 [セルの結合]をクリックすると、

4 セルが結合されます。

5 ほかのセルも同様の方法で結合します。

Q 296 セルを分割したい!

A [レイアウト]タブの
[セルの分割]を利用します。

1つのセルを複数のセルに分けることを「セルの分割」といいます。セルを分割するには、分割するセルにカーソルを移動して、[レイアウト]タブの[セルの分割]をクリックし、分割する列数と行数を指定します。複数のセルをまとめて分割する場合は、複数のセルをドラッグして選択し、同様に操作します。

1 分割したいセルを
クリックします。

2 [レイアウト]タブを
クリックして、

3 [セルの分割]をクリックします。

4 列数と行数を指定して、

5 [OK]をクリックすると、

6 セルが分割されます。

Q 297 入力するセルにすばやく移動したい！

A [Tab]で右のセル、[Shift]＋[Tab]で左のセルに移動します。

表に文字を入力する際にカーソルをすばやく移動するには、キーを利用します。[Tab]を押すと、右のセル（最終セルでは次の行の先頭セル）へカーソルが移動します。[Shift]＋[Tab]を押すと、左のセル（先頭セルでは前行末のセル）にカーソルが移動します。

1 文字を入力して[Tab]を押すと、

支社名	10月	11月	12月	合計
札幌支社	692,200			

2 右のセルにカーソルが移動します。

支社名	10月	11月	12月	合計
札幌支社	692,200			

3 表の最後のセルで[Tab]を押すと、

支社名	10月	11月	12月	合計
札幌支社	692,200	662,200	1,043,780	2,398,180

4 次の行の先頭セルにカーソルが移動します。

支社名	10月	11月	12月	合計
札幌支社	692,200	662,200	1,043,780	2,398,180

Q 298 セル内の文字を中央や右に揃えたい！

A [レイアウト]タブの [中央揃え]や[右揃え]を利用します。

セル内に文字を入力すると、左揃えで配置されます。セル内の文字の配置を中央に揃えるには、セルを選択して [レイアウト]タブの [中央揃え] をクリックします。右揃えにするには [右揃え] をクリックします。また、表を選択した状態で [右揃え]や [中央揃え]をクリックすると、表全体の文字の位置が変わります。

1 セルをドラッグして選択します。

2 [レイアウト] タブをクリックして、　　**3** [中央揃え]をクリックすると、

支社別売上状況（２０２３年度第３四半期）

支社名	10月	11月	12月	合計
札幌支社	692,200	662,200	1,043,780	

4 選択したセルの文字が中央に配置されます。

支社名	10月	11月	12月	合計
札幌支社	692,200	662,200	1,043,780	
盛岡支社	823,300	775,150	835,600	

5 セルをドラッグし、[右揃え]をクリックすると、選択したセルを右揃えに設定できます。

支社別売上状況（２０２３年度第３四半期）

支社名	10月	11月	12月	合計
札幌支社	692,200	662,200	1,043,780	
盛岡支社	823,300	775,150	835,600	
高崎支社	773,000	495,400	599,300	
千葉支社	976,730	988,200	1,035,200	
横浜支社	1,195,400	1,065,800	1,252,510	

1 基本
2 スライド
3 マスター
4 文字入力
5 アウトライン
6 図形
7 写真・イラスト
8 表
9 グラフ
10 アニメーション
11 切り替え
12 動画・音楽
13 プレゼン
14 印刷
15 保存・共有

重要度 ★★★ セルと文字

Q 299 セル内の文字の 上下の位置を変更したい!

A [レイアウト]タブの[上下中央揃え] や[下揃え]を利用します。

セルに入力した文字の上下の位置は、初期設定では上揃えに配置されます。文字をセルの上下中央に配置したい場合は、表を選択して、[レイアウト]タブの[上下中央揃え] 📧 をクリックします。文字を下揃えにしたい場合は[下揃え] 📧 をクリックします。
また、一部のセルだけをクリックやドラッグで選択しても、同様の操作が実行できます。

1 表を選択します。

	支社名	10月	11月	12月
北日本地区	札幌支社	692,200	662,200	1,043,780
	盛岡支社	823,300	775,150	835,600
関東地区	高崎支社	773,000	495,400	599,300
	千葉支社	976,730	988,200	1,035,200
	横浜支社	1,195,400	1,065,800	1,252,510

2 [レイアウト]タブをクリックして、

3 [上下中央揃え]をクリックすると、

4 表内の文字が上下中央に配置されます。

	支社名	10月	11月	12月
北日本地区	札幌支社	692,200	662,200	1,043,780
	盛岡支社	823,300	775,150	835,600
関東地区	高崎支社	773,000	495,400	599,300
	千葉支社	976,730	988,200	1,035,200
	横浜支社	1,195,400	1,065,800	1,252,510

重要度 ★★★ セルと文字

Q 300 セル内の余白の広さを 変更したい!

A [レイアウト]タブの[セルの余白] から余白を指定します。

セルに入力した文字と罫線との間隔を変更するには、表を選択して、[レイアウト]タブの[セルの余白]をクリックし、[狭い]または[広い]を指定します。[なし]を指定すると余白が「0」になります。初期設定では[標準]に設定されています。

1 表を選択します。

期	2022年度実績		2023年度実績	
	上半期	下半期	上半期	下半期
札幌支社	3,323,190	3,959,510	3,662,530	2,505,860
盛岡支社	2,603,320	3,120,640	3,279,500	4,075,850
高崎支社	2,014,660	2,880,330	4,654,740	4,213,310
千葉支社	4,700,800	3,098,720	4,832,520	2,516,250
横浜支社	4,918,430	4,383,340	4,395,240	4,460,000

2 [レイアウト]タブをクリックして、

3 [セルの余白]を クリックし、

4 目的の余白を クリックすると、

5 余白が変更されます。

期	2022年度実績		2023年度実績	
	上半期	下半期	上半期	下半期
札幌支社	3,323,190	3,959,510	3,662,530	2,505,860
盛岡支社	2,603,320	3,120,640	3,279,500	4,075,850
高崎支社	2,014,660	2,880,330	4,654,740	4,213,310
千葉支社	4,700,800	3,098,720	4,832,520	2,516,250
横浜支社	4,918,430	4,383,340	4,395,240	4,460,000

重要度 ★★★ セルと文字

Q 301 セル内の文字を縦書きにしたい！

A ［文字列の方向］から
［縦書き］をクリックします。

セル内の文字は初期設定では横書きで入力されます。縦書きに変更したい場合は、セルをクリックして、［レイアウト］タブの［文字列の方向］から［縦書き］をクリックします。文字列に半角文字が含まれている場合は、［縦書き（半角文字含む）］をクリックします。

1 セルをクリックします。

	支社名	10月	11月	12月	合計
関東地区	高崎支社	773,000	495,400	599,300	1,867,700
	千葉支社	976,730	988,200	1,035,200	3,000,130
	横浜支社	1,195,400	1,065,800	1,252,510	3,513,710

2 ［レイアウト］タブをクリックして、

3 ［文字列の方向］をクリックし、

4 ［縦書き（半角文字含む）］をクリックすると、

	支社名	10月	11月	12月	合計
関東地区	高崎支社	773,000	495,400	599,300	1,867,700
	千葉支社	976,730	988,200	1,035,200	3,000,130
	横浜支社	1,195,400	1,065,800	1,252,510	3,513,710

5 文字が縦書きになります。

重要度 ★★★ セルと文字

Q 302 表の文字をかんたんに目立たせたい！

A 文字をワードアートに設定します。

表内の文字は、デザインされた文字であるワードアートに設定できます。ワードアートにしたい文字、または文字が入力されているセルを選択して、［テーブルデザイン］タブの［クイックスタイル］をクリックし、スタイルを指定します。

1 ワードアートにする文字をドラッグして選択します。

	支社名	10月	11月	12月	合計
関東地区	高崎支社	773,000	495,400	599,300	1,867,700
	千葉支社	976,730	988,200	1,035,200	3,000,130
	横浜支社	1,195,400	1,065,800	1,252,510	3,513,710

2 ［テーブルデザイン］タブをクリックして、

3 ［クイックスタイル］をクリックし、

4 目的のスタイルをクリックすると、

5 文字にワードアートスタイルが適用されます。

	支社名	10月	11月	12月	合計
関東地区	高崎支社	773,000	495,400	599,300	1,867,700
	千葉支社	976,730	988,200	1,035,200	3,000,130
	横浜支社	1,195,400	1,065,800	1,252,510	3,513,710

基本 1
スライド 2
マスター 3
文字入力 4
アウトライン 5
図形 6
写真・イラスト 7
表 8
グラフ 9
アニメーション 10
切り替え 11
動画・音楽 12
プレゼン 13
印刷 14
保存・共有 15

重要度 ★★★　セルと文字

Q 303
表に挿入したワードアートの書式を編集したい！

ワードアートを選択して、［テーブルデザイン］タブをクリックします。

A ［テーブルデザイン］タブの［ワードアートのスタイル］を利用します。

文字に設定したワードアートは、文字色や輪郭を変更したり、影や反射、光彩などの文字効果を設定したりすることができます。ワードアートを選択して、［テーブルデザイン］タブの［ワードアートのスタイル］グループの各コマンドを利用します。

文字の輪郭を変更するときは、［文字の輪郭］を利用します。

文字色を変更するときは、［文字の塗りつぶし］を利用します。

影や反射、光彩などの文字効果を設定する場合は、［文字の効果］を利用します。

重要度 ★★★　罫線の編集

Q 304
罫線を表に引きたい！

A ［テーブルデザイン］タブの［罫線を引く］を利用します。

作成した表に罫線を追加するには、表内をクリックして、［テーブルデザイン］タブの［罫線を引く］をクリックし、マウスポインターの形が🖋に変わった状態で、罫線を引きたい場所をドラッグします。罫線を引く前に、［ペンのスタイル］や［ペンの太さ］、［ペンの色］で罫線の種類や太さ、色を指定することもできます。

参照▶Q 307, Q 308, Q 309

1 表内をクリックして、［テーブルデザイン］タブをクリックし、

2 ［罫線を引く］をクリックします。

3 罫線を引く場所でドラッグすると、

支社名	10月	来場者数
札幌支社	692,200	19,600
盛岡支社	823,300	19,380
高崎支社	773,000	22,030
千葉支社	976,730	27,030
横浜支社	1,195,400	30,240

4 罫線が引かれます。

5 再度、［罫線を引く］をクリックするか、Escを押して、ポインターをもとに戻します。

Q305 不要な罫線を削除したい！

A [テーブルデザイン]タブの [罫線の削除]を利用します。

不要な罫線を削除するには、表内をクリックして、[テーブルデザイン]タブの[罫線の削除]をクリックします。マウスポインターの形が ✐ に変わった状態で、削除したい罫線上をクリックするか、ドラッグすると、削除されます。

1 [罫線の削除]を クリックして、

2 削除したい罫線を クリックあるいは ドラッグします。

Q306 マウスポインターをペンから 通常の矢印に戻したい！

A Esc を押すか、直前に操作した コマンドを再度クリックします。

[罫線を引く]や[罫線の削除]をクリックすると、マウスポインターの形がその操作用のポインターに変わります。ポインターを通常の矢印に戻すには、Esc を押すか、もう一度[罫線を引く]（削除の場合は[罫線の削除]）をクリックします。

マウスポインターを通常の矢印に戻すには、Esc を押すか、もう一度同じコマンドをクリックします。

↓

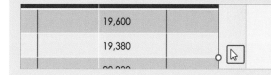

Q307 罫線の種類を変更したい！

A [テーブルデザイン]タブの [ペンのスタイル]を利用します。

罫線の種類を変更するには、表内をクリックして、[テーブルデザイン]タブの[ペンのスタイル]をクリックします。表示される一覧から線の種類を指定すると、マウスポインターの形が ✐ に変わるので、種類を変更したい罫線上をドラッグします。

1 表内をクリックして、[テーブルデザイン]タブをクリックし、

2 [ペンのスタイル] をクリックして、

3 目的の線の種類を クリックします。

4 種類を変更したい罫線上 をドラッグすると、罫線 の種類が変更されます。

1 基本
2 スライド
3 マスター
4 文字入力
5 アウトライン
6 図形
7 写真・イラスト
8 表
9 グラフ
10 アニメーション
11 切り替え
12 動画・音楽
13 プレゼン
14 印刷
15 保存・共有

重要度 ★★★　罫線の編集

Q 308 罫線を太くしたい！

A [テーブルデザイン]タブの
[ペンの太さ]を利用します。

罫線の太さを変更するには、表内をクリックして、[テーブルデザイン]タブの[ペンの太さ]をクリックします。表示される一覧から罫線の太さを指定して、マウスポインターの形が✐に変わった状態で、太さを変更したい罫線上をドラッグします。

[ペンの太さ]から線の太さを指定して、罫線上をドラッグします。

重要度 ★★★　罫線の編集

Q 309 罫線の色を変更したい！

A [テーブルデザイン]タブの
[ペンの色]を利用します。

罫線の色を変更するには、表内をクリックして、[テーブルデザイン]タブの[ペンの色]をクリックします。表示される一覧から色を指定して、マウスポインターの形が✐に変わった状態で、色を変更したい罫線上をドラッグします。

[ペンの色]から線の色を指定して、罫線上をドラッグします。

重要度 ★★★　罫線の編集

Q 310 斜線を引きたい！

A [テーブルデザイン]タブの[罫線]
の[斜め罫線]を指定します。

セルに斜線を引くには、斜線を引きたいセルにカーソルを移動して、[テーブルデザイン]タブの[罫線]の⌄をクリックし、一覧から[斜め罫線（右下がり）]あるいは[斜め罫線（右上がり）]をクリックします。なお、罫線の書式は、前回の設定が反映されるので、必要に応じて、罫線の種類や太さ、色を指定してから罫線を引きます。

1 斜線を引くセルをクリックします。
2 [テーブルデザイン]タブをクリックして、
3 [罫線]のここをクリックし、
4 [斜め罫線（右下がり）]をクリックすると、
5 斜めの罫線が引かれます。

Q 311 表のデザインを変更したい！

A [テーブルデザイン]タブの
[表のスタイル]から設定します。

作成した表には、設定しているテーマやバリエーションに基づいた色や書式が適用されます。表のスタイルを別のスタイルに変更したい場合は、[テーブルデザイン]タブの[表のスタイル]から設定します。表のスタイルには、セルの背景色や罫線の色、罫線の太さなどを組み合わせたスタイルが多数用意されています。

1 表を選択します。

2 [テーブルデザイン]タブをクリックして、

3 [表のスタイル]の[その他]をクリックし、

4 任意のスタイルをクリックすると、

5 表のスタイルが変更されます。

Q 312 特定のセルに色を付けたい！

A [テーブルデザイン]タブの
[塗りつぶし]から色を指定します。

セルに色を付けるには、色を付けるセルをクリックして、[テーブルデザイン]タブの[塗りつぶし]の右側をクリックし、表示される一覧から色を指定します。単色だけでなく、[グラデーション]や[テクスチャ]を設定することもできます。

1 色を付けたいセルをクリックします。

	支社名	10月	11月	12月
北日本地区	札幌支社	692,200	662,200	1,043,780
	盛岡支社	823,300	775,150	835,600
	高崎支社	773,000	495,400	599,300

2 [テーブルデザイン]タブをクリックして、

3 [塗りつぶし]の右側をクリックし、

4 目的の色をクリックすると、

5 指定したセルに色が付きます。

	支社名	10月	11月	12月
北日本地区	札幌支社	692,200	662,200	1,043,780
	盛岡支社	823,300	775,150	835,600
	高崎支社	773,000	495,400	599,300

基本 1
スライド 2
マスター 3
文字入力 4
アウトライン 5
図形 6
写真・イラスト 7
表 8
グラフ 9
アニメーション 10
切り替え 11
動画・音楽 12
プレゼン 13
印刷 14
保存・共有 15

187

1 基本
2 スライド
3 マスター
4 文字入力
5 アウトライン
6 図形
7 写真・イラスト
8 表
9 グラフ
10 アニメーション
11 切り替え
12 動画・音楽
13 プレゼン
14 印刷
15 保存・共有

重要度 ★★★　デザインの設定

Q 313 表の色やデザインをまとめてリセットしたい！

A [表のスタイル]の一覧で[表のクリア]をクリックします。

テーマに基づいて設定されているスタイルや、ユーザーが任意に設定したスタイルをまとめてリセットするには、表を選択して、[テーブルデザイン]タブの[表のスタイル]の[その他]をクリックし、表示される一覧から[表のクリア]をクリックします。

1 表を選択します。

2 [テーブルデザイン]タブをクリックして、

2022〜2023年度売上実績比較

3 [表のスタイル]の[その他]をクリックします。

4 [表のクリア]をクリックすると、

5 設定した書式がまとめて解除されます。

	2022年度実績		2023年度実績	
期	上半期	下半期	上半期	下半期
札幌支社	3,323,190	3,959,510	3,662,530	2,505,860
盛岡支社	2,603,320	3,120,640	3,279,500	4,075,850
高崎支社	2,014,660	2,880,330	4,654,740	4,213,310
千葉支社	4,700,800	3,098,720	4,832,520	2,516,250
横浜支社	4,918,430	4,383,340	4,395,240	4,460,000

重要度 ★★★　デザインの設定

Q 314 表を縞模様にして見やすくしたい！

A [テーブルデザイン]タブの[表スタイルのオプション]を利用します。

[テーブルデザイン]タブの[表スタイルのオプション]を利用すると、タイトル行や集計行など、表の特定の部分のスタイルを変更することができます。それぞれの項目をオンにした結果は、表に設定しているスタイルによって異なります。初期設定では[タイトル行]と[縞模様（行）]がオンになっています。
ここでは、[縞模様（行）]をオフにして、[縞模様（列）]をオンにしてみましょう。

1 表を選択して、

2 [テーブルデザイン]タブをクリックします。

3 [縞模様（行）]をクリックしてオフにし、

4 [縞模様（列）]をクリックしてオンにすると、

5 縞模様のデザインが変更されます。

重要度 ★★★　デザインの設定

Q 315 タイトルの行を 見やすくしたい！

A [表スタイルのオプション]の [タイトル行]をオンにします。

[テーブルデザイン]タブの[表スタイルのオプション]を利用すると、表の特定の部分のスタイルを変更することができます。[タイトル行]は初期設定でオンになっています。タイトル行に色が付いていない表スタイルを設定している場合は、文字が強調表示されます。

タイトル行に色が付いていないスタイルの場合は、文字が強調表示されます。

重要度 ★★★　デザインの設定

Q 316 集計行を強調したい！

A [表スタイルのオプション]の [集計行]をオンにします。

[テーブルデザイン]タブの[表スタイルのオプション]を利用すると、表の特定の部分のスタイルを変更することができます。表の集計行を強調したいときは、スタイルを設定した表をクリックして、[テーブルデザイン]タブの[表スタイルのオプション]の[集計行]をクリックしてオンにします。

[集計行]をオンにすると、集計行のスタイルが変更されます。

重要度 ★★★　デザインの設定

Q 317 最初／最後の列を 目立たせたい！

A [テーブルデザイン]タブの[表スタイルのオプション]を利用します。

[テーブルデザイン]タブの[表スタイルのオプション]を利用すると、表の特定の部分のスタイルを変更することができます。スタイルを設定した表をクリックして、最初の列を目立たせたい場合は[最初の列]を、最後の列を目立たせたい場合は[最後の列]をクリックしてオンにします。

[最初の列]と[最後の列]をオンにすると、最初と最後の列のスタイルが変更されます。

1 基本
2 スライド
3 マスター
4 文字入力
5 アウトライン
6 図形
7 写真・イラスト
8 表
9 グラフ
10 アニメーション
11 切り替え
12 動画・音楽
13 プレゼン
14 印刷
15 保存・共有

重要度 ★★★　デザインの設定

Q 318 表を立体的にしたい!

A [効果]から[セルの面取り]を設定します。

表には影や反射、面取りなどの効果を設定することができます。表を立体的に見せるには、面取りを設定します。表を選択して、[テーブルデザイン]タブの[効果]をクリックし、[セルの面取り]にマウスポインターを合わせ、表示される一覧から面取りの種類を指定します。設定した効果を解除するには、同様に操作して、一覧から[面取りなし]をクリックします。

1 表を選択して、[テーブルデザイン]タブをクリックします。

2 [効果]をクリックして、

3 [セルの面取り]にマウスポインターを合わせ、

4 面取り(ここでは[スケール])をクリックすると、

5 表に面取りの効果が設定され、立体的になります。

	2022年度実績		2023年度実績	
	上半期	下半期	上半期	下半期
札幌支社	3,323,190	3,959,510	3,662,530	2,505,860
盛岡支社	2,603,320	3,120,640	3,279,500	4,075,850
高崎支社	2,014,660	2,880,330	4,654,740	4,213,310
千葉支社	4,700,800	3,098,720	4,832,520	2,516,250

重要度 ★★★　デザインの設定

Q 319 表に影を付けたい!

A [効果]から[影]を設定します。

表全体に影を付けるには、表を選択して、[テーブルデザイン]タブの[効果]をクリックし、[影]にマウスポインターを合わせ、影の種類を指定します。解除するには、同様に操作して、一覧から[影なし]をクリックします。

1 表を選択して、[テーブルデザイン]タブをクリックします。

2 [効果]をクリックして、

3 [影]にマウスポインターを合わせ、

4 影の種類(ここでは[オフセット:中央])をクリックすると、

5 表に影が設定されます。

	2022年度実績		2023年度実績	
	上半期	下半期	上半期	下半期
札幌支社	3,323,190	3,959,510	3,662,530	2,505,860
盛岡支社	2,603,320	3,120,640	3,279,500	4,075,850
高崎支社	2,014,660	2,880,330	4,654,740	4,213,310
千葉支社	4,700,800	3,098,720	4,832,520	2,516,250
横浜支社	4,918,430	4,383,340	4,395,240	4,460,000

Q 320 表の大きさを数値で指定して変更したい!

A [レイアウト]タブの[高さ]と[幅]で数値を指定します。

表のサイズを数値で指定して変更するには、表を選択して、[レイアウト]タブの[表のサイズ]グループで、[高さ]や[幅]の数値を指定します。

[高さ]や[幅]で数値を指定します。

Q 321 表の縦横の比率を固定したい!

A [レイアウト]タブの[縦横比を固定する]をオンにします。

表の縦横の比率を固定するには、表を選択して、[レイアウト]タブの[縦横比を固定する]をクリックしてオンにします。縦横比を固定すると、[高さ]や[幅]のどちらかを変更しても、縦横比を保った状態でサイズが変更されます。

また、ハンドルをドラッグして大きさを変える場合は、Shift を押しながら四隅のハンドルをドラッグすると、縦横比を保ったままサイズを変えることができます。

[縦横比を固定する]をクリックしてオンにします。

Q 322 Excelで作った表を挿入したい!

A Excelで作成した表をコピーしてスライドに貼り付けます。

Excelで作成した表をPowerPointに貼り付けるには、Excelで表の範囲を選択して、[ホーム]タブの[コピー]をクリックします。続いて、PowerPointに切り替えて[貼り付け]をクリックします。貼り付けた表は、PowerPointで作成した表と同様に編集することができます。また、貼り付ける際に、形式を指定して貼り付けることもできます。 参照 ▶ Q 323

1 Excelを起動して、スライドに貼り付ける表を選択し、

2 [ホーム]タブの[コピー]をクリックします。

3 PowerPointに切り替えて、貼り付けるスライドを表示します。

4 [ホーム]タブの[貼り付け]をクリックすると、

5 Excelの表がスライドに貼り付けられます。

支社名	10月	11月	12月	合計
札幌支社	692,200	662,200	1,043,780	2,398,180
盛岡支社	823,300	775,150	835,600	2,434,050
高崎支社	773,000	495,400	599,300	1,867,700
千葉支社	976,730	988,200	1,035,200	3,000,130
横浜支社	1,195,400	1,065,800	1,252,510	3,513,710
合計	4,460,630	3,986,750	4,766,390	13,213,770

貼り付けた表は、スライドに設定しているテーマに合わせて表示されます。

重要度 ★★★　Excelとの連携

Q 323 「貼り付けのオプション」について知りたい！

A 表の貼り付ける形式を指定することができます。

Excelで作成した表をPowerPointに貼り付けると、初期設定では、スライドに設定しているスタイルに合わせて表示されますが、貼り付ける際に、[貼り付け]の下の部分をクリックすると表示される[貼り付けのオプション]を利用すると、貼り付ける形式を指定することができます。

また、貼り付けたあとに表示される[貼り付けのオプション]をクリックしても、貼り付ける形式を変更することができます。

> [貼り付け]の下の部分をクリックすると、貼り付ける形式を指定できます。

> 貼り付けたあとに表示される[貼り付けのオプション]をクリックしても、貼り付ける形式を変更できます。

● 貼り付けのオプション

項 目	概 要
貼り付け先のスタイルを使用	貼り付け先のスライドの書式に合わせて表を貼り付けます。
元の書式を保持	Excelで設定した書式を保持して貼り付けます。
埋め込み	Excelのオブジェクトとして貼り付けます。表をダブルクリックすると、リボンがExcelのものに切り替わり修正することができます。
図	表を図として貼り付けます。表の編集は行えません。
テキストのみ保持	表の枠を解除して文字のみを貼り付けます。

● コピー元の表

	A	B	C	D	E	F	G
1	支社別売上状況(2023年度第3四半期)						
3	支社名	10月	11月	12月	合計		
4	札幌支社	692,200	662,200	1,043,780	2,398,180		
5	盛岡支社	823,300	775,150	835,600	2,434,050		
6	高崎支社	773,000	495,400	599,300	1,867,700		
7	千葉支社	976,730	988,200	1,035,200	3,000,130		
8	横浜支社	1,195,400	1,065,800	1,252,510	3,513,710		
9	合計	4,460,630	3,986,750	4,766,390	13,213,770		
10							

● [元の書式を保持]して貼り付けた場合

● [図]として貼り付けた場合

● [テキストのみ保持]して貼り付けた場合

第 **9** 章

グラフの
活用技!

Q 324 グラフをスライドに挿入したい！

A プレースホルダー内の [グラフの挿入] を利用します。

グラフをスライドに挿入するには、プレースホルダーの [グラフの挿入] をクリックします。プレースホルダー以外の場所にグラフを挿入する場合は、[挿入]タブの [グラフ] をクリックします。

[グラフの挿入] ダイアログボックスが表示されるので、グラフの種類と目的のグラフを選択して [OK] をクリックすると、サンプルデータが入力されたワークシートと、サンプルデータに対応したグラフがスライドに表示されます。サンプルデータに代えて実際のデータを入力すると、入力したデータがグラフに反映されます。

なお、サンプルデータと実際に入力するデータの範囲が異なる場合は、ワークシート内の右下にあるハンドル■ をドラッグして、範囲を指定します。

1 プレースホルダーの [グラフの挿入] をクリックします。

2 グラフの種類をクリックして、　**3** 目的のグラフをクリックし、

4 [OK] をクリックすると、

5 サンプルデータが入力されたワークシートが表示され、

6 スライドにサンプルグラフが表示されます。

7 グラフにするデータを入力して、　**8** [閉じる] をクリックすると、

入力したデータは、すぐに反映されます。

9 グラフが作成されます。

支社別売上状況

Q 325 PowerPointでは どんなグラフが使える？

A 棒、折れ線、円、面など、いろいろな 種類のグラフを利用できます。

PowerPointには、棒グラフ、折れ線グラフ、円グラフなどの一般的なグラフのほかに、面グラフ、散布図、レーダーチャート図など、さまざまな種類のグラフが用意されています。

また、PowerPoint 2019から、じょうごグラフとマップグラフが追加されました。

● おもなグラフの種類と用途

● 縦棒グラフ

項目間の比較や一定期間のデータの変化を表します。

● 折れ線グラフ

時間の経過に伴うデータの推移を表します。

● 円グラフ

全体に占める各項目の割合を表します。

● 面グラフ

時間の経過に伴うデータの推移をより視覚的に表します。

● レーダーチャート

相対的なバランスを見たり、ほかの系列と比較したりするときに利用します。

● じょうごグラフ

段階ごとの相対的な数値の変化を表します。

● マップグラフ

各国の人口やGDPなどのデータを地図上に表示させるときに利用します。

基本 1
スライド 2
マスター 3
文字入力 4
アウトライン 5
図形 6
写真・イラスト 7
表 8
グラフ 9
アニメーション 10
切り替え 11
動画・音楽 12
プレゼン 13
印刷 14
保存・共有 15

1 基本
2 スライド
3 マスター
4 文字入力
5 アウトライン
6 図形
7 写真・イラスト 表
8
9 グラフ
10 アニメーション
11 切り替え
12 動画・音楽
13 プレゼン
14 印刷
15 保存・共有

重要度 ★★★　グラフの挿入

Q 326 グラフの編集に使う用語について知りたい！

A 下図でグラフの構成要素を確認しましょう。

グラフを構成する部品のことを「グラフ要素」といいます。グラフ要素にはそれぞれ名前が付いており、マウスポインターを合わせると、名前がヒント（ポップヒント）で表示されます。グラフを編集する場合は、グラフ要素を知っておくと操作がスムーズに進みます。
ここで、おもなグラフ要素を確認しておきましょう。

縦（値）軸　グラフタイトル　グラフエリア　凡例

縦（値）軸ラベル　横（項目）軸ラベル　横（項目）軸

プロットエリア　データ系列　データマーカー

横（項目）軸目盛線　縦（値）軸目盛線

重要度 ★★★　グラフの挿入

Q 327 立体的なグラフを挿入したい！

A 3-Dグラフを作成します。

グラフを立体的にしたいときは、3-Dグラフを作成します。3-Dグラフは、縦棒グラフや折れ線グラフ、面グラフ、円グラフなどで利用できます。
グラフの作成方法は通常のグラフの場合と同じです。
[グラフの挿入]ダイアログボックスでグラフの種類を選択したあと、目的の3-Dグラフをクリックします。

参照 ▶ Q 324

1 プレースホルダーの [グラフの挿入] をクリックします。

2 グラフの種類をクリックして、

3 目的の3-Dグラフ（ここでは [3-D集合縦棒]）をクリックし、

4 [OK] をクリックします。

5 グラフにするデータを入力すると、

6 3-Dグラフが作成できます。

Q 328 グラフのデータを編集したい！

A [グラフのデザイン]タブの [データの編集]を利用します。

スライドに挿入したグラフのデータは、グラフをクリックして、[グラフのデザイン]タブの [データの編集]をクリックすると表示されるワークシートで編集します。また、[データの編集]から [Excel でデータを編集]をクリックするとExcel が起動し、より高度な編集を行うこともできます。
ここでは、ワークシートを表示してデータを編集しましょう。

参照 ▶ Q 330

1 グラフをクリックして、

2 [グラフのデザイン]タブをクリックし、

3 [データの編集] をクリックします。

4 ワークシートが表示されるので、データを編集（ここでは「千葉支社」を追加）すると、

5 グラフに変更が反映されます。

Q 329 グラフの縦軸と横軸の項目を入れ替えたい！

A [グラフのデザイン]タブの [データの選択]を利用します。

スライドに挿入したグラフの縦軸と横軸の項目を入れ替えることもできます。グラフをクリックして、[グラフのデザイン]タブの [データの選択]をクリックし、[データソースの選択]ダイアログボックスで [行／列の入れ替え]をクリックします。

1 グラフをクリックして、

2 [グラフのデザイン]タブをクリックし、

3 [データの選択] をクリックします。

4 [行／列の入れ替え] をクリックして、

5 [OK]をクリックすると、

6 グラフの縦軸と横軸の項目が入れ替わります。

基本 1
スライド 2
マスター 3
文字入力 4
アウトライン 5
図形 6
写真・イラスト 7
表 8
グラフ 9
アニメーション 10
切り替え 11
動画・音楽 12
プレゼン 13
印刷 14
保存・共有 15

基本 1
スライド 2
マスター 3
文字入力 4
アウトライン 5
図形 6
写真・イラスト 7
表 8
グラフ 9
アニメーション 10
切り替え 11
動画・音楽 12
プレゼン 13
印刷 14
保存・共有 15

重要度 ★★★ データの編集

Q 330 数値が昇順になるように データを並べ替えたい！

A [データの編集]から Excelを起動して並べ替えます。

スライドに挿入したグラフのデータを並べ替えるには、グラフをクリックして、[グラフのデザイン]タブの[データの編集]から[Excelでデータを編集]をクリックします。Excelが起動するので、並べ替えたい系列のセルをクリックして、[データ]タブの[昇順]をクリックします。

1 グラフをクリックして、[グラフのデザイン]タブをクリックし、

2 [データの編集]のここをクリックして、

3 [Excelでデータを編集]をクリックします。

4 並べ替えたい系列のセルをクリックして、

5 [データ]タブをクリックし、

6 [昇順]をクリックすると、

7 グラフが昇順に並べ替わります。

重要度 ★★★ データの編集

Q 331 データは保持したまま グラフの種類を変更したい！

A [グラフのデザイン]タブの[グラフの種類の変更]から変更します。

入力したデータを変えずにスライドに挿入したグラフの種類を変更できます。グラフをクリックして、[グラフのデザイン]タブの[グラフの種類の変更]をクリックし、グラフの種類を選択します。

1 グラフをクリックして、

2 [グラフのデザイン]タブをクリックし、

3 [グラフの種類の変更]をクリックします。

支社別売上状況

4 グラフの種類をクリックして、

5 目的のグラフをクリックし、

6 [OK]をクリックすると、

7 グラフの種類が変更されます。

支社別売上状況

重要度 ★ ★ ★　　デザインの編集

Q 332　グラフのレイアウトを
かんたんに変更したい！

A　[グラフのデザイン]タブの
[クイックレイアウト]を利用します。

[クイックレイアウト]を利用すると、グラフタイトル
や凡例、データラベルなどのグラフ要素をさまざまに
組み合わせたレイアウトをかんたんに設定することが
できます。グラフをクリックして、[グラフのデザイン]
タブの[クイックレイアウト]をクリックし、表示され
る一覧からレイアウトを選択します。

[クイックレイアウト]から変更したい
レイアウトを指定します。

重要度 ★ ★ ★　　デザインの編集

Q 333　表入りのグラフを
利用したい！

A　[クイックレイアウト]の
[レイアウト5]を設定します。

棒グラフや折れ線グラフであれば、[グラフのデザイ
ン]タブの[クイックレイアウト]から[レイアウト5]
を指定して、もとデータの表を表示できます。グラフの
下に表示されるもとデータは、「データテーブル」と呼
ばれます。[グラフのデザイン]タブの[グラフ要素を
追加]から表示することもできます。

[レイアウト5]を指定すると、グラフの下に
もとデータの値が表示されます。

重要度 ★ ★ ★　　デザインの編集

Q 334　グラフのデザインを
変更したい！

A　[グラフのデザイン]タブの
[グラフスタイル]から設定します。

グラフの色や背景色など、グラフ全体のデザインを変
更するには、[グラフスタイル]を利用します。グラフを
クリックして、[グラフのデザイン]タブの[グラフスタ
イル]の[その他] ▽ をクリックし、表示される一覧か
ら目的のデザインを指定します。

変更したいスタイルを指定すると、
デザインが変更されます。

1 基本
2 スライド
3 マスター
4 文字入力
5 アウトライン
6 図形
7 写真・イラスト
8 表
9 グラフ
10 アニメーション
11 切り替え
12 動画・音楽
13 プレゼン
14 印刷
15 保存・共有

重要度 ★★★　デザインの編集

Q 335 グラフ全体の色合いを変更したい!

A [グラフのデザイン]タブの[色の変更]から設定します。

グラフ全体の色合いを変更するには、グラフをクリックして、[グラフのデザイン]タブの[色の変更]をクリックし、表示される一覧から目的の色合いを指定します。一覧に表示される色は、設定されているテーマやバリエーションによって異なります。

1 [色の変更]をクリックして、

2 目的の色合いを指定します。

重要度 ★★★　デザインの編集

Q 336 グラフの一部だけ色を変更して強調させたい!

A [書式]タブの[図形の塗りつぶし]を利用します。

特定のデータ系列の色を変更するには、変更したいデータ系列をクリックして、[書式]タブの[図形の塗りつぶし]から色を指定します。特定のデータ1つだけの色を変更したい場合は、二度クリックして選択してから色を指定します。折れ線グラフの場合は、[図形の枠線]から色を指定します。

1 [図形の塗りつぶし]から目的の色を指定すると、

2 データ系列の色が変わります。

重要度 ★★★　デザインの編集

Q 337 作成したグラフのデザインを保存したい!

A テンプレートとして保存します。

作成したグラフをテンプレートとして保存しておくと、同じデザインのグラフをほかのスライドで利用することができます。グラフを右クリックして、[テンプレートとして保存]をクリックし、テンプレート名を入力して保存します。

1 グラフを右クリックして、

2 [テンプレートとして保存]をクリックします。

保存先が自動的に選択されます。

3 テンプレート名を入力して、

4 [保存]をクリックします。

Q 338
保存したグラフの テンプレートを利用したい！

A [グラフの挿入]ダイアログボックスで [テンプレート]を選択します。

保存したグラフのテンプレートは[グラフの挿入]ダイアログボックスの[テンプレート]に表示されます。テンプレートを利用するときは、使用したいテンプレートをクリックして[OK]をクリックし、グラフのデータを入力します。

参照 ▶ Q 324

1 [テンプレート]から 使用したいテンプレートを クリックして、

2 [OK]をクリックします。

Q 339
グラフの軸に ラベルを追加したい！

A [グラフ要素]をクリックして、 軸ラベルを追加します。

軸ラベルを追加するには、グラフをクリックすると表示される[グラフ要素]をクリックして、[軸ラベル]から[第1横軸]または[第1縦軸]を選択します。縦軸の場合は文字が横向きに表示されますが、縦向きに変更することもできます。また、[グラフのデザイン]タブの[グラフ要素を追加]から軸ラベルを表示することもできます。

1 グラフをクリックして、 [グラフ要素]を クリックします。

2 [軸ラベル]にマウスポインターを 合わせて、ここを クリックし、

3 [第1縦軸](あるいは[第1横軸])をクリックしてオンにします。

再度、[グラフ要素]をクリックすると、 グラフ要素のメニューが閉じます。

4 軸ラベルが表示されるので、 クリックして内容を入力します。

5 [書式]タブを クリックし、

6 [選択対象の 書式設定]を クリックします。

7 [文字のオプション] をクリックして、

8 [テキストボックス] をクリックし、

9 [文字列の方向]の ここをクリックして、

10 [縦書き]を クリックします。

11 ラベルの文字が縦書きに変更されます。

Q 340 グラフにタイトルを追加したい！

A ［グラフ要素］の
［グラフタイトル］から追加します。

新たに挿入したグラフにはタイトルが表示されますが、レイアウトの変更などで非表示にした場合は［グラフ要素］をクリックして、［グラフタイトル］からタイトルを表示する場所を指定します。また、［グラフのデザイン］タブの［グラフ要素を追加］から表示することもできます。

1 グラフをクリックして、
［グラフ要素］を
クリックします。

2 ［グラフタイトル］に
マウスポインターを
合わせて、ここをク
リックし、

3 ［グラフの上］をクリックします。

再度、［グラフ要素］をクリックすると、
グラフ要素のメニューが閉じます。

4 ［グラフタイトル］が表示されるので、

5 タイトルを入力します。

Q 341 凡例の表示位置を変更したい！

A ［グラフ要素］の［凡例］から
表示位置を指定します。

凡例の表示位置を変更するには、［グラフ要素］をクリックして、［凡例］から表示位置を指定します。また、［グラフのデザイン］タブの［グラフ要素を追加］から変更することもできます。

1 グラフをクリックして、
［グラフ要素］をクリッ
クします。

2 ［凡例］にマウ
スポインターを
合わせて、ここ
をクリックし、

3 凡例の位置（ここでは［右］）を
クリックします。

再度、［グラフ要素］をクリックすると、
グラフ要素のメニューが閉じます。

4 凡例が右側に表示されます。

Q 342 グラフの数値を万単位で表示させたい!

A [軸の書式設定] 作業ウィンドウで [表示単位] を変更します。

縦 (値) 軸の表示単位を変更するには、縦 (値) 軸をクリックして、[書式] タブの [選択対象の書式設定] をクリックします。[軸の書式設定] 作業ウィンドウが表示されるので、[表示単位] で単位を指定します。単位は百から兆まで選択できます。

1 縦 (値) 軸をクリックして、

2 [書式] タブをクリックし、

3 [選択対象の書式設定] をクリックします。

4 [表示単位] の ⌄ をクリックして、[万] を選択し、

5 [閉じる] をクリックします。

6 縦 (値) 軸の数値の単位が変更されます。

7 文字の向きを変更しています (Q 339 参照)。

Q 343 グラフのオブジェクトを正確に選択したい!

A [書式] タブの [グラフ要素] を利用します。

グラフ要素を選択する際、要素をうまく選択できなかったり、要素の位置が正確にわからないときは、[書式] タブの [グラフ要素] を利用します。グラフ要素は系列ごとに選択することができます。

1 グラフをクリックして、[書式] タブをクリックし、

2 [グラフ要素] のここをクリックして、

3 目的のグラフ要素をクリックすると、

4 グラフの要素が選択されます。

Q 344 グラフにもとデータの 数値を表示させたい!

A [グラフ要素]から [データラベル]を表示します。

グラフのデータ系列にもとデータの値（データラベル）を表示すると、よりわかりやすくなります。データラベルを表示するには、グラフを選択すると表示される［グラフ要素］をクリックして、［データラベル］からデータラベルの表示位置を指定します。また、［グラフのデザイン］タブの［グラフ要素を追加］から［データラベル］を選択して表示することもできます。

1 グラフをクリックして、［グラフ要素］をクリックします。

2 ［データラベル］にマウスポインターを合わせて、ここをクリックし、

3 表示位置（ここでは［外側]）をクリックします。

再度、［グラフ要素］をクリックすると、グラフ要素のメニューが閉じます。

4 データラベルがグラフの外側に表示されます。

Q 345 データラベルで何が 表示できるか知りたい!

A ［データラベルの書式設定]作業 ウィンドウで確認できます。

データラベルには、もとデータの値のほかに系列名、分類名、凡例マーカーなどを表示させることができます。表示される内容は、［データラベルの書式設定］作業ウィンドウで確認できます。

ラベルの内容はグラフによって異なり、円グラフの場合は「パーセンテージ」を表示することができます。

［データラベルの書式設定］作業ウィンドウは、グラフを選択すると表示される［グラフ要素］をクリックして、［データラベル］の▶をクリックし、［その他のオプション]をクリックすると表示されます。

● データラベルに表示できる項目

円グラフの場合は、［パーセンテージ］を表示させることができます。

ラベルの位置を指定することもできます。

区切り文字を指定することもできます。

Q 346 データラベルを吹き出しで表示したい！

A [データラベル]から
[データの吹き出し]を設定します。

データラベルを吹き出しで表示するには、グラフを選択すると表示される[グラフ要素]をクリックして、[データラベル]から[データの吹き出し]をクリックします。また、[グラフのデザイン]タブの[グラフ要素を追加]から表示することもできます。
ここでは、特定のデータ系列だけに吹き出しのデータラベルを表示しましょう。吹き出しのデータラベルは、ドラッグして移動することもできます。

1 いずれかのデータ系列をクリックします。

2 [グラフ要素]をクリックして、

3 [データラベル]にマウスポインターを合わせて、ここをクリックし、

4 [データの吹き出し]をクリックします。

再度、[グラフ要素]をクリックすると、グラフ要素のメニューが閉じます。

5 データラベルが吹き出しで表示されます。

Q 347 グラフの目盛線の間隔を調節したい！

A [軸の書式設定]作業ウィンドウの
[軸のオプション]で調節します。

グラフの目盛線の間隔は、もとデータの値に合わせて自動的に設定されますが、[軸の書式設定]作業ウィンドウの[軸のオプション]で変更することができます。

1 縦(値)軸をクリックして、

2 [書式]タブをクリックし、

3 [選択対象の書式設定]をクリックします。

4 [単位]の[主]の数値を変更して、

5 [閉じる]をクリックします。

6 目盛線の間隔が変更されます。

1 基本
2 スライド
3 マスター
4 文字入力
5 アウトライン
6 図形
7 写真・イラスト
8 表
9 グラフ
10 アニメーション
11 切り替え
12 動画・音楽
13 プレゼン
14 印刷
15 保存・共有

重要度 ★★★　グラフ要素の表示方法

Q 348

グラフの目盛線の最小値を変更したい！

A [軸の書式設定]作業ウィンドウの [軸のオプション]で変更します。

グラフの目盛線の最小値は自動的に「0」に設定されますが、グラフの大小がわかりづらい場合は、[軸の書式設定]作業ウィンドウの [軸のオプション]で最小値を変更することができます。

1 縦 (値) 軸をクリックして、

2 [書式] タブをクリックし、

3 [選択対象の書式設定] をクリックします。

4 [最小値] の数値を変更して、

5 [閉じる]をクリックします。

軸の書式設定

軸のオプション　文字のオプション

▼ 軸のオプション
境界値
最小値(N)　500000.0　自動
最大値(X)　3.0E6　自動
単位
主(J)　500000.0　自動

6 目盛線の最小値が変更されます。

下半期支社別売上

札幌支社　盛岡支社　高崎支社　横浜支社

重要度 ★★★　棒グラフのテクニック

Q 349

棒グラフどうしの間隔を調節したい！

A [データ系列の書式設定]作業ウィンドウで調節します。

棒グラフを挿入すると、棒の間隔はグラフのサイズや棒の数などで自動的に調整されます。この間隔を変更するには、[データ系列の書式設定]作業ウィンドウの[系列のオプション]で設定します。[要素の間隔]を右にドラッグすると間隔が広く、左にドラッグすると狭くなります。

1 棒グラフの要素をクリックして、

2 [書式] タブをクリックし、

3 [選択対象の書式設定] をクリックします。

4 [要素の間隔] のここを右(あるいは左)にドラッグして、

5 [閉じる]をクリックします。

データ系列の書式設定

系列のオプション

▼ 系列のオプション
使用する軸
● 主軸 (下/左側)(P)
○ 第 2 軸 (上/右側)(S)
系列の重なり(O)　-27%
要素の間隔(W)　400%

6 棒の間隔が変更されます。

Q 350 棒グラフを1本だけ輝かせて目立たせたい!

A データ要素を選択して[図形の効果]で[光彩]を設定します。

いずれかのデータ系列をクリックすると、同じデータ系列のすべての棒が選択されます。そのあと、選択したい棒をクリックすると、クリックした棒だけが選択されます。その状態で、[書式]タブの[図形の効果]をクリックして、[光彩]を指定すると、特定の棒を輝かせることができます。

1 データ要素を選択して、[書式]タブをクリックします。

2 [図形の効果]をクリックして、

3 [光彩]にマウスポインターを合わせ、

4 目的の光彩をクリックすると、

5 選択したデータ要素に光彩が設定されます。

Q 351 絵グラフを作成したい!

A [データ系列の書式設定]作業ウィンドウを利用します。

データ系列はイラストや画像を使って表示することができます。データ系列をクリックして、[書式]タブの[選択対象の書式設定]をクリックすると表示される[データ系列の書式設定]作業ウィンドウで設定します。グラフに使用する画像は、あらかじめ用意しておきます。

1 [データ系列の書式設定]作業ウィンドウを表示して、[塗りつぶしと線]をクリックします。

2 [塗りつぶし(図またはテクスチャ)]をクリックし、

3 [画像ソース]の[挿入する]をクリックして、画像ファイルを指定します。

4 [積み重ね]をクリックしてオンにすると、

5 データ系列にイラストが積み重ねられた絵グラフになります。

重要度 ★★★　折れ線グラフのテクニック

Q 352 折れ線グラフの線の太さを変更したい！

A [データ系列の書式設定]作業ウィンドウで変更します。

折れ線グラフの線の太さを変更するには、データ系列をクリックして、[書式]タブの[選択対象の書式設定]をクリックします。[データ系列の書式設定]作業ウィンドウが表示されるので、[塗りつぶしと線]をクリックして設定します。

1 データ系列をクリックして、

2 [書式]タブをクリックし、

3 [選択対象の書式設定]をクリックします。

4 [塗りつぶしと線]をクリックして、

5 [幅]で数値を指定すると、

6 線の太さが変更されます。

重要度 ★★★　折れ線グラフのテクニック

Q 353 折れ線グラフにマーカーを付けたい！

A [データ系列の書式設定]作業ウィンドウを利用します。

データの値を示す部分を「マーカー」といいます。マーカーを付けずに作成した折れ線グラフにマーカーを付けるには、データ系列をクリックして、[書式]タブの[選択対象の書式設定]をクリックすると表示される[データ系列の書式設定]作業ウィンドウで設定します。マーカーは、丸やひし形などの形や大きさを設定することができます。

1 [データ系列の書式設定]作業ウィンドウを表示して、[塗りつぶしと線]をクリックし、

2 [マーカー]をクリックして、

3 [マーカーのオプション]をクリックします。

4 [組み込み]をクリックしてオンにし、

5 マーカーの種類とサイズを指定すると、

6 折れ線に指定したマーカーが設定されます。

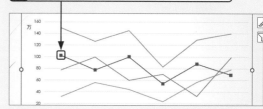

Q 354 折れ線グラフのマーカーと項目名を線で結びたい！

A ［グラフ要素を追加］の［線］から［降下線］を設定します。

折れ線グラフのマーカーと横（項目）軸を結ぶ線（降下線）を表示するには、グラフをクリックして、［グラフのデザイン］タブの［グラフ要素を追加］をクリックし、［線］から［降下線］をクリックします。

1 グラフをクリックして、［グラフのデザイン］タブをクリックします。

2 ［グラフ要素を追加］をクリックして、

3 ［線］にマウスポインターを合わせ、

4 ［降下線］をクリックすると、

5 折れ線グラフのマーカーと項目名を結ぶ線が表示されます。

Q 355 ローソク足を表示したい！

A ［グラフ要素］で［ローソク］をオンにします。

株価チャートでは「始値」「高値」「安値」「終値」を図形で表す「ローソク足」を表示できます。本体部分とヒゲと呼ばれる線で表し、ヒゲの先端が高値、ヒゲの末端が安値となります。

ローソク足を表示するには、グラフをクリックすると表示される［グラフ要素］をクリックして、［ローソク］をクリックします。また、［グラフのデザイン］タブの［グラフ要素を追加］から表示することもできます。

1 グラフをクリックして、

2 ［グラフ要素］をクリックし、

3 ［ローソク］をクリックすると、

4 ローソク足が表示されます。

再度、［グラフ要素］をクリックすると、グラフ要素のメニューが閉じます。

基本 1
スライド 2
マスター 3
文字入力 4
アウトライン 5
図形 6
写真・イラスト 7
表 8
グラフ 9
アニメーション 10
切り替え 11
動画・音楽 12
プレゼン 13
印刷 14
保存・共有 15

基本
1
スライド
2
マスター
3
文字入力
4
アウトライン
5
図形
6
写真・イラスト
7
表
8
グラフ
9
アニメーション
10
切り替え
11
動画・音楽
12
プレゼン
13
印刷
14
保存・共有
15

重要度 ★★★ 円グラフのテクニック

Q 356 円グラフを一部分だけ切り離して表示させたい！

A データ要素を選択してドラッグします。

円グラフの特定のデータ要素を目立たせたい場合は、切り離して表示すると効果的です。切り離したいデータ要素をクリックし、再度クリックすると、そのデータ要素のみが選択されます。選択したデータ要素をドラッグすると、切り離すことができます。

データ要素を選択してドラッグすると、切り離すことができます。

重要度 ★★★ 円グラフのテクニック

Q 357 円グラフにパーセンテージを表示させたい！

A ［データラベルの書式設定］作業ウィンドウで設定します。

円グラフに各系列のパーセンテージを表示するには、グラフをクリックして［グラフ要素］をクリックし、［データラベル］の ▶ をクリックして、［その他のオプション］をクリックします。［データラベルの書式設定］作業ウィンドウが表示されるので、［ラベルオプション］で設定します。

1 グラフをクリックして［グラフ要素］をクリックします。

2 ［データラベル］にマウスポインターを合わせて、ここをクリックし、

3 ［その他のオプション］をクリックします。

4 ［値］をクリックしてオフにします。

5 ［パーセンテージ］をクリックしてオンにし、

6 ［改行］を選択して、

7 ［ラベルの位置］を選択すると（ここでは［中央］）、

8 パーセンテージが各要素の中央に表示されます。

Q 358 棒グラフと折れ線グラフを組み合わせたい！

A [グラフの挿入] ダイアログボックスで [組み合わせ] を選択します。

棒グラフと折れ線グラフなど、異なる種類のグラフを組み合わせたグラフを「複合グラフ」といいます。複合グラフを作成するには、プレースホルダーの [グラフの挿入] をクリックすると表示される [グラフの挿入] ダイアログボックスの [組み合わせ] を選択します。

1 プレースホルダーの [グラフの挿入] をクリックして、

2 [組み合わせ] をクリックします。

3 [ユーザー設定の組み合わせ] をクリックして、

4 ここをクリックし、

5 グラフの種類を指定します。

6 異なる軸で数値を表したい系列の [第2軸] をクリックしてオンにし、

7 [OK] をクリックします。

8 グラフにするデータを入力して、

9 必要に応じてハンドルをドラッグし、範囲を修正します。

10 [閉じる] をクリックすると、複合グラフが作成されます。

11 クリックしてタイトルを入力し、

12 軸ラベルを追加します。

1 基本
2 スライド
3 マスター
4 文字入力
5 アウトライン
6 図形
7 写真・イラスト
8 表
9 グラフ
10 アニメーション
11 切り替え
12 動画・音楽
13 プレゼン
14 印刷
15 保存・共有

重要度 ★★★　応用的なグラフ

Q 359 グラフに第2軸を表示させたい！

A [グラフの種類の変更]ダイアログボックスを利用します。

グラフを作成したあとで第2軸を設定するには、第2軸に数値を表示したいデータ系列をクリックして、[グラフのデザイン]タブの[グラフの種類の変更]をクリックします。[グラフの種類の変更]ダイアログボックスが表示されるので、[組み合わせ]をクリックして設定します。

> 1 第2軸にする系列をクリックして、

> 2 [グラフのデザイン]タブの[グラフの種類の変更]をクリックします。

> 3 [組み合わせ]をクリックして、

> 4 グラフの種類を選択します。

> 5 [第2軸]をクリックしてオンにし、

> 6 [OK]をクリックします。

重要度 ★★★　応用的なグラフ

Q 360 Excelで作ったグラフを挿入したい！

A Excelで作成したグラフをコピーしてスライドに貼り付けます。

Excelで作成したグラフをPowerPointに貼り付けるには、[コピー]と[貼り付け]を利用します。貼り付けたグラフは、PowerPointで作成したグラフと同様に編集できます。

なお、貼り付けたグラフはスライドのテーマに合わせた形式になりますが、[貼り付けのオプション] [](Ctrl)を利用すると、貼り付ける形式を変更することができます。このとき、[貼り付け先テーマを使用しデータをリンク] か[元の書式を保持しデータをリンク] を選択すると、Excelのもとデータを編集した結果がPowerPointのグラフにも反映されます。

> 1 Excelを起動して、スライドに貼り付けるグラフをクリックし、

> 2 [ホーム]タブの[コピー]をクリックします。

> 3 PowerPointに切り替えて、貼り付けるスライドを表示し、

> 4 [ホーム]タブの[貼り付け]をクリックすると、

> 5 Excelのグラフがスライドに貼り付けられます。

> [貼り付けのオプション]をクリックすると、貼り付ける形式を変更できます。

アニメーションの
活用技!

1 基本
2 スライド
3 マスター
4 文字入力
5 アウトライン
6 図形
7 写真・イラスト
8 表
9 グラフ
10 アニメーション
11 切り替え
12 動画・音楽
13 プレゼン
14 印刷
15 保存・共有

重要度 ★★★ アニメーションの基本

Q 361 アニメーションについて知りたい!

A オブジェクトや文字に動きを付けることができます。

スライド上の図形や画像、グラフなどのオブジェクトや文字には、アニメーション効果を設定し、動きを付けることができます。スライドの切り替えに動きを付ける「画面切り替え効果」と組み合わせて使うと、スライドを印象的に演出することができます（画面切り替え効果は次の第11章で解説します）。

オブジェクトや文字に設定できるアニメーション効果には、大きく分けて以下のような4種類があり、それぞれに複数の効果が用意されています。一覧の下にある[その他の○○効果]をクリックすると、すべての効果が表示されます。

● 開始

オブジェクトや文字を表示させる際に設定します。発表者のタイミングに合わせて表示させると効果的です。

● 強調

表示されているオブジェクトや文字を強調させて目立たせます。文章やオブジェクトを注目させたいときに使用します。

● 終了

表示されているオブジェクトや文字を非表示にします。説明の終了に合わせて設定すると効果的です。

● アニメーションの軌跡

オブジェクトを軌跡に沿って自由に動かします。あらかじめ用意されている軌跡や、自分で描いた軌跡を使ってオブジェクトを動かすことができます。

● その他の効果

[その他の○○効果]をクリックすると、すべての効果が表示されます。

重要度 ★★★　アニメーションの基本

Q 362 アニメーションを設定したい!

A [アニメーション]タブの[アニメーション]で設定します。

アニメーション効果を設定するには、オブジェクトや文字を選択して、[アニメーション]タブをクリックし、アニメーションの一覧から目的のアニメーション効果を指定します。

アニメーション効果を設定すると、オブジェクトやプレースホルダーの左側にアニメーションの再生順序を示す「番号タグ」が表示されます。スライドのサムネイルには、[アニメーションの再生]アイコン ★ が表示されます。

なお、番号タグは、[アニメーション]タブをクリックしたときと、[アニメーションウィンドウ]を表示したときのみ表示されます。　参照▶Q 379

● 文字にアニメーション効果を設定する

1 プレースホルダーの枠をクリックするか、テキストをドラッグして選択します。

2 [アニメーション]タブをクリックして、

3 [アニメーション]の[その他]をクリックし、

4 目的のアニメーション効果をクリックすると、

5 アニメーション効果が設定され、番号タグが表示されます。

[アニメーションの再生]アイコンが表示されます。

● オブジェクトにアニメーション効果を設定する

1 図形をクリックします。

2 左の手順**2**、**3**の順に操作して、目的のアニメーション効果をクリックすると、

3 アニメーション効果が設定され、番号タグが表示されます。

[アニメーションの再生]アイコンが表示されます。

1 基本
2 スライド
3 マスター
4 文字入力
5 アウトライン
6 図形
7 写真・イラスト
8 表
9 グラフ
10 アニメーション
11 切り替え
12 動画・音楽
13 プレゼン
14 印刷
15 保存・共有

重要度 ★★★　アニメーションの基本

Q363 アニメーションの設定は印刷に影響する？

A 印刷には影響しません。

印刷はアニメーションが設定されていない状態の表示でされるので、印刷には影響しません。たとえば、消えていたテキストが浮かび上がるアニメーションを設定しても、印刷にはテキストが表示されます。また、オブジェクトや文字にアニメーション効果を設定すると、アニメーションの再生順序を示す番号タグが表示されますが、印刷はされません。

1 アニメーション効果を設定すると、番号タグが表示されますが、

2 印刷はされません。

重要度 ★★★　アニメーションの基本

Q364 アニメーションの方向を変更したい！

A [アニメーション]タブの[効果のオプション]から変更します。

アニメーションの種類によっては、オブジェクトや文字が動く方向を変更することができます。アニメーション効果が設定されているオブジェクトや文字を選択して、[アニメーション]タブの[効果のオプション]をクリックし、目的の方向を指定します。
[効果のオプション]に表示される項目は、設定しているアニメーションの種類によって異なります。

1 [アニメーション]タブをクリックして、

アニメーション効果（ここでは[スライドイン]）を設定しています。

2 方向を変更したいアニメーションの番号タグをクリックします。

3 [効果のオプション]をクリックして、

初期設定では、[下から]に設定されています。

4 目的の方向をクリックすると、

5 アニメーションの方向が変更されます。

Q 365 設定したアニメーションを プレビューで確認したい!

A [アニメーション]タブの [プレビュー]をクリックします。

設定したアニメーション効果を確認するには、アニメーション効果を設定したスライドをクリックして、[アニメーション]タブの[プレビュー]をクリックします。また、スライドのサムネイルに表示されている[アニメーションの再生]アイコン ★ をクリックすると、アニメーション効果と切り替え効果がいっしょにプレビューされます。

1 アニメーション効果を設定したスライドをクリックして、

2 [アニメーション]タブをクリックし、

3 [プレビュー]をクリックすると、

4 アニメーションが再生されます。

Q 366 アニメーション効果を 削除したい!

A アニメーション効果を [なし]に設定します。

設定したアニメーション効果を削除するには、削除するアニメーション効果の番号タグをクリックして、[アニメーション]タブの[アニメーション]の一覧から[なし]を指定します。
また、番号タグをクリックして Delete を押しても、削除することができます。

1 [アニメーション]タブをクリックして、

2 効果を削除するアニメーションの番号タグをクリックします。

3 [アニメーション]の[その他]をクリックして、

4 [なし]をクリックすると、

5 アニメーション効果が削除され、番号タグも消えます。

1 基本
2 スライド
3 マスター
4 文字入力
5 アウトライン
6 図形
7 写真・イラスト
8 表
9 グラフ
10 アニメーション
11 切り替え
12 動画・音楽
13 プレゼン
14 印刷
15 保存・共有

重要度 ★★★　アニメーションの基本

Q 367 アニメーションのプレビューを手動に設定したい！

A [プレビュー]の[自動プレビュー]をオフにします。

初期設定では、アニメーション効果は設定したり変更したりしたあとに自動的にプレビューされます。自動的にプレビューされないようにするには、[アニメーション]タブの[プレビュー]をクリックし、[自動プレビュー]をクリックしてオフにします。

1 [プレビュー]をクリックして、

2 [自動プレビュー]をクリックしてオフにします。

重要度 ★★★　アニメーションの再生方法

Q 368 アニメーションの速度を調節したい！

A [アニメーション]タブの[継続時間]で調節します。

アニメーションの速度は、設定しているアニメーション効果によって異なります。再生速度を変更したい場合は、[アニメーション]タブの[継続時間]で時間を指定します。数値が大きいほど速度が遅くなります。
なお、[遅延]の時間を指定すると、1つのアニメーション効果が終了後、指定した時間が経過してから、次の効果が再生されるようになります。

[継続時間]でアニメーションの速度を指定します。

[遅延]で再生開始までの時間を指定します。

重要度 ★★★　アニメーションの再生方法

Q 369 スライド切り替え時にアニメーションも再生したい！

A 再生のタイミングを[直前の動作と同時]に設定します。

初期設定では、アニメーション効果の開始のタイミングは、[クリック時]に設定されており、クリックでアニメーションを再生させる必要があります。スライドが切り替わったと同時にアニメーションを自動で再生させたい場合は、[アニメーション]タブの[開始]を[直前の動作と同時]に設定します。
なお、スライドに画面切り替え効果が設定されている場合は、切り替え効果の動きが終わった直後にアニメーションが再生されます。

1 [アニメーション]タブをクリックして、

2 番号が「1」のアニメーションの番号タグをクリックします。

3 [開始]のここをクリックして、

4 [直前の動作と同時]をクリックすると、

5 再生のタイミングが変更されます。

タグ番号が「0」に変わります。

重要度 ★★★　アニメーションの再生方法

Q 370 アニメーションを繰り返し再生させたい!

A 効果のオプションの[タイミング]で[繰り返し]を設定します。

アニメーション効果を繰り返し再生させたい場合は、繰り返したいアニメーションの番号タグをクリックして、[アニメーション]グループの ⑤ をクリックします。設定した効果のダイアログボックスが表示されるので、[タイミング]をクリックして、[繰り返し]から繰り返す回数、あるいは条件を指定します。ただし、[表示]など繰り返しを設定できない効果もあります。

1 [アニメーション]タブをクリックして、

2 繰り返し再生させたいアニメーションの番号タグをクリックし、

3 [アニメーション]のここをクリックします。

4 [タイミング]をクリックして、

5 [繰り返し]のここをクリックし、

6 繰り返す回数、あるいは条件をクリックして、

7 [OK]をクリックします。

重要度 ★★★　アニメーションの再生方法

Q 371 アニメーションが終わったらもとの表示に戻したい!

A 効果のオプションで[再生が終了したら巻き戻す]をオンにします。

終了のアニメーションの再生後などに、再生前の表示と場所に自動的に戻すには、設定を変更したいアニメーションの番号タグをクリックして、[アニメーション]タブの[アニメーション]グループの ⑤ をクリックします。設定した効果のダイアログボックスが表示されるので、[タイミング]の[再生が終了したら巻き戻す]をオンにします。

1 [アニメーション]タブをクリックして、

2 設定を変更したいアニメーションの番号タグをクリックし、

3 [アニメーション]のここをクリックします。

4 [タイミング]をクリックして、

（スライドインダイアログ）
効果　タイミング　テキスト アニメーション
開始(S): クリック時
遅延(D): 0 秒
継続時間(N): 0.5 秒 (さらに速く)
繰り返し(R): (なし)
☑ 再生が終了したら巻き戻す(W)
開始のタイミング(T) ▼

5 [再生が終了したら巻き戻す]をクリックしてオンにし、

6 [OK]をクリックします。

重要度 ★★★ アニメーションの再生方法

Q 372 アニメーションを連続して 自動で再生したい！

A アニメーションのタイミングを [直前の動作の後]に設定します。

1つ目のオブジェクトのアニメーションが再生された あとに、2つ目のオブジェクトのアニメーションが自 動的に再生されるようにするには、2つ目のオブジェ クトの番号タグをクリックして、[アニメーション]タ ブの[開始]を[直前の動作の後]に設定します。

1 [アニメーション]タブをクリックして、

2 アニメーションを設定した2つ目のオブジェクトの 番号タグをクリックします。

3 [開始]のここをクリックして、

4 [直前の動作の後]をクリックすると、

5 アニメーションが連続して 再生されるように設定されます。

1つ目のアニメーションと同じタグ番号に変わります。

重要度 ★★★ アニメーションの組み合わせ

Q 373 複数のアニメーションを 設定したい！

A [アニメーション]タブの [アニメーションの追加]を利用します。

すでにアニメーション効果が設定されているオブジェ クトに、さらにアニメーション効果を追加することが できます。アニメーション効果が設定されているオブ ジェクトをクリックして、[アニメーション]タブの[ア ニメーションの追加]から組み合わせたいアニメー ションを指定します。

1 [アニメーション]タブをクリックして、

2 アニメーションを追加したい オブジェクトをクリックします。

3 [アニメーションの追加]をクリックして、

4 追加したいアニメーション効果を クリックすると、

5 アニメーション効果が追加されます。

Q 374 複数のアニメーションを同時に再生したい！

A [開始]を[直前の動作と同時]に設定します。

1つのオブジェクトに設定した複数のアニメーション効果を同時に再生したり、複数のオブジェクトのアニメーション効果を同時に再生したりするには、[アニメーション]タブの[開始]のタイミングを[直前の動作と同時]に設定します。

● 1つのオブジェクトに設定した複数のアニメーションを同時に再生する

1 [アニメーション]タブをクリックして、

2 複数のアニメーション効果を設定したオブジェクトをクリックします。

3 [開始]のここをクリックして、

4 [直前の動作と同時]をクリックすると、

5 アニメーションのタイミングが変更され、アニメーションが同時に再生されるようになります。

● 複数のオブジェクトに設定したアニメーションを同時に再生する

1 [アニメーション]タブをクリックして、

2 アニメーション効果を設定した2つ目のオブジェクトをクリックします。

3 [開始]のここをクリックして、

4 [直前の動作と同時]をクリックします。

5 ほかのオブジェクトにも手順**1**～**4**の操作を実行します。

6 すべてのオブジェクトのタグ番号が同じ数字になり、アニメーションが同時に再生されるようになります。

1 基本
2 スライド
3 マスター
4 文字入力
5 アウトライン
6 図形
7 写真・イラスト
8 表
9 グラフ
10 アニメーション
11 切り替え
12 動画・音楽
13 プレゼン
14 印刷
15 保存・共有

重要度 ★★★　アニメーションの組み合わせ

Q 375 アニメーションの 再生順序を変更したい！

A [アニメーション]タブの [アニメーションの順序変更]で変更します。

アニメーション効果は、効果を設定した順に再生されます。再生順序を変更したい場合は、順序を変更したいアニメーションを選択して、[アニメーション]タブの[アニメーションの順序変更]で設定します。

1 [アニメーション]タブをクリックして、

2 順序を変更したいアニメーションの番号タグをクリックし、

3 [順番を前にする]か [順番を後にする]をクリックすると（ここでは[順番を前にする]）、

4 アニメーションの再生順序が変更されます。

重要度 ★★★　アニメーションの組み合わせ

Q 376 アニメーションを コピーしたい！

A [アニメーションのコピー／ 貼り付け]を利用します。

複数のオブジェクトに同じアニメーション効果を設定したい場合、1つずつ設定するのは手間がかかります。この場合は、[アニメーション]タブの[アニメーションのコピー／貼り付け]をクリックして、アニメーション効果をコピーすると効率的です。

1 [アニメーション]タブをクリックして、

2 アニメーション効果が設定されているオブジェクトをクリックし、

3 [アニメーションのコピー／貼り付け]をクリックします。

4 貼り付け先のオブジェクトをクリックすると、

5 アニメーション効果が貼り付けられます。

Q 377 複数のオブジェクトに すばやくコピーしたい！

A [アニメーションのコピー／ 貼り付け]をダブルクリックします。

アニメーションをコピーするとき、[アニメーション] タブの[アニメーションのコピー／貼り付け]をダブル クリックすると、連続して貼り付けることができます。 連続貼り付けを終了するには、Escを押すか、再度[ア ニメーションのコピー／貼り付け]をクリックします。

1 [アニメーション] タブをクリックして、

2 アニメーション効果 が設定されているオ ブジェクトをクリック します。

3 [アニメーションの コピー／貼り付け]を ダブルクリックして、

4 貼り付け先のオブジェクトをクリックすると、 アニメーション効果が貼り付けられます。

5 マウスポインターの形が ⟨ の ままなので、 続けて貼り付けることができます。

6 [アニメーションのコピー／貼り付け]を クリックして、貼り付けを終了します。

Q 378 アニメーションの再生中に 次の再生を開始したい！

A 開始のタイミングの [直前の動作と 同時]と[遅延]を組み合わせます。

直前のアニメーションの再生中に、次のアニメーショ ンが再生されるように設定するには、2つ目のオブ ジェクトをクリックして、[アニメーション]タブの[開 始]を[直前の動作と同時]に設定します。続いて、1つ 目のアニメーションの[継続時間]の時間内に収まる よう、2つ目のアニメーションの再生が始まるまでの 時間を[遅延]で設定します。

1 [アニメーション] タブをクリックして、

2 アニメーション効果を設定した 2つ目のオブジェクトをクリックします。

3 [開始]のここをクリックして、

4 [直前の動作と同時] をクリックします。

5 [遅延]で再生が始まるまでの時間を指定します。

基本
スライド
マスター
文字入力
アウトライン
図形
写真・イラスト
表
グラフ
アニメーション
切り替え
動画・音楽
プレゼン
印刷
保存・共有

1 2 3 4 5 6 7 8 9 10 11 12 13 14 15

基本 1
スライド 2
マスター 3
文字入力 4
アウトライン 5
図形 6
写真・イラスト 7
表 8
グラフ 9
アニメーション 10
切り替え 11
動画・音楽 12
プレゼン 13
印刷 14
保存・共有 15

重要度 ★★★　アニメーションの組み合わせ

Q 379 アニメーションを詳細に設定したい！

A ［アニメーションウィンドウ］で設定します。

［アニメーション］タブの［アニメーションウィンドウ］をクリックすると、［アニメーションウィンドウ］が表示されます。このウィンドウを利用すると、アニメーションの順序の変更や、タイミング、時間配分の調節などを詳細に設定することができます。

1 ［アニメーション］タブをクリックして、

2 ［アニメーションウィンドウ］をクリックすると、

3 ［アニメーションウィンドウ］が表示されます。

4 アニメーション効果をクリックして、ここをクリックすると、

5 設定変更を行うためのメニューが表示されます。

6 ここをクリックすると、アニメーションの再生順序を変更できます。

7 ここをドラッグすると、アニメーションの継続時間を調節できます。

重要度 ★★★　軌跡のアニメーション

Q 380 オブジェクトを軌跡に沿って動かしたい！

A ［アニメーション］の［アニメーションの軌跡］を利用します。

オブジェクトに［アニメーションの軌跡］を設定すると、指定した軌跡に沿ってオブジェクトを移動させることができます。軌跡とは、オブジェクトが通る道筋のことです。

1 オブジェクトをクリックして、［アニメーション］タブの［アニメーション］の［その他］をクリックし、

ここで軌跡を指定することもできます。

2 ［その他のアニメーションの軌跡効果］をクリックします。

3 目的のアニメーションの軌跡をクリックして、

4 ［OK］をクリックすると、

5 アニメーションの軌跡が設定されます。

重要度 ★★★　軌跡のアニメーション

Q 381 アニメーションの軌跡を編集したい！

A アニメーションの軌跡をクリックして、ハンドルをドラッグします。

設定したアニメーションの軌跡をクリックすると、軌跡の周囲にハンドル○が表示されます。ハンドルをドラッグすると軌跡のサイズを変更することができます。軌跡をドラッグすると、オブジェクトが動く位置を移動させることができます。

また、[アニメーション]タブの[効果のオプション]をクリックして、[逆方向の軌跡]をクリックすると、軌跡の方向を逆にすることができます。

1 アニメーションの軌跡をクリックすると、ハンドルが表示されます。

2 ハンドルをドラッグすると、

3 軌跡のサイズを変更することができます。

重要度 ★★★　軌跡のアニメーション

Q 382 アニメーションの軌跡を自分で自由に設定したい！

A [ユーザー設定パス]をクリックして軌跡を指定します。

アニメーションの軌跡を自分で設定したい場合は、オブジェクトをクリックして、アニメーションの一覧から[ユーザー設定パス]をクリックします。マウスポインターの形が╋に変わるので、マウスをドラッグしながら図形を移動させる軌跡を描き、終点にしたい位置でダブルクリックします。

1 オブジェクトをクリックして、[アニメーション]タブの[アニメーション]の[その他]▽をクリックし、

2 [ユーザー設定パス]をクリックします。

3 マウスをドラッグしながら図形を移動させる軌跡を描き、

4 終点でダブルクリックすると、

5 アニメーションの軌跡を描くことができます。

重要度 ★★★　アニメーションの詳細設定

Q 383 アニメーションの再生後に 文字の色を変えたい！

A [アニメーションの後の動作]で フォントの色を設定します。

文字にアニメーション効果を設定している場合、アニメーションの再生後に文字の色を変えることができます。アニメーション効果の番号タグをクリックして、設定した効果のダイアログボックスを表示し、フォントの色を指定します。

また、[アニメーションの追加]から[強調]の[フォントの色]をクリックし、[効果のオプション]をクリックしても文字の色を変えることができます。

1 [アニメーション]タブをクリックして、

2 文字色を変えたい アニメーションの 番号タグをクリックし、

3 [アニメーション] のここを クリックします。

4 [アニメーションの後の動作]のここを クリックしてフォントの色を選択し、

5 [OK]をクリックすると、

6 アニメーションの再生後に文字色が 変わるように設定されます。

フラワーセンターフェスタ2023開催

重要度 ★★★　アニメーションの詳細設定

Q 384 アニメーションの再生後に オブジェクトを消したい！

A 効果のオプションの[アニメーション の後の動作]で設定します。

アニメーションの再生後にオブジェクトを消したい場合は、アニメーション効果を設定したオブジェクトをクリックし、設定した効果のダイアログボックスを表示して設定します。複数のアニメーション効果を設定している場合は、最後に再生される効果の番号タグをクリックしてから設定します。

また、[アニメーションの追加]から[クリア]などオブジェクトが消えるような終了の効果を設定しても、オブジェクトを消すことができます。

1 [アニメーション]タブをクリックして、

2 アニメーション効果を 設定したオブジェクト をクリックし、

3 [アニメーション] のここを クリックします。

4 [アニメーションの後の動作]の ここをクリックして、

5 [アニメーションの後で非表示にする]をクリックし、

6 [OK]をクリックすると、

7 アニメーションの再生後に オブジェクトが非表示になります。

Q 385 アニメーションに効果音を付けたい！

A 効果のオプションの [サウンド] でサウンドを指定します。

アニメーションの再生時に効果音を付けたい場合は、効果音を付けたいアニメーションの番号タグをクリックして、[アニメーション] タブの [アニメーション] グループの ⬜ をクリックします。ダイアログボックスが表示されるので、[サウンド] で設定します。サウンドは、あらかじめ用意されている中から選択することができますが、手順 **5** で [その他のサウンド] をクリックすると、パソコンに保存されている音声データを利用することができます。

1 [アニメーション] タブをクリックして、

2 効果音を付けたいアニメーションの番号タグをクリックし、

3 [アニメーション] のここをクリックします。

4 [サウンド] のここをクリックして、

5 使用したい効果音をクリックし、

6 [OK] をクリックすると、

7 アニメーションに効果音が設定されます。

Q 386 アニメーションの滑らかさを調節したい！

A [滑らかに開始]や[滑らかに終了]で時間を設定します。

[スライドイン] などのオブジェクトが移動するアニメーションでは、動きの滑らかさを調節できます。滑らかさを調節するには、アニメーション効果の番号タグをクリックして、[アニメーション] タブの [アニメーション] グループの ⬜ をクリックします。ダイアログボックスが表示されるので、[滑らかに開始]や[滑らかに終了]の時間を設定します。

1 [アニメーション] タブをクリックして、

2 設定を変更したいアニメーションの番号タグをクリックし、

3 [アニメーション] のここをクリックします。

4 [滑らかに開始] (あるいは [滑らかに終了]) の時間を設定して、

5 [OK] をクリックすると、

6 アニメーションの滑らかさが調節されます。

基本 1 / スライド マスター 2 / 3 / 文字入力 4 / アウトライン 5 / 図形 6 / 写真・イラスト 7 / 表 8 / グラフ 9 / アニメーション 10 / 切り替え 11 / 動画・音楽 12 / プレゼン 13 / 印刷 14 / 保存・共有 15

1 基本
2 スライド
3 マスター
4 文字入力
5 アウトライン
6 図形
7 写真・イラスト
8 表
9 グラフ
10 アニメーション
11 切り替え
12 動画・音楽
13 プレゼン
14 印刷
15 保存・共有

重要度 ★★★　アニメーションの詳細設定

Q 387 激しくぶれながらアニメーションを再生させたい！

A 効果のオプションの [急に終了]で時間を設定します。

[スライドイン]などのアニメーションでは、激しくぶれるなどの大きな動きが設定できます。アニメーションのぶれを強調したい場合は、設定を変更したいアニメーションの番号タグをクリックして、[アニメーション]タブの[アニメーション]グループの □ をクリックします。ダイアログボックスが表示されるので、[急に終了]の時間を設定します。

1 [アニメーション] タブをクリックして、

2 設定を変更したいアニメーションの番号タグをクリックし、

3 [アニメーション]のここをクリックします。

4 [急に終了]で時間を設定して、

5 [OK]をクリックすると、

6 アニメーション効果のぶれが強調されます。

重要度 ★★★　オブジェクトごとの設定

Q 388 単語ごと／文字ごとにアニメーションを設定したい！

A [テキストの動作]を単語単位や 文字単位に設定します。

アニメーション効果を設定したテキストは、初期設定ではすべての文字が同時に動作しますが、単語や文字単位で動きを付けることもできます。設定を変更したいアニメーションの番号タグをクリックし、設定した効果のダイアログボックスを表示して[テキストの動作]を指定します。

1 [アニメーション] タブをクリックして、

2 設定を変更したいアニメーションの番号タグをクリックし、

3 [アニメーション]のここをクリックします。

4 [テキストの動作]のここをクリックして、

5 [単語単位で表示] あるいは [文字単位で表示] をクリックします。

6 次の文字が表示されるタイミングを指定して、

7 [OK]をクリックすると、

8 アニメーション効果が単語や文字単位で表示されるようになります。

Q 389 箇条書きを1行ずつ表示させたい!

A 箇条書きにアニメーション効果を設定すると、1行ずつ表示されます。

箇条書きのテキストにアニメーション効果([表示]以外)を設定すると、初期設定では1行ずつアニメーション効果が設定されます。

また、アニメーションを設定したプレースホルダーを選択し、[アニメーション]タブの[継続時間]で時間を指定すると、箇条書き全体のアニメーション効果の速度を調整できます。
参照▶Q 368

1 アニメーション効果を設定するプレースホルダーを選択して、

2 [アニメーション]タブをクリックします。

3 [アニメーション]の[その他]をクリックして、

4 アニメーション効果をクリックすると、

5 箇条書きに1行ずつアニメーション効果が設定されます。

効果を表示する順に番号タグが表示されます。

Q 390 箇条書きを下から順番に表示させたい!

A [テキストアニメーション]の[表示順序を逆にする]をオンにします。

箇条書きに設定したアニメーション効果は、初期設定では上から順に表示されます。これを下から順に表示させたい場合は、アニメーション効果を設定したプレースホルダーを選択し、設定した効果のダイアログボックスを表示して、[テキストアニメーション]で[表示順位を逆にする]をオンにします。

1 [アニメーション]タブをクリックして、

2 アニメーション効果が設定されたプレースホルダーを選択し、

3 [アニメーション]のここをクリックします。

4 [テキストアニメーション]をクリックして、

5 [表示順序を逆にする]をクリックしてオンにし、

6 [OK]をクリックすると、

7 箇条書きが下から順番に表示されるようになります。

重要度 ★★★　オブジェクトごとの設定

Q 391 段落を順番に表示させたい！

A 段落レベルを設定した段落に
アニメーション効果を設定します。

段落レベルの設定されたテキストにアニメーション効果を設定すると、初期設定では段落レベルごとにアニメーション効果が設定されます。　参照▶Q 389

> 段落レベルの設定されたテキストにアニメーション効果を設定すると、段落ごとに効果が設定されます。

重要度 ★★★　オブジェクトごとの設定

Q 392 図形内の文字だけに
アニメーションを付けたい！

A [添付されている図を動かす]を
オフにします。

文字の入力された図形にアニメーション効果を設定すると、初期設定では図形と文字が同時に再生されます。アニメーション効果を文字だけに設定したい場合は、効果を設定した図形をクリックして、[アニメーション]タブの[アニメーション]グループの ⬒ をクリックし、表示されるダイアログボックスの[テキストアニメーション]で設定します。

> [テキストアニメーション]の[添付されている図を動かす]をクリックしてオフにします。

重要度 ★★★　オブジェクトごとの設定

Q 393 グラフの背景にまで
アニメーションが付いてしまう！

A 初期設定ではグラフ全体に
アニメーション効果が設定されます。

グラフにアニメーション効果を設定すると、初期設定ではグラフ全体が[1つのオブジェクトとして]表示されるように設定されます。アニメーション効果はグラフ全体だけでなく、系列別や項目別、要素別に設定することもできますが、いずれもグラフの背景が最初に表示されます。
グラフの背景にアニメーション効果を設定したくない場合は、次のQ 394を参照してください。

1 [アニメーション]タブをクリックして、

2 アニメーション効果が設定されたグラフの番号タグをクリックします。

↓

3 [効果のオプション]をクリックすると、

4 [系列別]や[項目別][要素別]にアニメーション効果を設定することもできます。

Q 394 グラフの項目ごとに アニメーションを再生したい！

A 効果のオプションで [項目別] を指定します。

アニメーション効果は、グラフ全体に設定するほかに、グラフの系列別や項目別、要素別に設定することもできます。また、グラフの軸や目盛、凡例などにアニメーション効果を設定したくない場合は、それらが表示されている状態からアニメーションを再生させることもできます。

グラフの項目ごとにアニメーションを再生するには、グラフ全体にアニメーション効果を設定したあと、項目ごとに再生されるように変更します。棒グラフの表示方法は5種類用意されています（右下表参照）。

1 [アニメーション] タブをクリックして、

2 アニメーション効果が設定されたグラフの番号タグをクリックし、

3 [アニメーション]のここをクリックします。

4 [グラフアニメーション] をクリックして、

5 [グループグラフ]のここをクリックし、

6 [項目別] をクリックします。

7 [グラフの背景を描画してアニメーションを開始]をクリックしてオフにし、

8 [OK] をクリックすると、

9 グラフの背景があらかじめ表示された状態で、グラフが項目ごとに表示されるようになります。

● グラフの表示方法

表示方法	説　明
1つのオブジェクトとして	グラフ全体が1つのオブジェクトとして再生されます。
系列別	系列ごとに再生されます。
項目別	項目ごとに再生されます。
系列内の要素別	同じ系列のデータが項目別に再生されます。
項目内の要素別	1つの項目内に2系列以上のデータがある場合、項目内で系列が個別に再生されます。

基本　1
スライド　2
マスター　3
文字入力　4
アウトライン　5
図形　6
写真・イラスト　7
表　8
グラフ　9
アニメーション　10
切り替え　11
動画・音楽　12
プレゼン　13
印刷　14
保存・共有　15

基本
1
スライド
2
マスター
3
文字入力
4
アウトライン
5
図形
6
写真・イラスト
7
表
8
グラフ
9
アニメーション
10
切り替え
11
動画・音楽
12
プレゼン
13
印刷
14
保存・共有
15

重要度 ★★★　オブジェクトごとの設定

Q 395 SmartArtグラフィックの図形を順番に表示させたい!

A [効果のオプション]で[個別]を指定します。

SmartArtグラフィックにもアニメーション効果を設定することができます。アニメーション効果は、SmartArtグラフィック全体を1つのオブジェクトとして再生したり、各図形を個別に再生したりできるので、目的に合わせて設定するとよいでしょう。

SmartArtグラフィックの図形を順番に再生するには、SmartArtグラフィック全体にアニメーション効果を設定したあと、[効果のオプション]で個別に表示されるように設定します。表示方法はSmartArtの種類によって異なりますが、おもに右下表の5種類が用意されています。

1 SmartArtグラフィックをクリックして、

2 [アニメーション]タブをクリックし、

3 [アニメーション]の[その他]をクリックして、

4 目的のアニメーション効果をクリックします。

5 [効果のオプション]をクリックして、

6 [個別]をクリックすると、

7 SmartArtの図形が個別に表示されるように設定されます。

● SmartArtの表示方法

表示方法	説　明
1つのオブジェクトとして	SmartArtグラフィック全体が1つのオブジェクトとして再生されます。
すべて同時	SmartArtグラフィックのすべての図形が同時に再生されます。
個別	SmartArtグラフィックの各図形が順番に再生されます。
レベル（一括）	第1レベルの図形が同時に再生されたあと、第2レベルの図形が同時に再生されます。
レベル（個別）	第1レベルの図形が順番に再生されたあと、第2レベルの図形が順番に再生されます。

Q 396 SmartArtグラフィックの階層を順番に表示させたい！

A [効果のオプション]で[レベル（一括）]を指定します。

階層構造のSmartArtグラフィックは、階層を順番に表示させることができます。階層ごとに表示させるには、アニメーション効果を設定し、[効果のオプション]をクリックして、[レベル（一括）]を指定します。同じ階層内でさらに図形を1つずつ表示させたい場合は、[レベル（個別）]を指定します。

1 SmartArtグラフィックの階層構造図を作成して、

2 アニメーション効果を設定します。

3 [アニメーション]タブの[効果のオプション]をクリックして、

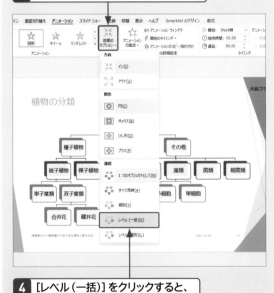

4 [レベル（一括）]をクリックすると、

5 SmartArtグラフィックの階層が順番に表示されるように設定されます。

Q 397 文章を行頭から表示させたい！

A [ワイプ]の[効果のオプション]で[左から]を指定します。

文章を行頭から表示させたい場合は、文章に[ワイプ]を設定したあと、[効果のオプション]で[左から]を指定します。文章が行頭から徐々に表示されます。

1 プレースホルダーにアニメーション効果の[ワイプ]を設定します。

2 [効果のオプション]をクリックして、

3 [左から]をクリックすると、

4 文章が行頭から表示されるように設定されます。

> フラワーセンター大船植物園は、観賞植物等の収集、増殖、展示等を行うことにより、花き園芸の振興及び植物に関する知識の普及を図るとともに、併せて県民に植物に親しむ場を提供するための施設として昭和36年に設置され、50年以上が経過し老朽化が進行してきました。
>
> そこで、平成30年4月からの指定管理者
> アップを図るとともに、施設の老朽化対
> になりました。

Q 398 文字が浮かんで消えるように表示させたい！

重要度 ★★★ アニメーションの活用例

A 開始に [ズーム]、終了に [フェード]を設定します。

文字が浮かんで消えるように表示させたい場合は、テキストのアニメーション効果の [開始] を [ズーム] に設定します。続いて、[アニメーションの追加] で [終了] の [フェード] を設定し、[フェード]のタイミングを [直前の動作の後] に設定します。

1 プレースホルダーを選択して、[アニメーション] タブの [アニメーション] の [その他] をクリックし、

2 [開始]の[ズーム]をクリックします。

3 [アニメーションの追加]をクリックして、

4 [終了]の[フェード]をクリックします。

5 [フェード] の [開始] を [直前の動作の後] に設定すると、

6 文字が浮かんで消えるような効果が設定されます。

Q 399 目立たせたい文字や図形の色が変わるようにしたい！

重要度 ★★★ アニメーションの活用例

A アニメーション効果を[フォントの色]や[塗りつぶしの色]に設定します。

目立たせたい文字や図形の色が変わるようにするには、文章の場合は [フォントの色] または [ブラシの色]、図形の場合は [塗りつぶしの色] のアニメーション効果を設定します。設定される色はテーマやバリエーションに基づきますが、[効果のオプション] で変更することができます。
ここでは、文章の色が変わるように設定しますが、図形の場合も同様の操作で実行できます。

1 プレースホルダーにアニメーション効果（ここでは [ブラシの色]）を設定します。

2 文章の番号タグをクリックして、

3 [効果のオプション]をクリックし、

4 目的のブラシの色をクリックすると、

5 文字や図形の色が変わるように設定されます。

① 1967年神奈川県農業試験場跡地に開設
② 農業試験場で研究・改良された植物が展示されている
③ 開設当時に国内としては数が少なかった国内外の観賞植物を展示
④ 自生種よりも改良品種や園芸品種が多い
⑤ バラ園、梅園には各地から集められた多品種が植えられている

Q 400

目立たせたくない個所を半透明に変化させたい！

A アニメーション効果を[透過性]に設定します。

オブジェクトや文字を半透明にするには、オブジェクトや文字を選択して、アニメーションの一覧から[透過性]を指定します。[効果のオプション]をクリックすると、透明度を変更することができます。

1 オブジェクトを選択してアニメーション効果の[透過性]を設定します。

2 [効果のオプション]をクリックして、

3 目的の透明度をクリックすると、

4 オブジェクトや文字が半透明になる効果が設定されます。

Q 401

エンドロールのように文字を流したい！

A アニメーション効果を設定して、[継続時間]を調節します。

エンドロールのように文字がゆっくり流れる効果を設定したい場合は、プレースホルダーのサイズをスライドいっぱいに広げ、テキストにアニメーション効果の[スライドイン]を設定します。[継続時間]は長めに設定するとよいでしょう。

1 テキストを入力したプレースホルダーをドラッグして、スライドいっぱいに広げます。

2 [アニメーション]タブをクリックして、

3 アニメーション効果（ここでは[スライドイン]）を設定し、

4 [継続時間]を長めに設定すると、

5 エンドロールのような効果が設定されます。

基本 1
スライド マスター 2
文字入力 3
アウトライン 4
図形 5
写真・イラスト 6
表 7
グラフ 8
アニメーション 9
切り替え 10
動画・音楽 11
プレゼン 12
印刷 13
保存・共有 14
15

235

基本 1
スライド 2
マスター 3
文字入力 4
アウトライン 5
図形 6
写真・イラスト 7
表 8
グラフ 9
アニメーション 10
切り替え 11
動画・音楽 12
プレゼン 13
印刷 14
保存・共有 15

重要度 ★★★　アニメーションの活用例

Q 402 拡大したあと、もとの大きさに戻るようにしたい！

A ［拡大／収縮］を追加して、タイミングを［直前の動作の後］に設定します。

オブジェクトを拡大したあとに、もとの大きさに戻るようにするには、オブジェクトや文字に［拡大／収縮］のアニメーション効果を設定したあと、設定した効果のダイアログボックスを表示して、効果の［サイズ］を「200％」に設定します。

さらに、［拡大／収縮］のアニメーション効果を追加して、［開始］を［直前の動作の後］に設定し、効果の［サイズ］を「50％」に設定します。

1 オブジェクトにアニメーション効果の［拡大／収縮］を設定して、

2 ［アニメーション］のここをクリックします。

3 ここをクリックして、

4 ［ユーザー設定］をクリックし、［サイズ］を「200％」に設定して、

5 ［OK］をクリックします。

6 ［アニメーションの追加］をクリックして、

7 ［拡大／収縮］をクリックし、

8 ［開始］を［直前の動作の後］に設定します。

9 手順❷、❸と同様に操作して、［サイズ］を「50％」に設定し、［OK］をクリックします。

重要度 ★★★　アニメーションの活用例

Q 403 文章を太字に変化させて強調したい！

A アニメーション効果を［太字表示］に設定します。

アニメーション効果の［太字表示］を設定すると、文字が太字のフォントに変わります。文章を太字表示に設定したいプレースホルダーを選択して、［アニメーション］タブの［アニメーション］グループの［その他］▽をクリックし、［太字表示］をクリックします。一部の行だけ太字で強調したい場合は、文章をドラッグして選択した状態で［太字表示］を設定します。

アニメーション効果を［太字表示］に設定します。

Q 404 タイプライター風に文章を表示させたい！

A アニメーション効果とサウンド、文字単位の表示を組み合わせます。

タイプライターで文字が打ち出されているように文章を表示させるには、テキストにアニメーション効果の[表示]を設定します。続いて、[アニメーション]タブの[アニメーション]グループの ⬎ をクリックすると表示されるダイアログボックスで、[サウンド]に[タイプライター]を指定し、[テキストの動作]を[文字単位で表示]に設定します。

1 文章にアニメーション効果の[表示]を設定して、

2 [アニメーション]のここをクリックします。

3 [サウンド]で[タイプライター]を選択し、

4 [テキストの動作]で[文字単位で表示]を選択して、

5 次の文字が表示されるタイミングを指定します。

6 [OK]をクリックすると、

7 タイプライター風に文章が表示される効果が設定されます。

Q 405 図形の矢印を伸ばしたい！

A アニメーション効果の[拡大／収縮]を設定し、方向を指定します。

図形の矢印は拡大／縮小するだけでなく、横に伸ばすアニメーション効果を設定することができます。矢印の図形にアニメーション効果の[拡大／収縮]を設定し、[効果のオプション]で[横方向]を設定します。

1 矢印の図形にアニメーション効果の[拡大／収縮]を設定します。

2 [効果のオプション]をクリックして、

3 [横方向]をクリックすると、

4 矢印を横方向に伸ばす効果が設定されます。

基本 1
スライド 2
マスター 3
文字入力 4
アウトライン 5
図形 6
写真・イラスト 表 7
表 8
グラフ 9
アニメーション 10
切り替え 11
動画・音楽 12
プレゼン 13
印刷 14
保存・共有 15

重要度 ★★★　アニメーションの活用例

Q 406 棒グラフを 1本ずつ順に伸ばしたい！

A グラフに［ワイプ］を設定し、要素別に表示させます。

棒グラフにアニメーション効果を設定すると、初期設定では［1つのオブジェクトとして］表示されます。棒グラフを1本ずつ表示させたい場合は、棒グラフにアニメーション効果の［ワイプ］を設定したあと、［効果のオプション］で要素別に再生されるように設定し、効果のダイアログボックスで背景のアニメーション設定を解除します。　参照▶Q 394

1 グラフにアニメーション効果の［ワイプ］を設定します。

2 ［効果のオプション］をクリックして、

3 ［系列の要素別］あるいは［項目の要素別］をクリックすると、

4 棒グラフが1本ずつ表示される効果が設定されます。

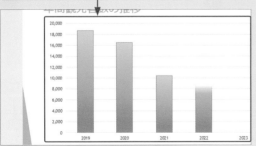

重要度 ★★★　アニメーションの活用例

Q 407 円グラフを時計回りに表示させたい！

A グラフに［ホイール］を設定し、［項目別］に表示させます。

円グラフにアニメーション効果を設定すると、初期設定では［1つのオブジェクトとして］時計回りに表示されます。円グラフのみを時計回りに表示させたい場合は、円グラフにアニメーション効果の［ホイール］を設定したあと、［アニメーション］タブの［アニメーション］グループの 🔽 をクリックすると表示されるダイアログボックスで、円グラフのみが項目別に表示されるように設定します。

1 円グラフにアニメーション効果の［ホイール］を設定して、

2 ［アニメーション］のここをクリックします。

3 ［グラフアニメーション］をクリックして、

4 ［グラフグループ］で［項目別］を選択します。

5 ［グラフの背景を描画してアニメーションを開始］をクリックしてオフにし、

6 ［OK］をクリックすると、

7 円グラフのみが項目別に表示される効果が設定されます。

第11章

スライド切り替えの
活用技!

重要度 ★ ★ ★　　切り替えの基本

Q 408 「画面切り替え」と「アニメーション」は違う？

A 画面切り替えはスライド、アニメーションはオブジェクトや文字に設定します。

画面切り替え効果は、スライドからスライドへ切り替わる際に、画面にさまざまな動きを付けるアニメーションです。画面切り替え効果には、シンプルなものからダイナミックなものまで、さまざまな効果が用意されています。切り替えの際に効果音を鳴らすこともできます。アニメーション効果は、スライド上の図形や画像、グラフ、SmartArtグラフィックなどのオブジェクトや文字に対して設定します。

● 画面切り替え効果の種類

● アニメーション効果の種類

重要度 ★ ★ ★　　切り替えの基本

Q 409 スライドの切り替えに動きを付けたい！

A [画面切り替え]タブの[画面切り替え]で設定します。

画面切り替え効果を設定するには、スライドを選択して、[画面切り替え]タブの[画面切り替え]の一覧から選択します。切り替え効果を設定すると、スライドのサムネイルに[アニメーションの再生]アイコン ★ が表示されます。

1 切り替え効果を設定するスライドをクリックして、

2 [画面切り替え]タブをクリックします。

3 [画面切り替え]の[その他]をクリックして、

4 目的の効果（ここでは[コーム]）をクリックすると、

5 画面切り替え効果が設定されます。

[アニメーションの再生]アイコンが表示されます。

重要度 ★★★　切り替えの基本

Q 410 切り替える動きの向きを変更したい！

A [画面切り替え]タブの[効果のオプション]から変更します。

画面切り替え効果の種類によっては、表示される方向を変更できるものがあります。切り替え効果を設定したスライドを選択し、[画面切り替え]タブの[効果のオプション]から目的の方向を指定します。[効果のオプション]に表示される項目は、設定している画面切り替え効果の種類によって異なります。

参照 ▶ Q 409

> ここでは、切り替え効果の[コーム]を設定しています。

1 切り替え効果を設定したスライドをクリックして、

2 [画面切り替え]タブをクリックします。

↓

3 [効果のオプション]をクリックして、　**4** 目的の方向をクリックすると、

5 切り替え効果の方向が変更されます。

重要度 ★★★　切り替えの基本

Q 411 設定した切り替え効果をプレビューで確認したい！

A [画面切り替え]タブの[プレビュー]をクリックします。

設定した画面切り替え効果を確認するには、切り替え効果を設定したスライドを選択して、[画面切り替え]タブの[プレビュー]をクリックします。
また、スライドのサムネイルに表示されている[アニメーションの再生]アイコン をクリックすると、スライド内のオブジェクトに設定されているアニメーションもまとめて確認することができます。

1 切り替え効果を設定したスライドをクリックします。　**2** [画面切り替え]タブをクリックして、

3 [プレビュー]をクリックすると、　↓

4 画面切り替え効果（ここでは[コーム]）が再生されます。

1 基本
2 スライド
3 マスター
4 文字入力
5 アウトライン
6 図形
7 写真・イラスト
8 表
9 グラフ
10 アニメーション
11 切り替え
12 動画・音楽
13 プレゼン
14 印刷
15 保存・共有

重要度 ★★★　切り替えの基本

Q 412 すべてのスライドに同じ切り替え効果を設定したい！

A [画面切り替え]タブの [すべてに適用]をクリックします。

あるスライドに設定した画面切り替え効果をすべてのスライドに適用するには、切り替え効果を設定したスライドを選択して、[画面切り替え]タブの [すべてに適用]をクリックします。スライド全体に切り替え効果を設定すると、すべてのスライドのサムネイルに [アニメーションの再生]アイコン ★ が表示されます。

[すべてに適用] をクリックすると、すべてのスライドに同じ切り替え効果が設定されます。

重要度 ★★★　切り替えの基本

Q 413 タイトルスライドに切り替え効果を付けたい！

A 切り替え効果でスライドショーが始まります。

画面切り替え効果は、プレゼンテーションのタイトルスライドにもほかのスライドと同様に設定できます。タイトルスライドに切り替え効果を設定した場合は、スライドショーを実行する際、タイトルスライドに設定した切り替え効果でスライドショーが始まります。

参照▶Q 409

タイトルスライドにも切り替え効果を設定できます。

重要度 ★★★　切り替えの基本

Q 414 切り替え効果を削除したい！

A 画面切り替え効果を [なし]に設定します。

設定した画面切り替え効果を削除するには、切り替え効果が設定されているスライドをクリックして、[画面切り替え]タブの [画面切り替え]の一覧から [なし]をクリックします。また、すべてのスライドの切り替え効果を削除するには、[なし]をクリックしたあとに、[すべてに適用]をクリックします。

画面切り替え効果を[なし]にして、[すべてに適用]をクリックします。

重要度 ★★★　切り替えの詳細設定

Q 415 一定時間で自動的に切り替わるようにしたい！

A [自動]をオンにして、時間を指定します。

画面切り替え効果は、初期設定ではスライドショーを実行中に画面をクリックすると実行されます。指定した時間が経過したあとで自動的に次のスライドに切り替わるようにするには、[画面切り替え]タブの[自動]をクリックしてオンにし、横のボックスで切り替わるまでの時間を指定します。

[自動]をオンにして、時間を指定します。

重要度 ★★★　切り替えの詳細設定

Q 416 クリックするとスライドが切り替わるようにしたい！

A [画面切り替え]タブの[クリック時]をオンにします。

スライドを切り替えるタイミングがクリック時に設定されていない場合は、[画面切り替え]タブの[クリック時]をクリックすると手動で切り替えられます。また、[クリック時]と[自動]を同時に設定すると、クリック時か一定時間経過後のどちらでも切り替えることができます。

[クリック時]をオンにすると、クリックしたときにスライドが切り替わります。

重要度 ★★★　切り替えの詳細設定

Q 417 スライドの切り替えにかかる時間を調節したい！

A [画面切り替え]タブの[期間]で調節します。

画面切り替え効果の速度は、設定した切り替え効果によって異なります。切り替え効果の速度を変更するには、切り替え効果を設定したスライドを選択して、[画面切り替え]タブの[期間]で時間を秒単位で指定します。数値が小さいと速度が速くなり、大きいと速度が遅くなります。

[期間]で切り替え効果にかかる時間を指定します。

1 基本
2 スライド
3 マスター
4 文字入力
5 アウトライン
6 図形
7 写真・イラスト
8 表
9 グラフ
10 アニメーション
11 切り替え
12 動画・音楽
13 プレゼン
14 印刷
15 保存・共有

重要度 ★★★ 切り替えの詳細設定

Q 418 スライドの切り替えに効果音を付けたい!

A [画面切り替え]タブの [サウンド]でサウンドを指定します。

スライドの切り替え時に効果音を鳴らすことができます。効果音は、画面切り替え効果といっしょに設定したり、切り替え効果を設定していないスライドに設定したりすることもできます。効果音を設定したいスライドを選択して、[画面切り替え]タブの [サウンド]から目的のサウンドを選択します。効果音を解除するには、[[サウンドなし]]を選択します。

1 効果音を設定するスライドをクリックして、

2 [画面切り替え]タブをクリックします。

3 [サウンド]のここをクリックして、

4 使用したい効果音をクリックすると、

5 スライドに効果音が設定されます。

重要度 ★★★ 切り替えの詳細設定

Q 419 パソコン内に保存してある音源を効果音に利用したい!

A [サウンド]の [その他のサウンド]から設定します。

パソコン内にあるファイルをスライドの切り替え時の効果音に利用することもできます。スライドを選択して、[画面切り替え]タブの [サウンド]から [その他のサウンド]をクリックし、利用したいサウンドのファイルを指定します。サウンドとして使えるのは、拡張子が「.wav」のファイルです。

1 効果音を設定するスライドをクリックして、[画面切り替え]タブをクリックし、

2 [サウンド]のここをクリックして、

3 [その他のサウンド]をクリックします。

4 サウンドの保存場所を指定して、

5 利用したいサウンドファイルをクリックし、

6 [OK]をクリックすると、

7 オリジナルのサウンドが設定されます。

Q 420 暗い画面からスライドが表示されるようにしたい!

A [効果のオプション]で [黒いスクリーンから]を指定します。

暗いスクリーンからスライドが表示されるようにするには、スライドに画面切り替え効果の[フェード]を設定し、[効果のオプション]で[黒いスクリーンから]を設定します。[フェード]を指定すると、前のスライドがフェードアウトして、現在のスライドが表示される効果が設定されます。

1 切り替え効果を設定するスライドをクリックして、

2 [画面切り替え] タブをクリックし、

3 [フェード] をクリックします。

4 [効果のオプション] をクリックして、

5 [黒いスクリーンから]をクリックすると、

6 黒いスクリーンからスライドが表示される効果が設定されます。

Q 421 次のスライドがせり上がるように切り替えたい!

A 画面切り替え効果を [プッシュ]に設定します。

前のスライドを押し出して次のスライドが表示される効果を設定するには、スライドに画面切り替え効果の[プッシュ]を設定します。スライドの切り替えにかかる時間を調節して、ゆっくりせり上がるようにすると効果的です。

参照 ▶ Q 417

1 切り替え効果を設定するスライドをクリックして、

2 [画面切り替え] タブをクリックします。

3 [プッシュ]をクリックすると、

4 前のスライドを押し出して次のスライドが表示される効果が設定されます。

基本 1
スライド 2
マスター 3
文字入力 4
アウトライン 5
図形 6
写真・イラスト 7
表 8
グラフ 9
アニメーション 10
切り替え 11
動画・音楽 12
プレゼン 13
印刷 14
保存・共有 15

重要度 ★★★　切り替えの活用例

Q 422 扉の奥から次のスライドが浮かび上がるようにしたい！

A 画面切り替え効果を[扉]に設定します。

前のスライドが扉となって、扉の奥から次のスライドが表示される効果を設定するには、スライドに画面切り替え効果の[扉]を設定します。スライドの切り替えにかかる時間を調節して、扉がゆっくり開くようにしてもよいでしょう。

参照 ▶ Q 417

1 切り替え効果を設定するスライドをクリックして、

2 [画面切り替え]タブをクリックします。

3 [画面切り替え]の[その他]をクリックして、

4 [扉]をクリックすると、↓

5 扉の奥から次のスライドが浮かび上がるような効果が設定されます。↓

重要度 ★★★　切り替えの活用例

Q 423 中央から拡大して次のスライドに移るようにしたい！

A 画面切り替え効果を[ズーム]に設定します。

中央から拡大してスライドを表示させるような効果を設定するには、スライドに画面切り替え効果の[ズーム]を設定します。[ズーム]を指定すると、前のスライドが前面に向かって拡大して消え、現在のスライドが表示される効果が設定されます。

1 切り替え効果を設定するスライドをクリックして、

2 [画面切り替え]タブをクリックします。

3 [画面切り替え]の[その他]をクリックして、

4 [ズーム]をクリックすると、↓

5 スライドにズームイン効果が設定されます。↓

Q424 モザイク状に次の スライドを表示したい!

A 画面切り替え効果を [ディゾルブ]に設定します。

モザイク状に次のスライドへ切り替える効果を設定するには、画面切り替え効果を[ディゾルブ]に設定します。[ディゾルブ]を指定すると、前のスライドが不規則なサイズの断面になり、それが集まって現在のスライドになるような効果が設定されます。

1 切り替え効果を設定するスライドをクリックして、

2 [画面切り替え]タブをクリックします。

3 [画面切り替え]の[その他]をクリックして、

4 [ディゾルブ]をクリックすると、

5 モザイク状に次のスライドへ切り替える効果が設定されます。

Q425 スライド内のオブジェクトだけを切り替えたい!

A 画面切り替え効果を [パン]に設定します。

スライド内のオブジェクトや文字だけが切り替わるようにするには、スライドに画面切り替え効果の[パン]を設定します。[パン]を指定すると、前のスライドの内容が滑り出ていき、次のスライドの内容が滑り込むように表示される効果が設定されます。

1 切り替え効果を設定するスライドをクリックして、

2 [画面切り替え]タブをクリックします。

3 [画面切り替え]の[その他]をクリックして、

4 [パン]をクリックすると、

5 スライドの内容だけが滑り込むように表示される効果が設定されます。

基本 1
スライド マスター 2
文字入力 3
アウトライン 4
図形 5
6
写真・イラスト 7
表 8
グラフ 9
アニメーション 10
切り替え 11
動画・音楽 12
プレゼン 13
印刷 14
保存・共有 15

1 基本
2 スライド
3 マスター
4 文字入力
5 アウトライン
6 図形
7 写真・イラスト
8 表
9 グラフ
10 アニメーション
11 切り替え
12 動画・音楽
13 プレゼン
14 印刷
15 保存・共有

重要度 ★ ★ ★　切り替えの活用例

Q 426 カウントダウン風のスライドを作りたい！

A 数字だけのスライドを追加して、切り替え効果を設定します。

スライドショーが始まる前に、3、2、1と数字だけのスライドが表示されると、カウントダウン風のスライドになります。

カウントダウン風のスライドを作成するには、最初にタイトルスライドの前に数字の数だけの新規スライドを追加します。追加したスライドに数字を入力して書式を設定し、スライドの中央に配置します。続いて、数字のスライドに画面切り替え効果の［カット］を設定して、画面切り替えのタイミングを指定します。1秒くらいに設定するとカウントダウン風になります。

● 数字だけのスライドを作成する

1 タイトルスライドの前に数字の数だけ、新規のスライドを追加して、

2 テキストボックスあるいはワードアートで数字を入力し、書式を設定します。

3 数字を選択して、［図形の書式］タブをクリックし、

4 ［配置］をクリックして、

5 ［左右中央揃え］と［上下中央揃え］を指定し、

6 数字をスライドの中央に配置します。

7 ほかのスライドの数字も同様に、スライドの中央に配置します。

● 画面の切り替え効果を設定する

1 数字を配置したスライドを Ctrl を押しながらクリックして、すべて選択します。

2 ［画面切り替え］タブをクリックして、

3 ［カット］をクリックします。

4 ［自動］をオンにして、時間を指定すると、

5 カウントダウン風のスライドが作成されます。

動画や音楽の便利技!

基本
スライド
マスター
文字入力
アウトライン
図形
写真・イラスト
表
グラフ
アニメーション
切り替え
動画・音楽
プレゼン
印刷
保存・共有

重要度 ★★★　動画の挿入

Q 427 動画をスライドに挿入したい！

A プレースホルダー内の[ビデオの挿入]をクリックして挿入します。

スライドには、デジタルビデオカメラなどで撮影した動画やマイクロソフトが提供するストックビデオなどを挿入することができます。パソコンに保存してある動画をスライドに挿入するには、プレースホルダーの[ビデオの挿入]をクリックして、[ビデオの挿入]ダイアログボックスから動画を挿入します。

プレースホルダー以外の場所に動画を挿入する場合は、[挿入]タブの[ビデオ]をクリックして、[このデバイス]をクリックし、動画ファイルを選択します。

スライドに挿入できるおもな動画ファイルの形式は、次のとおりです。

- Windows Mediaファイル（.asf）
- Windows videoファイル（.avi）
- QuickTime Movieファイル（.mov）
- MP4 Video（.mp4）
- Movieファイル（.mpegまたは.mpg）
- Adobe Falshメディア（.swf）
- Windows Media videoファイル（.wmv）

1 プレースホルダーの[ビデオの挿入]をクリックして、

2 動画の保存場所を指定します。

3 挿入する動画ファイルをクリックして、

4 [挿入]をクリックすると、

5 動画が挿入されます。

6 動画にマウスポインターを合わせると、動画の下にコントロールバーが表示されます。

ここをクリックすると、動画が再生されます。

Q 428 パソコンの画面を録画してスライドに挿入したい!

A [挿入]タブの[画面録画]で画面上の操作を録画します。

パソコンの画面上の操作を録画して、スライドに動画として挿入することができます。録画したい画面は、あらかじめ開いておきます。画面録画を挿入したいスライドを表示して、[挿入]タブの[画面録画]をクリックし、録画する範囲を指定して、録画を開始します。

1 操作する画面（ここではエクスプローラー）を開いておきます。

2 画面録画を挿入したいスライドを表示して、[挿入]タブをクリックし、

3 [画面録画]をクリックします。

4 録画したい範囲をドラッグして選択し、

5 [録画]をクリックします。

6 録画が開始されるので、録画したい操作を実行します。

7 録画が終了したら、ここをクリックすると、

ここをクリックすると、録画が一時停止されます。

8 スライド上に画面録画が挿入されます。

Q 429 動画の再生画面の位置や大きさを操作したい!

A ドラッグして移動、ハンドルをドラッグしてサイズを変更します。

スライドに挿入した動画の位置を変更するには、動画の上にマウスポインターを合わせ、ポインターの形が✣に変わった状態でドラッグします。Shiftを押しながらドラッグすると、垂直・水平に移動できます。
大きさをを変更するには、動画をクリックすると周囲に表示されるハンドル○をドラッグします。縦横の比率を変えずに大きさを変更するには、四隅のハンドルをドラッグします。

● **動画を移動する**

動画にマウスポインターを合わせてドラッグすると、動画が移動されます。

● **動画のサイズを変更する**

1 四隅のハンドルにマウスポインターを合わせてドラッグすると、

2 縦横比を維持したままサイズが変更されます。

基本 1
スライド 2
マスター 3
文字入力 4
アウトライン 5
図形 6
写真・イラスト 7
表 8
グラフ 9
アニメーション 10
切り替え 11
動画・音楽 12
プレゼン 13
印刷 14
保存・共有 15

251

1 基本
2 スライド
3 マスター
4 文字入力
5 アウトライン
6 図形
7 写真・イラスト
8 表
9 グラフ
10 アニメーション
11 切り替え
12 動画・音楽
13 プレゼン
14 印刷
15 保存・共有

重要度 ★★★　動画のトリミング

Q 430 再生個所を一部分だけ切り抜いて利用したい！

A [再生]タブの[ビデオの トリミング]を利用します。

挿入した動画は、スライド上で編集することができます。動画の不要な再生個所をカットして一部分だけ利用するには、動画をクリックして、[再生]タブの[ビデオのトリミング]をクリックし、表示される[ビデオのトリミング]ダイアログボックスで調節します。プレビューの下に表示される緑色のマーカーをドラッグすると開始位置を、赤色のマーカーをドラッグすると終了位置を指定できます。

1 動画をクリックして、[再生]タブをクリックし、

2 [ビデオのトリミング]をクリックします。

3 緑色のマーカーをドラッグして開始位置を指定します。

4 赤色のマーカーをドラッグして終了位置を指定します。

5 [OK]をクリックすると、動画がトリミングされます。

重要度 ★★★　動画のトリミング

Q 431 動画にブックマークを付けて再生したい！

A [再生]タブの[ブックマークの 追加]をクリックします。

ブックマークは、動画の特定の位置をすばやく再生するために付けるマークです。動画にブックマークを付けると、特定の位置にすばやくジャンプすることができます。動画にブックマークを付けるには、コントロールバーをクリックしてブックマークを付ける位置を指定し、[再生]タブの[ブックマークの追加]をクリックします。ブックマークは複数設定できます。

1 コントロールバーをクリックして、ブックマークを付ける位置を指定します。

2 [再生]タブをクリックして、

3 [ブックマークの追加]をクリックすると、

4 ブックマークが設定されます。

重要度 ★★★　動画のトリミング

Q 432 ブックマークから動画をすばやく頭出ししたい！

A ブックマークをクリックして、再生します。

動画に設定したブックマークをクリックして動画を再生すると、その位置から動画を開始することができます。また、再生中に[Alt]を押しながら[Home]を押すと、前のブックマークに戻ることができます。[Alt]を押しながら[End]を押すと、次のブックマークに進むことができます。

参照▶Q 431

1 ブックマークをクリックして、

2 [再生／一時停止]をクリックします。

重要度 ★★★　動画のトリミング

Q 433 ブックマークを削除したい！

A [再生]タブの[ブックマークの削除]をクリックします。

動画に設定したブックマークを削除するには、ブックマークをクリックして[再生]タブをクリックし、[ブックマークの削除]をクリックします。

1 ブックマークをクリックして、

2 [再生]タブをクリックし、

3 [ブックマークの削除]をクリックします。

重要度 ★★★　動画のトリミング

Q 434 動画にフェードイン／フェードアウトを設定したい！

A [再生]タブの[フェードイン][フェードアウト]で設定します。

フェードインは映像が徐々に現れる効果、フェードアウトは映像が徐々に消えていく効果です。動画にフェードイン／フェードアウトを設定するには、動画をクリックして[再生]タブをクリックし、[フェードイン]と[フェードアウト]に時間を指定します。数値が多いほど長い時間をかけてフェードイン／フェードアウトされます。

[フェードイン][フェードアウト]に時間を指定します。

重要度 ★★★　動画の修整

Q 435 動画の明るさを修整したい！

A [ビデオ形式]タブの[修整]から[明るさ／コントラスト]を指定します。

動画の明るさとコントラスト（明暗の差）を修整するには、動画をクリックして[ビデオ形式]タブの[修整]をクリックし、[明るさ／コントラスト]の一覧から最適な明るさを指定します。修整をもとに戻したい場合は、一覧の中央の[明るさ：0％（標準）コントラスト：0％（標準）]をクリックします。

[明るさ／コントラスト]から最適な明るさを選択します。

重要度 ★★★　動画の修整

Q436 動画の色合いを変更したい！

動画は、グレースケールにしたり、セピアカラーやモノクロにしたりと、さまざまな色に変更することができます。動画の色合いを変更するには、動画をクリックして[ビデオ形式]タブの[色]をクリックし、[色の変更]の一覧から目的の色を指定します。

A [ビデオ形式]タブの[色]から色を指定します。

1 動画をクリックして、[ビデオ形式]タブをクリックします。

2 [色]をクリックして、

3 [色の変更]から目的の色（ここでは[セピア]）をクリックすると、

4 動画がセピア色が変わります。

重要度 ★★★　動画の修整

Q437 動画の修整をリセットしたい！

A [ビデオ形式]タブの[デザインのリセット]をクリックします。

動画に設定した書式をリセット（解除）して、もとの動画に戻したい場合は、動画をクリックして、[ビデオ形式]タブの[デザインのリセット]をクリックします。また、[デザインのリセット]の下の部分をクリックして、[デザインとサイズのリセット]をクリックすると、デザインがリセットされると同時に、サイズが原寸表示になります。

[ビデオ形式]タブの[デザインのリセット]をクリックすると、書式がリセットされます。

重要度 ★★★　動画の再生方法

Q438 スライド切り替え時に動画も再生させたい！

A [再生]タブの[開始]を[自動]に設定します。

初期設定では、[再生／一時停止] ▶ をクリックすると動画が再生されます。スライドが切り替わったときに自動的に動画を再生させるようにするには、動画をクリックして、[再生]タブの[開始]を[自動]に設定します。

1 [開始]のここをクリックして、

2 [自動]をクリックします。

Q 439 動画の再生終了後にもとの状態に戻るようにしたい！

A [再生]タブの[再生が終了したら巻き戻す]をオンにします。

動画を再生すると、終了した状態のまま表示されます。再生終了後に動画を巻き戻したい場合は、ビデオ画像をクリックして[再生]タブをクリックし、[再生が終了したら巻き戻す]をクリックしてオンにします。

[再生が終了したら巻き戻す]をオンにすると、動画を巻き戻すことができます。

Q 440 動画が繰り返し再生されるようにしたい！

A [再生]タブの[停止するまで繰り返す]をオンにします。

初期設定では、動画は1回再生すると終了します。動画を繰り返し再生させたい場合は、動画をクリックして[再生]タブをクリックし、[停止するまで繰り返す]をクリックしてオンにします。動画を停止させるには、[再生／一時停止] ⏸ をクリックします。

[停止するまで繰り返す]をオンにすると、動画が繰り返し再生されます。

Q 441 動画の音は流さず映像だけを使いたい！

A [再生]タブの[音量]を[ミュート]にします。

動画の再生中に音を消すには、動画をクリックして[再生]タブの[音量]をクリックし、[ミュート]をクリックします。また、動画のコントロールバーの右端にある[ミュート／ミュート解除] 🔊 をクリックしてミュートにすることもできます。

1 [再生]タブの[音量]をクリックして、
2 [ミュート]をクリックします。

ここをクリックしてもミュートにできます。

Q 442 数値を指定して動画のサイズを微調整したい！

A [ビデオ形式]タブの[サイズ]で数値を指定します。

動画のサイズを微調整するには、動画をクリックして[ビデオ形式]タブをクリックし、[サイズ]の[高さ]と[幅]で数値を指定します。

[高さ]と[幅]で数値を指定します。

基本 1
スライドマスター 2
文字入力 3
アウトライン 4
図形 5
写真・イラスト 6
表 7
グラフ 8
アニメーション 9
切り替え 10
動画・音楽 11 12
プレゼン 13
印刷 14
保存・共有 15

Q 443 動画の再生画面を枠線で縁取りたい！

A ［ビデオ形式］タブの［ビデオの枠線］から設定します。

動画に枠線を付けるには、動画をクリックして、［ビデオ形式］タブの［ビデオの枠線］の右側をクリックし、表示される一覧から枠線の色を指定します。枠線は、既定では0.75ptの太さで表示されますが、［太さ］や［実線／点線］から線の太さや種類を変更することができます。

［ビデオ形式］タブの［ビデオの枠線］から枠線の色や太さ、種類を指定します。

Q 444 動画の再生画面を特殊効果で装飾したい！

A ［ビデオ形式］タブの［ビデオの効果］から設定します。

動画には、影や反射、光彩、ぼかし、面取り、3-D回転の6種類の効果を設定することができます。効果を設定するには、動画をクリックして、［ビデオ形式］タブの［ビデオの効果］をクリックし、表示される一覧から効果の種類と目的の効果を指定します。

［ビデオ形式］タブの［ビデオの効果］から影や反射、光彩などの効果を指定します。

Q 445 動画の再生画面をトリミングしたい！

A ［ビデオ形式］タブの［トリミング］を利用します。

動画の再生画面は任意の形にトリミングすることができます。動画をクリックして、［ビデオ形式］タブの［トリミング］をクリックし、トリミングハンドルを内側にドラッグします。トリミングされた部分は、スライド上で非表示になるだけで、もとの動画ファイルに影響はありません。

1 動画をクリックして［ビデオ形式］タブをクリックし、

2 ［トリミング］をクリックすると、

3 動画の周囲にトリミングハンドルが表示されます。

4 トリミングハンドルをドラッグして、不要な部分をトリミングします。

5 動画以外をクリックすると、不要な部分が切り取られます。

基本 1
スライド 2
マスター 3
文字入力 4
アウトライン 5
図形 6
写真・イラスト 7
表 8
グラフ 9
アニメーション 10
切り替え 11
動画・音楽 12
プレゼン 13
印刷 14
保存・共有 15

重要度 ★★★　画面のサイズと形

Q 446 再生画面の大きさを解像度に合わせたい!

A [ビデオの設定] 作業ウィンドウで解像度を指定します。

再生画面のサイズを解像度に合わせて調整したい場合は、動画をクリックして、[ビデオ形式] タブの [サイズ] グループの 🔲 をクリックします。[ビデオの設定] 作業ウィンドウが表示されるので、[サイズ] の [解像度に合わせてサイズを調整する] をクリックしてオンにし、[解像度] を指定します。

1 動画をクリックして、[ビデオ形式] タブをクリックし、

2 [サイズ] のここをクリックします。

3 [解像度に合わせてサイズを調整する] をクリックしてオンにし、

4 [解像度] を指定します。

重要度 ★★★　画面形式と表紙

Q 447 パソコン内の画像を動画の表紙にしたい!

A [ビデオ形式] タブの [表紙画像] から画像ファイルを指定します。

再生前の動画は、映像の最初が表示されていますが、表紙画像を設定することもできます。パソコンに保存されている画像を利用する場合は、動画をクリックして、[ビデオ形式] タブの [表紙画像] から [ファイルから画像を挿入] をクリックし、画像を指定します。

1 動画をクリックして、[ビデオ形式] タブをクリックし、

2 [表紙画像] をクリックして、

3 [ファイルから画像を挿入] をクリックします。

4 [ファイルから] をクリックすると、

5 [図の挿入] ダイアログボックスが表示されるので、画像ファイルをクリックして [挿入] をクリックすると、

6 表紙画像が設定されます。

1 基本
2 スライド
3 マスター
4 文字入力
5 アウトライン
6 図形
7 写真・イラスト
8 表
9 グラフ
10 アニメーション
11 切り替え
12 動画・音楽
13 プレゼン
14 印刷
15 保存・共有

重要度 ★★★　画面形式と表紙

Q448 動画のワンシーンを 表紙に設定したい!

A 再生を一時停止し、[表紙画像]の [現在の画像]をクリックします。

動画の表紙に動画のワンシーンを使いたい場合は、まず動画を再生します。表紙にしたい位置まで再生したら一時停止し、[ビデオ形式]タブの[表紙画像]から[現在の画像]をクリックします。

1 動画をクリックして、[ビデオ形式]タブをクリックし、

2 [再生]をクリックします。

3 表紙にしたい位置まで再生したら、

4 [一時停止]をクリックして停止します。

5 [表紙画像]をクリックして、

6 [現在の画像]をクリックすると、

7 動画のワンシーンが表紙画像として設定されます。

重要度 ★★★　画面形式と表紙

Q449 表紙画像をリセットしたい!

A [ビデオ形式]タブの[表紙画像] から[リセット]をクリックします。

設定した表紙画像を解除するには、動画をクリックして、[ビデオ形式]タブの[表紙画像]をクリックし、[リセット]をクリックします。

1 [表紙画像]をクリックして、

2 [リセット]をクリックします。

重要度 ★★★ 画面形式と表紙

Q 450 動画の再生中のみ画面が表示されるようにしたい！

A [再生]タブの[再生中のみ表示]をオンにします。

プレゼンテーションの実行中、再生時以外は動画を非表示にすることができます。動画をクリックして[再生]タブをクリックし、[再生中のみ表示]をクリックしてオンにします。このとき、[開始]を[クリック時]にしていると、動画を再生できない場合があるので注意しましょう。

[再生中のみ表示]をオンにすると、再生時以外は動画を非表示にすることができます。

重要度 ★★★ 画面形式と表紙

Q 451 動画を全画面で再生させたい！

A [再生]タブの[全画面再生]をオンにします。

プレゼンテーションを実行するとき、動画が画面全体に表示されるように設定することができます。動画をクリックして[再生]タブをクリックし、[全画面再生]をクリックしてオンにします。

[全画面再生]オンにすると、動画が全画面で再生されます。

重要度 ★★★ 音楽の挿入

Q 452 スライドに音楽を付けたい！

A [挿入]タブの[オーディオ]からオーディオファイルを指定します。

スライドに効果音やBGMなどのオーディオを挿入することができます。スライドを選択して、[挿入]タブの[オーディオ]から[このコンピューター上のオーディオ]をクリックし、オーディオファイルを指定します。オーディオを挿入すると、スライドにサウンドのアイコンが表示されます。[再生／一時停止] ▶ をクリックすると再生されます。

1 オーディオを挿入するスライドをクリックして、[挿入]タブをクリックし、

2 [オーディオ]をクリックして、

3 [このコンピューター上のオーディオ]をクリックします。

4 オーディオファイルの保存場所を指定して、

5 挿入するファイルをクリックし、

6 [挿入]をクリックすると、

7 オーディオが挿入され、サウンドのアイコンが表示されます。

1 基本

2 スライド

3 マスター

4 文字入力

5 アウトライン

6 図形

7 写真・イラスト

8 表

9 グラフ

10 アニメーション

11 切り替え

12 動画・音楽

13 プレゼン

14 印刷

15 保存・共有

重要度 ★ ★ ★ 　音楽の挿入

Q 453 スライドショー全体に BGMを設定したい！

A [再生]タブの [バッググラウンドで 再生]をクリックします。

スライドショーの実行中にBGM を流したい場合は、スライドに挿入したサウンドアイコンをクリックして、[再生]タブの [バッググラウンドで再生]をクリックします。

[バッググラウンドで再生]をクリックすると、BGMとして再生されます。

重要度 ★ ★ ★ 　音楽の挿入

Q 454 録音した音声をスライドに 挿入したい！

A [オーディオ]から [オーディオの録 音]をクリックして録音します。

マイクを利用して録音した内容をオーディオとして挿入することができます。オーディオを挿入するスライドを選択して、[挿入]タブの [オーディオ]から [オーディオの録音]をクリックします。[サウンドの録音]ダイアログボックスが表示されるので、名前を入力して[録音]をクリックし、録音を開始します。録音が終了したら、[停止]をクリックして [OK]をクリックすると、スライドに録音内容が挿入されます。

1 録音したオーディオを 挿入するスライドをクリックして、[挿入]タブをクリックし、

2 [オーディオ]を クリックして、

3 [オーディオの録音]をクリックします。

4 オーディオの名前を 入力して、

5 [録音]をクリックし、録音を開始します。

6 録音が終了したら、[停止]をクリックします。

7 [OK]をクリックすると、

8 スライドに録音した内容が挿入され、アイコンが表示されます。

Q 455 音楽の一部分だけを 利用したい!

A 再生時間をトリミングします。

スライドに挿入したオーディオの一部分だけを利用したい場合は、サウンドアイコンをクリックして、[再生]タブの[オーディオのトリミング]をクリックします。[オーディオのトリミング]ダイアログボックスが表示されるので、再生個所を調節します。
緑色のマーカーをドラッグして開始位置を、赤色のマーカーをドラッグして終了位置を指定し、[OK]をクリックします。

マーカーをドラッグして、オーディオの開始位置と終了位置を指定します。

Q 456 音楽にフェードイン／ フェードアウトを設定したい!

A [再生]タブの[フェードイン] [フェードアウト]で設定します。

フェードインは音楽が徐々に流れ始める効果、フェードアウトは音楽が徐々に消えていく効果です。オーディオにフェードイン／フェードアウトを設定するには、サウンドアイコンをクリックして[再生]タブをクリックし、[フェードイン]と[フェードアウト]に時間を指定します。数値が多いほど長い時間をかけてフェードイン／フェードアウトされます。

[フェードイン][フェードアウト]に時間を指定します。

Q 457 音楽にブックマークを 付けたい!

A [再生]タブの[ブックマークの 追加]をクリックします。

ブックマークは、オーディオの特定の位置をすばやく再生するために付けるマークです。オーディオにブックマークを付けるには、コントロールバーのブックマークを付けたい位置をクリックし、[再生]タブの[ブックマークの追加]をクリックします。ブックマークは複数設定することもできます。
なお、ブックマークを削除するには、ブックマークをクリックして[再生]タブをクリックし、[ブックマークの削除]をクリックします。

1 再生停止中にコントロールバーのブックマークを付けたい位置をクリックします。

2 [再生]タブをクリックして、

3 [ブックマークの追加]をクリックすると、

4 ブックマークが設定されます。

基本
スライド
マスター
文字入力
アウトライン
図形
写真・イラスト
表
グラフ
アニメーション
切り替え
動画・音楽 12
プレゼン
印刷
保存・共有
1 2 3 4 5 6 7 8 9 10 11 13 14 15

1 基本
2 スライド
3 マスター
4 文字入力
5 アウトライン
6 図形
7 写真・イラスト
8 表
9 グラフ
10 アニメーション
11 切り替え
12 動画・音楽
13 プレゼン
14 印刷
15 保存・共有

重要度 ★★★　音楽のトリミング

Q 458 ブックマークから音楽を頭出ししたい！

A ブックマークをクリックして、再生します。

オーディオに設定したブックマークをクリックしてオーディオを再生すると、その位置からオーディオを開始することができます。また、再生中に Alt を押しながら Home を押すと、前のブックマークに戻ることができます。Alt を押しながら End を押すと、次のブックマークに進むことができます。

参照▶Q 457

1 ブックマークをクリックして、

2 [再生／一時停止]をクリックします。

重要度 ★★★　音楽の詳細設定

Q 459 スライド切り替え時に音楽を再生させたい！

A [再生]タブの[開始]を [自動]に指定します。

初期設定では、[再生／一時停止] ▶ をクリックするとオーディオが再生されます。スライドが切り替わったときに自動的に再生させるようにするには、サウンドアイコンをクリックして、[再生]タブをクリックし、[開始]を[自動]に設定します。

1 [開始]のここをクリックして、

2 [自動]をクリックします。

重要度 ★★★　音楽の詳細設定

Q 460 スライドが切り替わっても音楽を再生させ続けたい！

A [再生]タブの[スライド切り替え後 も再生]をオンにします。

スライドショー実行の際、次のスライドに切り替わったあともオーディオの再生を続けたい場合は、サウンドアイコンをクリックして[再生]タブをクリックし、[スライド切り替え後も再生]をクリックしてオンにします。

[スライド切り替え後も再生]をオンにすると、スライドが切り替わったあともオーディオが再生されます。

重要度 ★★★　音楽の詳細設定

Q 461 音楽が繰り返し再生され続けるようにしたい！

A [再生]タブの[停止するまで 繰り返す]をオンにします。

オーディオを繰り返し再生させたい場合は、サウンドアイコンをクリックして[再生]タブをクリックし、[停止するまで繰り返す]をクリックしてオンにします。オーディオを停止させるには、サウンドアイコンの[再生／一時停止] ⏸ をクリックします。

[停止するまで繰り返す]をオンにすると、オーディオが繰り返し再生されます。

Q 462 音楽の再生後に 自動で巻き戻したい！

A [再生]タブの[再生が終了したら 巻き戻す]をオンにします。

オーディオを再生すると、終了した状態のまま停止されます。再生終了後にオーディオを巻き戻したい場合は、サウンドアイコンをクリックして[再生]タブをクリックし、[再生が終了したら巻き戻す]をクリックしてオンにします。

[再生が終了したら巻き戻す]をオンにすると、
オーディオを巻き戻すことができます。

Q 463 音楽の音量を設定したい！

A [再生]タブの [音量]で設定します。

オーディオの音量をあらかじめ設定するには、サウンドアイコンをクリックして、[再生]タブの[音量]をクリックし、[大][中][小]から目的の音量を指定します。また、コントロールバーの[ミュート／ミュート解除]にマウスポインターを合わせると表示されるボリュームでも調節できます。

1 [音量]を クリックして、

2 音量を 指定します。

Q 464 サウンドアイコンの位置を 変更したい！

A サウンドアイコンを ドラッグします。

オーディオを挿入すると、スライドの中央にサウンドアイコンが表示されます。このアイコンの位置は、ドラッグすることで自由に変更することができます。

サウンドアイコンをドラッグすると、
移動することができます。

Q 465 サウンドアイコンを 非表示にしたい！

A [スライドショーを実行中にサウンド のアイコンを隠す]をオンにします。

サウンドアイコンは、初期設定ではスライドショーの実行中も表示されていますが、非表示にすることもできます。サウンドアイコンをクリックして[再生]タブをクリックし、[スライドショーを実行中にサウンドのアイコンを隠す]をクリックしてオンにします。このとき、[開始]を[クリック時]にしていると、オーディオを再生できない場合があるので注意しましょう。

[スライドショーを実行中にサウンドの
アイコンを隠す]をオンにします。

基本 1
スライド 2
マスター 3
文字入力 4
アウトライン 5
図形 6
写真・イラスト 7
表 8
グラフ 9
アニメーション 10
切り替え 11
動画・音楽 12
プレゼン 13
印刷 14
保存・共有 15

1 基本
2 スライド
3 マスター
4 文字入力
5 アウトライン
6 図形
7 写真・イラスト
8 表
9 グラフ
10 アニメーション
11 切り替え
12 動画・音楽
13 プレゼン
14 印刷
15 保存・共有

重要度 ★★★　メディアファイルの操作

Q 466 スライドのメディアの ファイルサイズを圧縮したい！

A [ファイル]タブの [メディアの圧縮]を利用します。

作成したプレゼンテーションに動画ファイルやオーディオファイルが含まれていると、プレゼンテーションのファイルサイズが大きくなります。この場合、ファイルサイズを圧縮すると、ハードディスクの領域が節約され、再生のパフォーマンスも向上します。[ファイル]タブの[情報]で[メディアの圧縮]をクリックして、圧縮方法を指定します。

1 [ファイル]タブから[情報]をクリックし、

2 [メディアの圧縮]をクリックして、

3 圧縮方法をクリックします。

4 メディアが圧縮されたのを確認して、

5 [閉じる]をクリックします。

重要度 ★★★　メディアファイルの操作

Q 467 どこでも再生できるよう メディアを最適化したい！

A [ファイル]タブの [互換性の最適化]を利用します。

作成したプレゼンテーションに動画ファイルやオーディオファイルが含まれている場合、ほかのコンピューターでそれらのファイルが正しく再生できない場合があります。この場合は、メディアの互換性を最適化すると、問題なく再生できるようになります。[ファイル]タブの[情報]で[互換性の最適化]をクリックします。

[互換性の最適化]をクリックすると、最適化が実行されます。

重要度 ★★★　ハイパーリンクとPDF

Q 468 ハイパーリンクとは？

A データの位置情報を埋め込んで、 内容を参照できるしくみです。

ハイパーリンクとは、文字や画像などに別の文書や画像、Webページなどの位置情報を埋め込んで、クリックするだけでその文書や画像、Webページなどを開いて参照できるしくみのことをいいます。単にリンクとも

いいます。PowerPointでは、スライドの文字やオブジェクトにハイパーリンクを設定し、スライドショーでリンク先を参照することができます。

神奈川県内の主な水族館
- 相模川ふれあい科学館 アクアリウムさがみはら
- 横浜・八景島シーパラダイス
- 新江ノ島水族館
- 箱根園水族館

PowerPointでは、文字やオブジェクトにハイパーリンクを設定することができます。

Q 469 ソフトやファイルを かんたんに起動したい！

A [挿入]タブの[リンク]から ハイパーリンクを設定します。

スライド上の文字やオブジェクトに、ソフトやファイルへのハイパーリンクを設定するには、リンクを設定する文字列やオブジェクトを選択して、[挿入]タブの[リンク]をクリックし、[ハイパーリンクの挿入]ダイアログボックスで設定します。スライドショーでリンクをクリックすると、設定したファイルが開きます。

1 リンクを設定するテキストを選択して、

2 [挿入]タブを クリックし、

3 [リンク]を クリックします。

4 [ファイル、 Webページ]を クリックして、

5 [検索先]で リンク先の保存場所 を指定します。

6 リンクするファイル をクリックして、

7 [OK]を クリックすると、

8 指定したテキストにファイルへの リンクが設定されます。

Q 470 Webサイトを すぐに表示したい！

A [ハイパーリンクの挿入]ダイアログ ボックスでURLを指定します。

Webサイトへのハイパーリンクを設定するには、リンクを設定する文字列やオブジェクトを選択して、[挿入]タブの[リンク]をクリックし、[ハイパーリンクの挿入]ダイアログボックスの[アドレス]にWebサイトのURLを入力します。この場合、WebページのアドレスバーのURLをコピーして貼り付けるとミスを防ぐことができます。ここでは、オブジェクトにハイパーリンクを設定します。オブジェクトにハイパーリンクを設定しても下線は付きません。

1 リンクを設定するオブジェクトをクリックして、

2 [挿入]タブを クリックし、

3 [リンク]を クリックします。

4 [ファイル、Webページ]をクリックして、

5 [アドレス]にリンク先の URLを入力し、

6 [OK]を クリックすると、

7 オブジェクトにWebサイトへのリンクが 設定されます。

重要度 ★★★　ハイパーリンクとPDF

Q 471 ほかのスライドに 自在に移動したい！

A [ハイパーリンクの挿入]ダイアログボックスでスライドを指定します。

プレゼンテーション内でほかのスライドに移動できるハイパーリンクも設定できます。リンクを設定するテキストやオブジェクトを選択して、[挿入]タブの[リンク]をクリックし、[ハイパーリンクの挿入]ダイアログボックスでリンクするスライドを指定します。リンクをクリックすると、リンク先のスライドをすぐに表示させることができます。

1 リンクを設定するテキストを選択して、

2 [挿入]タブをクリックし、

3 [リンク]をクリックします。

4 [このドキュメント内]をクリックして、

5 リンク先に設定するスライドをクリックします。

6 プレビューを確認して、[OK]をクリックすると、

7 指定したテキストにほかのスライドへのリンクが設定されます。

重要度 ★★★　ハイパーリンクとPDF

Q 472 ほかのプレゼンテーションへのリンクを張りたい！

A [ハイパーリンクの挿入]ダイアログボックスでファイルを指定します。

ほかのプレゼンテーションへのハイパーリンクも設定できます。リンクを設定する文字列やオブジェクトを選択して、[挿入]タブの[リンク]をクリックし、[ハイパーリンクの挿入]ダイアログボックスでリンクするプレゼンテーションを指定します。

1 リンクを設定するテキストを選択して、

2 [挿入]タブをクリックし、

3 [リンク]をクリックします。

4 [ファイル、Webページ]をクリックして、

5 [検索先]でリンクするプレゼンテーションの保存場所を指定します。

6 リンクするプレゼンテーションをクリックして、

7 [OK]をクリックすると、

8 指定したテキストに別のプレゼンテーションへのリンクが設定されます。

重要度 ★★★ ハイパーリンクとPDF

Q 473 ハイパーリンクが設定された テキストを編集したい!

A [ハイパーリンクの編集] ダイアログボックスで変更します。

ハイパーリンクを設定したテキストを編集したいとき は、リンクが設定されたテキストをクリックして、[挿 入]タブの[リンク]をクリックします。[ハイパーリン クの編集]ダイアログボックスが表示されるので、[表 示文字列]でテキストを変更します。

[表示文字列] でテキストを変更します。

重要度 ★★★ ハイパーリンクとPDF

Q 474 リンクに表示されるヒントを 設定したい!

A [ハイパーリンクの編集] ダイアログボックスで設定します。

ハイパーリンクには、マウスポインターを近づけると 表示されるヒントを設定できます。リンクが設定され たテキストやオブジェクトを選択して、[挿入]タブの [リンク]をクリックし、[ハイパーリンクの編集]ダイ アログボックスの[ヒント設定]でヒントを入力しま す。

1 [ヒント設定] をクリックして、

2 ヒントを入力します。

重要度 ★★★ ハイパーリンクとPDF

Q 475 ハイパーリンクを 解除したい!

A [ハイパーリンクの編集] ダイアログボックスで解除します。

スライドに設定したハイパーリンクを解除するには、 リンクが設定されているテキストやオブジェクトを選 択して、[挿入]タブの[リンク]をクリックします。[ハ イパーリンクの編集]ダイアログボックスが表示され るので、[リンクの解除]をクリックします。

[リンクの解除] をクリックすると、 リンクが解除されます。

1 基本
2 スライド
3 マスター
4 文字入力
5 アウトライン
6 図形
7 写真・イラスト
8 表
9 グラフ
10 アニメーション
11 切り替え
12 動画・音楽
13 プレゼン
14 印刷
15 保存・共有

重要度 ★★★　ハイパーリンクとPDF

Q 476 オブジェクトに動作設定を加えたい！

A [挿入]タブの[動作]をクリックして設定します。

動作設定とは、オブジェクトをクリックしたり、マウスポインターを合わせたりしたときに目的の動作をさせる機能です。ハイパーリンクを設定したり、別のアプリを開いたり、次のスライドを表示させたりと、さまざまな動作を設定することができます。オブジェクトに動作を設定するには、オブジェクトをクリックして、[挿入]タブの[動作]をクリックし、[オブジェクトの動作設定]ダイアログボックスで設定します。

1 オブジェクトをクリックして、

2 [挿入]タブをクリックし、

3 [動作]をクリックします。

4 マウスの操作（ここでは[マウスの通過]）をクリックして、

5 設定したい動作（ここでは[ハイパーリンク]）をクリックしてオンにし、

6 目的の動作（ここでは[次のスライド]）を選択して、

7 [OK]をクリックします。

重要度 ★★★　ハイパーリンクとPDF

Q 477 PDFをスライドに挿入したい！

A [挿入]タブの[オブジェクト]からPDFファイルを指定します。

PDFをスライドに挿入するには、挿入するスライドを選択して、[挿入]タブの[オブジェクト]をクリックします。[オブジェクトの挿入]ダイアログボックスが表示されるので、[ファイルから]をクリックしてオンにし、PDFファイルを指定します。
なお、PDFファイルがアイコンで挿入される場合があります。この場合は、アイコンをダブルクリックすると、PDFファイルが表示されます。

1 PDFを挿入するスライドをクリックして、[挿入]タブをクリックし、

2 [オブジェクト]をクリックします。

3 [ファイルから]をクリックしてオンにし、

4 [参照]をクリックして、PDFファイルを指定し、[OK]をクリックします。

5 [OK]をクリックすると、

6 PDFファイルがスライドに挿入されます。

第**13**章

プレゼンテーションの 活用技!

1 基本
2 スライド
3 マスター
4 文字入力
5 アウトライン
6 図形
7 写真・イラスト
8 表
9 グラフ
10 アニメーション
11 切り替え
12 動画・音楽
13 プレゼン
14 印刷
15 保存・共有

重要度 ★★★　スライドショーの実行

Q 478 プレゼンテーションの流れを知りたい!

A プレゼンテーションの準備をしてから、スライドショーを実行します。

作成したプレゼンテーションを発表するには、スライドショー機能を利用します。PowerPointには、ノートやリハーサル、発表者ツールなど、プレゼンテーションをサポートする機能が複数備わっているので、適宜活用するとよいでしょう。

実際のプレゼンテーション実行の流れは、どのようなプレゼンテーションを行うかによって決まりますが、一般的には、以下のような流れになります。

❶ 発表者用のメモを作成する

スライドショーの実行中に発表者用のメモとして利用したり、配布資料として利用する「ノート」を入力しておきます（Q 082参照）。

❷ 資料を印刷する

配布資料として、スライドの内容やノートなどを印刷します（第14章参照）。

❸ リハーサルを行う

リハーサル機能を利用して、スライドの切り替えのタイミングやアニメーション表示のタイミングを設定します。また、必要に応じてナレーションを録音します（Q 512、Q 514参照）。

❹ スライドショーを実行する

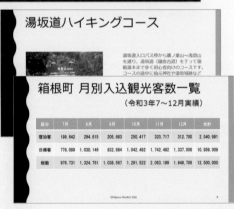

必要な機材（プロジェクターやスクリーンなど）を用意したら、実際にスライドショーを実行します。発表者ツールを利用すると、スライドやノートなどをパソコンで確認しながらプレゼンテーションを行うことができます（Q 487参照）。

Q479 スライドショーを実行したい！

A [スライドショー]タブの[最初から]をクリックします。

作成したスライドを1枚ずつ順番に表示していくことを「スライドショー」といいます。スライドショーを実行するには、[スライドショー]タブをクリックして、[最初から]をクリックします。

画面の切り替えを初期設定の「クリック時」に設定している場合は、スライドをクリックして次のスライドへ切り替えます。自動的に切り替える設定にしている場合は、指定した時間で順番に切り替わります。スライドショーが終了したら、画面をクリックして終了します。

1 [スライドショー]タブをクリックして、

2 [最初から]をクリックすると、

3 スライドショーが開始されます。

4 スライドショーが終了すると、この画面が表示されるので、

5 画面をクリックすると、スライドショーが終了します。

Q480 スライドショーをすばやく始めたい！

A クイックアクセスツールバーの[先頭から開始]をクリックします。

クイックアクセスツールバーの[先頭から開始]をクリックすると、タブを切り替える手間が省け、すばやく実行することができます。なお、クイックアクセスツールバーが表示されていない場合は、Q 039を参照してください。

[先頭から開始]をクリックすると、スライドショーをすばやく実行できます。

Q481 スライドショーを中断したい！

A スライドを右クリックして[スライドショーの終了]をクリックします。

スライドショーを中断するには、スライドの任意の位置で右クリックして、[スライドショーの終了]をクリックします。また、スライドショーの実行中にEscを押しても中断できます。

1 スライドを右クリックして、

2 [スライドショーの終了]をクリックします。

1 基本
2 スライド
3 マスター
4 文字入力
5 アウトライン
6 図形
7 写真・イラスト
8 表
9 グラフ
10 アニメーション
11 切り替え
12 動画・音楽
13 プレゼン
14 印刷
15 保存・共有

重要度 ★★★　スライドショーの実行

Q 482 スライドショーを途中から始めたい！

A [スライドショー]タブの[現在のスライドから]をクリックします。

スライドショーを途中から始めるには、開始したいスライドをクリックして、[スライドショー]タブの[現在のスライドから]をクリックします。また、ステータスバーの[スライドショー]をクリックしても、現在選択しているスライドからスライドショーを開始することができます。

[スライドショー]タブの[現在のスライドから]をクリックします。

重要度 ★★★　スライドショーの実行

Q 483 デスクトップから直接スライドショーを始めたい！

A 「PowerPointスライドショー」形式でデスクトップに保存します。

デスクトップから直接スライドショーを始めたい場合は、ファイルの種類を「PowerPointスライドショー」形式にして、デスクトップに保存します。[ファイル]タブ→[エクスポート]→[ファイルの種類の変更]→[PowerPoint スライドショー]→[名前を付けて保存]の順にクリックして保存します。「PowerPoint スライドショー」形式のファイルを開くと、スライドショーの画面のみが表示されます。

ファイルの種類を[PowerPointスライドショー]にして保存します。

重要度 ★★★　スライドショーの実行

Q 484 複数のモニターを使ってスライドショーをしたい！

A [スライドショー]タブの[モニター]で表示先を指定します。

プレゼンテーションを実行する場合、多くはスライドショーをプロジェクターなどの外部ディスプレイに投影して行います。パソコンに外部ディスプレイを接続したら、[スライドショー]タブの[モニター]のボックスをクリックして、外部ディスプレイを選択します。選

択したディスプレイに、スライドショーを表示させることができます。

1 [モニター]のここをクリックして、

2 外部ディスプレイを選択します。

Q 485 スライドショーを繰り返し再生したい！

A スライドショーの設定を [Escキーが押されるまで繰り返す] にします。

展示会会場などでスライドショーを繰り返し再生させたい場合は、[スライドショー] タブの [スライドショーの設定] をクリックし、表示される [スライドショーの設定] ダイアログボックスの [Escキーが押されるまで繰り返す] をクリックしてオンにします。続いて、すべてのスライドを選択して、[画面切り替え] タブの [タイミング] で [自動] をオンにし、スライドが切り替わる時間を指定します。

なお、アニメーションを設定している場合は、[アニメーション] タブの [開始] を [直前の動作の後] に設定しておきましょう。

1 [スライドショー] タブをクリックして、

2 [スライドショー] の設定をクリックします。

3 [Escキーが押されるまで繰り返す] をクリックしてオンにし、

4 [OK] をクリックします。

5 [画面切り替え] タブをクリックして、

6 1枚目のスライドをクリックし、

7 Ctrl + A キーを押して、すべてのスライドを選択します。

8 [クリック時] をクリックしてオフにします。

9 [自動] をクリックしてオンにし、自動で切り替わる時間を指定します。

10 [スライドショー] タブをクリックして、

11 [最初から] をクリックすると、

箱根の魅力を再発見！

箱根のマイナーハイキングコースを歩こう！

12 スライドショーが開始され、Esc キーを押すまで繰り返し再生されます。

1 基本
2 スライド
3 マスター
4 文字入力
5 アウトライン
6 図形
7 写真・イラスト
8 表
9 グラフ
10 アニメーション
11 切り替え
12 動画・音楽
13 プレゼン
14 印刷
15 保存・共有

重要度 ★★★　スライドショーの実行

Q 486 ウィンドウ内でスライド ショーを確認したい!

A [表示]タブの[閲覧表示]を クリックします。

PowerPointのウィンドウ内でスライドショーを確認したい場合は、[表示]タブの[閲覧表示]をクリックします。閲覧表示モードにすると、ウィンドウ内でスライドショーが実行されます。また、ステータスバーの[閲覧表示] 🔟 をクリックしても、ウィンドウ内でスライ

ドショーが実行されます。
標準表示に戻すには、Esc を押すか、ステータスバーの[標準] 🔳 をクリックします。

[表示]タブの[閲覧表示]をクリックすると、PowerPointのウィンドウ内でスライドショーが実行されます。

重要度 ★★★　画面表示の設定

Q 487 発表者ツールとは?

A スライドやノートなどを確認しながら プレゼンテーションを行える機能です。

発表者ツールとは、スライドショーを実行しているときに、発表者がパソコンでスライドやノートなどを確認できる機能のことです。ここでは、発表者ツールで利用できる機能を確認しておきましょう。

Q 488 発表者ツールを使いたい！

A [スライドショー]タブの[発表者ツールを使用する]をオンにします。

発表者ツールを使うには、パソコンとプロジェクターなどを接続して、[スライドショー]タブをクリックし、[発表者ツールを使用する]をクリックしてオンにします。続いて、[スライドショー]タブの[最初から]をクリックするとスライドショーが実行され、パソコンには発表者ツールが表示されます。

[スライドショー] タブの [発表者ツールを使用する] を
クリックしてオンにします。

Q 489 スライドの表示から発表者ツールに切り替えたい！

A スライドショーの実行中に発表者ツールを表示します。

自分のパソコンに発表者ツールを表示させるには、スライドショーの実行中に右クリックして、[発表者ツールを表示]をクリックします。もとの表示に戻すには、右クリックをするか、● をクリックして、[発表者ツールを非表示]をクリックします。

右クリックして、[発表者ツールを表示] を
クリックします。

Q 490 最後のスライドのあとに黒い画面を表示させたくない！

A [PowerPointのオプション]ダイアログボックスで設定します。

スライドショーが終了すると、初期設定では黒い画面が表示されます。この画面を表示させずに、最後のスライドで停止させるには、[ファイル]タブから[オプション]をクリックして、[PowerPointのオプション]ダイアログボックスを表示します。[詳細設定]をクリックし、[スライドショー]から[最後に黒いスライドを表示する]をクリックしてオフにし、[OK]をクリックします。

[最後に黒いスライドを表示する] を
クリックしてオフにします。

1 基本
2 スライド マスター
3 文字入力
4 アウトライン
5 図形
6 写真・イラスト
7 表
8 グラフ
9 アニメーション
10 切り替え
11 動画・音楽
12 プレゼン
13 印刷
14 保存・共有
15

重要度 ★★★　画面表示の設定

Q 491 スライドショーの終了後に タイトルスライドに戻りたい!

A [スライドショー]タブの[スライドショーの設定]から設定します。

スライドショーがすべて終わったあと、タイトルスライドに戻りたい場合は、[スライドショー]タブの[スライドショーの設定]をクリックします。[スライドショーの設定]ダイアログボックスが表示されるので、[Escキーが押されるまで繰り返す]をクリックしてオンにします。

上記の設定をすると、最後のスライドを表示したあとにスライドを切り替えると、タイトルスライドに戻ります。繰り返し再生されているスライドショーを停止するときは、Escを押します。

1 [Escキーが押されるまで繰り返す]を クリックしてオンにし、

2 [OK]をクリックします。

重要度 ★★★　画面表示の設定

Q 492 プレゼン中にパソコンの 画面が暗転してしまう!

A 電源を切る時間とスリープ状態にする時間を長めに設定します。

スライドショーの実行中にパソコンの画面が暗転表示になってしまうのは、パソコン本体に設定されている画面の電源とスリープの時間の設定によるものです。電源を切る時間とスリープ状態にする時間を長めに設定しましょう。

1 [スタート]を クリックして、

2 [設定]をクリックし、

なお、Windows 10では手順 **4** で[電源とスリープ]をクリックして、画面の電源とスリープの時間を設定します。

3 [システム]の[電源とバッテリー]をクリックします。

4 [画面とスリープ]をクリックして、

5 画面の電源を切る時間と、 スリープ状態にする時間を 長めに設定します。

重要度 ★★★　　スライド表示のテクニック

Q 493 スライドの注目させたい部分を拡大したい！

A スライドを右クリックして[画面表示拡大]をクリックします。

スライドショーの実行中に注目させたい部分を拡大するには、スライドショー中に右クリックして、[画面表示拡大]をクリックし、拡大したい部分をクリックします。発表者ツールでは、🔍 をクリックして、拡大したい部分をクリックします。再度右クリックするか[Esc]を押すと、もとの表示に戻ります。

1 スライドを右クリックして、

2 [画面表示拡大]をクリックします。

	8月	9月	10月	11月
42	294,615	205,683	250,417	320,717
89	1,030,146	832,884	1,042,482	1,742,482

3 マウスポインターの形が ⊕ に変わった状態で、拡大したい部分をクリックすると、

箱根町 月別入込観光客数一覧
（令和3年7〜12月実績）

区分	7月	8月	9月	10月	11月	12月	合計
宿泊客	198,642	294,615	205,683	250,417	320,717	312,700	2,540,991
日帰客	778,089	1,030,146	832,884	1,042,482	1,742,482	1,337,006	10,959,009
総数	976,731	1,324,761	1,038,567	1,291,522	2,063,199	1,649,706	12,500,000

4 クリックした部分が拡大表示されます。

月	10月	11月	12月	合計
,683	250,417	320,717	312,700	2,540,991
,884	1,042,482	1,742,482	1,337,006	10,959,009
,567	1,291,522	2,063,199	1,649,706	12,500,000

重要度 ★★★　　スライド表示のテクニック

Q 494 スライドの一覧から特定のスライドに切り替えたい！

A スライドを一覧表示に切り替えて、スライドをクリックします。

スライドショーの実行中に特定のスライドに切り替えたい場合は、スライドショー中に右クリックして、[すべてのスライドを表示]をクリックします。発表者ツールでは、🔳 をクリックします。スライドが一覧で表示されるので、目的のスライドをクリックすると、そのスライドに切り替えることができます。

1 スライドを右クリックして、

2 [すべてのスライドを表示]をクリックし、

け、旧道街道の石畳
畑宿バス停前戻るコ
ら飛竜の滝、湯坂道
り坂になりますが、
持ちの良い林を抜け

3 表示したいスライドをクリックします。

ここをクリックすると、もとの表示に戻ります。

重要度 ★★★　　スライド表示のテクニック

Q 495 指定したページのスライドに切り替えたい！

A スライドショーの実行中にスライド番号を入力して[Enter]を押します。

スライドショーの実行中にスライド番号を指定してスライドを切り替えることができます。キーボードの数字キーで、切り替えたいスライドの番号を入力し、[Enter]を押します。

重要度 ★★★　スライド表示のテクニック

Q 496 画面を暗転させたい！／真っ白にしたい！

A スライドショーの実行中に B を押すと黒、W を押すと白になります。

スライドショーの実行中に、スライドを一時停止して黒あるいは白の画面を表示することができます。黒い画面を表示するには、キーボードの B を押します。再度 B を押すとスライドショーが再開されます。白い画面を表示するには、W を押します。再度 W を押すとスライドショーが再開されます。

> B を押すと、スライドショーが一時停止し、画面が黒くなります。

重要度 ★★★　ポインター・マーカー

Q 497 発表時にマウスカーソルの矢印を非表示にしたい！

A [ポインターオプション]の [矢印のオプション]から設定します。

スライドショー中のマウスカーソルの矢印は、初期設定ではマウスを動かすときだけ表示されます。矢印を常に表示させたくない場合は、スライドショー中に右クリックして、[ポインターオプション]の[矢印のオプション]から[常に表示しない]をクリックします。発表者ツールでは、✎ をクリックして、同様に操作します。もとに戻す場合は、[自動]をクリックします。

> [ポインターオプション]の[矢印のオプション]から[常に表示しない]をクリックします。

重要度 ★★★　ポインター・マーカー

Q 498 マウスカーソルをレーザーポインターに変更したい！

A [ポインターオプション]から [レーザーポインター]をクリックします。

スライドショーでは、レーザーポインターを表示して強調部分を指示することができます。マウスカーソルをレーザーポインターにするには、スライドショーの実行中に右クリックして、[ポインターオプション]から[レーザーポインター]をクリックします。発表者ツールでは、✎ をクリックして、[レーザーポインター]をクリックします。Esc を押すと、もとのポインターに戻ります。

1 スライドを右クリックして、

2 [ポインターオプション]にマウスポインターを合わせ、

3 [レーザーポインター]をクリックすると、

4 赤いレーザーポインターが表示されます。

- 湯坂道ハイキングコース
- 飛竜の滝ハイキングコース
- 箱根仙石原コース
- 湖尻高原オリエンテーリングコース
- 芦ノ湖西岸コース
- 堂ヶ島渓谷遊歩道コース
- 箱根旧街道コース
- 明神ヶ岳コース

> ポインターを動かすと、レーザーポインターも移動します。

基本 1
スライド 2
マスター 3
文字入力 4
アウトライン 5
図形 6
写真・イラスト 7
表 8
グラフ 9
アニメーション 10
切り替え 11
動画・音楽 12
プレゼン 13
印刷 14
保存・共有 15

重要度 ★★★　ポインター・マーカー

Q 499 スライドに蛍光ペンで マークを付けたい！

A [ポインターオプション]の [蛍光ペン]を利用します。

スライドショーの実行中に、スライドに蛍光ペンを利用して文字列などを強調するには、スライドショー中に右クリックして、[ポインターオプション]から[蛍光ペン]をクリックします。発表者ツールでは、▨ をクリックして、[蛍光ペン]をクリックします。マウスポインターが蛍光ペンの形に変わった状態でドラッグすると、マーカーを付けることができます。Esc を押すと、もとのポインターに戻ります。

1 スライドを右クリックして、

2 [ポインターオプション] にマウスポインターを合わせ、

3 [蛍光ペン]を クリックします。

> 開催日時
> 　令和5年10月9日（月・祝日）午前9時
> 集合場所
> 　箱根湯本駅前バス停2番乗り場 ……………▶
> 参加費
> 　1000円（保険料込み）
> 持ち物・服装
> 　昼食、飲み物、副食類、ハイキングに適した服

4 マウスポインターが蛍光ペンの形に 変わった状態でスライド上をドラッグすると、 マーカーを付けることができます。

重要度 ★★★　ポインター・マーカー

Q 500 レーザーポインターや マーカーの色を変更したい！

A [ポインターオプション]の [インクの色]から色を指定します。

初期設定では、レーザーポインターの色は赤、蛍光ペンの色は黄色に設定されています。これらの色を変更するには、スライドショー中に右クリックして、[ポインターオプション]から[インクの色]にマウスポインターを合わせ、一覧から色を指定します。発表者ツールでは、▨ をクリックして、[インクの色]から色を指定します。

1 スライドを右クリックして、

2 [ポインターオプション] に マウスポインターを合わせ、

3 [インクの色] にマウスポインターを合わせて、

4 目的の色をクリックします。

重要度 ★★★　ポインター・マーカー

Q 501 プレゼンテーション中にスライドに描画したい！

A [ポインターオプション]の[ペン]を利用して書き込みます。

スライドショーの実行中に、スライドに文字などを書き込むには、スライドショー中に右クリックして、[ポインターオプション]から[ペン]をクリックし、マウスでドラッグします。タッチパネルを利用できるパソコンの場合は、指やスタイラスペンを使用して書き込むことができます。

スライドに書き込んだ線や文字は保存することができるので、スライドを印刷して配布するなどの使い方もできます。

1 スライドを右クリックをして、

2 [ポインターオプション]にマウスポインターを合わせ、

3 [蛍光ペン]をクリックします。

4 手順**1**、**2**を実行して、[インクの色]にマウスポインターを合わせ、

5 使用したいインクの色をクリックします。

- 湯坂道ハイキングコース
- 飛竜の滝ハイキングコース
- 箱根仙石原コース
- 湖尻高原オリエンテーリングコース
- 芦ノ湖西岸コース
- 堂ヶ島渓谷遊歩道コース
- 箱根旧街道コース
- 明神ヶ岳コース

6 スライド上をドラッグしてマーカーを付けます。

7 手順**1**、**2**を実行して、[ペン]をクリックし、

©Hakone Nonbiri Clab

8 マウスまたはスタイラスペンなどを利用して文字を書き込みます。

おすすめコース！

9 同様の方法で書き込みます。

時間はかかるが たのしいコース！

©Hakone No

10 書き込みが終了したら、[Esc]を押してペンをオフにします。

重要度 ★★★　ポインター・マーカー

Q 502 スライドに書き込んだ マーカーを削除したい！

A [消しゴム]または[スライド上の インクをすべて消去]を利用します。

スライドに書き込んだペンやマーカーを削除するに は、任意の位置で右クリックして、[ポインターオプ ション]から[消しゴム]をクリックします。ペンやマー カーをクリックまたはドラッグすると削除できます。 また、[スライド上のインクをすべて消去]をクリック すると、すべての書き込みを削除できます。

[ポインターオプション]から [消しゴム]または[スライド 上のインクをすべて消去]を クリックします。

重要度 ★★★　ポインター・マーカー

Q 503 プレゼン時の書き込みを 保存しておきたい！

A スライドショーの終了時に [保持]をクリックします。

スライドにペンやマーカーで書き込みをすると、スラ イドショーの終了時に、書き込みを保持するかどうか の確認のダイアログボックスが表示されます。[保持] をクリックすると、書き込みがオブジェクトとして保 存されます。[破棄]をクリックすると、書き込みが破棄 されます。

[保持]をクリックす ると、書き込みが保 存されます。

重要度 ★★★　ポインター・マーカー

Q 504 保存した書き込みを 削除したい！

A 書き込みはオブジェクトに変換され るので、編集画面で削除できます。

スライドに書き込んだペンやマーカーは保持したあと でも、移動したり削除したりすることができます。編集 画面を表示すると、書き込みはオブジェクトとして表 示されるので、削除したい場合は、書き込みをクリック して Delete を押します。

1 削除したい書き込みをクリックして、

2 Delete を押すと、

3 書き込みが削除されます。

基本 1
スライド 2
マスター 3
文字入力 4
アウトライン 5
図形 6
写真・イラスト 7
表 8
グラフ 9
アニメーション 10
切り替え 11
動画・音楽 12
プレゼン 13
印刷 14
保存・共有 15

重要度 ★★★　ポインター・マーカー

Q 505 書き込みを非表示にしたい！

A [スクリーン]の[インクの表示／非表示]を利用します。

書き込みをスライドショーの実行中に非表示にしたい場合は、スライドショー中に右クリックして、[スクリーン]から[インクの表示／非表示]をクリックします。発表者ツールでは、● をクリックして、同様に操作します。再び[インクの表示／非表示]をクリックすると、再表示されます。なお、保持した書き込みについても同様の操作で非表示にできます。

1 スライドを右クリックして、

2 [スクリーン]にマウスポインターを合わせ、

3 [インクの表示／非表示]をクリックすると、

4 書き込みが非表示になります。

重要度 ★★★　利用するスライドの選択

Q 506 使わないスライドを削除せず非表示にしたい！

A [スライドショー]タブの[非表示スライドに設定]をクリックします。

スライドショー実行時に、表示させたくないスライドを削除せずに非表示にすることができます。編集画面で非表示にしたいスライドを選択して、[スライドショー]タブの[非表示スライドに設定]をクリックしてオンにします。非表示にしたスライドには、サムネイルのスライド番号に斜線が引かれます。

1 スライドを選択して、

2 [スライドショー]タブをクリックし、

3 [非表示スライドに設定]をクリックしてオンにすると、

4 スライドが非表示スライドに設定されます。

サムネイルのスライド番号に斜線が引かれます。

重要度 ★★★ 利用するスライドの選択

Q 507 非表示にしたスライドを再表示したい！

A [スライドショー]タブの[非表示スライドに設定]をクリックします。

非表示にしたスライドを再表示させるには、非表示にしたスライドを選択して、[スライドショー]タブをクリックし、[非表示スライドに設定]をクリックしてオフにします。

[スライドショー] タブの [非表示スライドに設定] をクリックしてオフにします。

重要度 ★★★ 利用するスライドの選択

Q 508 プレゼンテーションの一部分だけ利用したい！

A [スライドショー]タブの[スライドショーの設定]から指定します。

プレゼンテーションの一部分だけを利用したスライドショーを実行することができます。[スライドショー]タブの[スライドショーの設定]をクリックすると[スライドショーの設定]ダイアログボックスが表示されるので、利用したいスライドを指定します。

1 [スライドショー] タブをクリックして、

2 [スライドショーの設定] をクリックします。

3 [スライド指定] をクリックしてオンにし、利用するページ範囲を指定して、

4 [OK] をクリックします。

重要度 ★★★ 利用するスライドの選択

Q 509 目的別スライドショーとは？

A プレゼンテーションから目的に応じたスライドを作成する機能です。

目的別スライドショーとは、1つのプレゼンテーションから、表示するスライドを目的に応じて選択して、何通りかのプレゼンテーションを作成する機能です。もとのプレゼンテーションを編集し直す必要がないので、

効率的に複数のプレゼンテーションを作成することができます。

参照▶Q 510

目的別スライドショーは複数作成することができます。

1 基本
2 スライド
3 マスター
4 文字入力
5 アウトライン
6 図形
7 写真・イラスト
8 表
9 グラフ
10 アニメーション
11 切り替え
12 動画・音楽
13 プレゼン
14 印刷
15 保存・共有

重要度 ★★★ 利用するスライドの選択

Q 510 目的別スライドショーを 作成したい！

A [スライドショー]タブの[目的別 スライドショー]を利用します。

目的別スライドショーを作成するには、[スライド
ショー]タブの[目的別スライドショー]から[目的別
スライドショー]をクリックします。[目的別スライド
ショー]ダイアログボックスが表示されるので、[新規
作成]をクリックして、スライドを追加します。

1 [スライドショー]タブをクリックして、

2 [目的別スライド ショー]をクリックし、

3 [目的別スライド ショー]を クリックします。

4 [新規作成]をクリックして、

5 スライドショーの名前を入力します。

6 使用するスライドを クリックしてオンにし、

7 [追加]を クリックすると、

8 選択したスライドが追加されます。

9 [OK]をクリックすると、

10 目的別スライドショーが作成されるので、

11 [閉じる]をクリックします。

重要度 ★★★ 利用するスライドの選択

Q 511 目的別スライドショーを 実行したい！

A 作成した目的別スライドショーを クリックします。

作成した目的別スライドショーを実行するには、[スラ
イドショー]タブの[目的別スライドショー]をクリッ
クして、実行したいスライドショーをクリックします。

[目的別スライドショー]をクリックして、 実行したいスライドショーをクリックします。

基本 1
スライド 2
マスター 3
文字入力 4
アウトライン 5
図形 6
写真・イラスト 7
表 8
グラフ 9
アニメーション 10
切り替え 11
動画・音楽 12
プレゼン 13
印刷 14
保存・共有 15

重要度 ★★★　リハーサル

Q512 リハーサルをしたい!

A [スライドショー]タブの
[リハーサル]を利用します。

リハーサル機能を利用すると、本番と同じようにスライドショーを実行できます。[スライドショー]タブの[リハーサル]をクリックするとリハーサルが開始され、通常のスライドショーと違いスライドごとの所要時間が記録されます。また、アニメーション効果やスライド切り替えのタイミングも記録され、保存すると本番で再利用することができます。

> 1 [スライドショー]タブをクリックして、

> 2 [リハーサル]をクリックすると、

> 3 スライドショーが開始され、[記録中]ツールバーが表示されます。

記録中　▼ ✕
→ ⏸ 0:00:02 ↺ 0:00:27

> 4 本番と同じように説明を行い、次のスライドを表示するタイミングでクリックします。

湖尻高原オリエンテーリングコース

> 5 同様に操作して、すべてのスライドのタイミングを設定します。

Microsoft PowerPoint ✕
ⓘ スライドショーの所要時間は 0:03:10 です。今回のタイミングを保存しますか?
[はい(Y)] [いいえ(N)]

> 6 切り替えなどのタイミングを保存するかどうかの確認のダイアログボックスが表示されるので、[はい]をクリックします。

重要度 ★★★　リハーサル

Q513 リハーサルでのスライドの動きを残しておきたい!

A リハーサルの終了時に
タイミングを保存します。

リハーサル機能を利用すると、スライドの表示時間やアニメーション効果の表示時間が記録されます。リハーサルを終えてすべてのタイミングが記録されると、タイミングを保存するかどうかの確認のダイアログボックスが表示されます。設定したタイミングを残しておきたい場合は、[はい]をクリックします。

タイミングを保存しておくと、スライドショーを実行した際、記録したタイミングで自動的に切り替えることができます。

> スライド一覧表示に切り替えると、各スライドの表示時間を確認できます。

1 基本
2 スライド
3 マスター
4 文字入力
5 アウトライン
6 図形
7 写真・イラスト
8 表
9 グラフ
10 アニメーション
11 切り替え
12 動画・音楽
13 プレゼン
14 印刷
15 保存・共有

重要度 ★★★　リハーサル

Q 514 ナレーションを録音したい！

A [スライドショー]タブの[録画]から録音します。

プレゼンテーションには、ナレーションを付けることができます。ナレーションに合わせて、スライドの切り替えのタイミングも保存できるので、発表者なしで実行されるスライドショーに利用することができます。ナレーションを録音するには、[スライドショー]タブの[録画]から開始します。

なお、PowerPoint 2016の場合は、手順**2**のあとに[録画]ダイアログボックスが表示されるので、記録する項目を指定して、[記録の開始]をクリックします。

ナレーションを録音するには、パソコンにマイクが内蔵されているか、接続されている必要があります。

1 [スライドショー]タブの[録画]のここをクリックして、

2 [先頭から]をクリックします。

3 記録用の画面が表示されるので、画面の左上に表示されている[記録]をクリックすると、

4 録音が開始されます。

5 ここをクリックして、スライドを移動しながらナレーションを録音し、スライドショーの最後でクリックします。

6 記録が終了すると、スライドの右下にオーディオアイコンあるいはWebカメラからの静止画が表示されます。

重要度 ★★★　リハーサル

Q 515 録音を一時停止したりやり直したりしたい！

A 記録用画面のコマンドを利用します。

ナレーションの録音を開始すると、記録用の画面が表示され、タイミングが記録されます。記録を一時停止したいときは、画面左上の[一時停止]をクリックします。再開するには、[記録]をクリックします。

録音をやり直したいときは、[停止]をクリックすると、設定時間がリセットされます。

基本 1
スライド 2
マスター 3
文字入力 4
アウトライン 5
図形 6
写真・イラスト 7
表 8
グラフ 9
アニメーション 10
切り替え 11
動画・音楽 12
プレゼン 13
印刷 14
保存・共有 15

重要度 ★ ★ ★ リハーサル

Q 516 記録したタイミングを利用したい！

A [スライドショー]タブの [タイミングを使用]をオンにします。

記録したスライドの切り替えのタイミングを利用するには、[スライドショー]タブの [タイミングを使用]をクリックしてオンにします。[スライドショー]タブの [最初から]をクリックすると、スライドショーが記録したタイミングで自動的に実行されます。
なお、実際にスライドショーを実行してタイミングが合わない場合は変更することができます。[画面切り替え]タブをクリックして、タイミングを変更するスライドをクリックし、[自動]で表示時間を変更します。

参照▶Q 512

1 [スライドショー] タブをクリックし、
2 [タイミングを使用]を クリックしてオンにし、

3 [最初から] をクリックしてスライドショーを 開始します。

● タイミングを変更する

1 [画面切り替え] タブをクリックして、

2 タイミングを 変更するスライドを クリックし、
3 [自動] で表示時間を 変更します。

重要度 ★ ★ ★ リハーサル

Q 517 録音したナレーションを再生したい！

A [スライドショー] タブの [ナレーションの再生]をオンにします。

録音したナレーションを再生するには、[スライドショー]タブの [ナレーションの再生]をクリックしてオンにします。[スライドショー]タブの [最初から]をクリックすると、ナレーション付きのプレゼンテーションが開始されます。

参照▶Q 514

[スライドショー] タブの [ナレーションの再生] をオンにして、スライドショーを開始します。

重要度 ★ ★ ★ リハーサル

Q 518 記録したタイミングやナレーションを削除したい！

A [録画]の [クリア]から削除します。

記録したスライドの切り替えのタイミングやナレーションを削除するには、[スライドショー]タブの [録画]の下の部分をクリックして、[クリア]から削除したいタイミングやナレーションを指定します。

1 [録画]のここをクリックして、

2 [クリア] から削除する 項目をクリックします。

1 基本
2 スライド
3 マスター
4 文字入力
5 アウトライン
6 図形
7 写真・イラスト
8 表
9 グラフ
10 アニメーション
11 切り替え
12 動画・音楽
13 プレゼン
14 印刷
15 保存・共有

重要度 ★★★　特殊なスライドショー

Q 519 PowerPointを使わずに スライドを見せたい！

A ビデオを作成したり、PowerPoint Onlineを利用したりします。

作成したプレゼンテーションをPowerPointがインストールされていないパソコンで閲覧したり、スライド

ショーを再生したりするには、プレゼンテーションをビデオファイルで保存する方法と、PowerPoint Onlineを利用する方法があります。

保存したビデオファイルは、動画再生ソフトで再生できます。PowerPoint Onlineは、インターネット上で利用できるオンラインアプリケーションで、Microsoft アカウントがあれば無料で利用できます。

また、PowerPoint 2021では、プレゼンテーションをアニメーションGIFとして保存することもできます。

重要度 ★★★　特殊なスライドショー

Q 520 スライドショーを ムービーで保存したい！

A プレゼンテーションをビデオとして 保存します。

プレゼンテーションをビデオとして保存すると、PowerPointがインストールされていないパソコンでもスライドショーを再生することができます。ファイル形式は、「MPEG-ビデオ」または「Windows Media ビデオ」が選択できます。

プレゼンテーションをビデオとして保存するには、[ファイル]タブから[エクスポート]をクリックし、[ビデオの作成]をクリックして保存します。

1 [ファイル]タブから[エクスポート]を クリックして、

2 [ビデオの作成]をクリックします。

3 ここをクリックして、

4 プレゼンテーションの品質を指定します。

5 記録されたタイミングとナレーションを 使用するかどうかを指定して、

6 [ビデオの作成]を クリックします。

7 保存場所を 指定して、

8 ファイル名を 入力します。

9 ファイル形式を 指定して、

10 [保存]をクリックします。

Q 521 スライドショーをPowerPoint Onlineで再生したい!

A OneDriveにPowerPoint ファイルを保存しておきます。

PowerPoint Onlineは、インターネット上で利用できる無料のオンラインアプリケーションで、インターネットに接続できる環境があれば、どこからでもスライドを表示できます。PowerPoint Online を利用するには、Microsoftアカウントが必要です。

PowerPoint Onlineでスライドショーを再生するには、マイクロソフトが提供するオンラインサービスであるOneDrive にPowerPoint ファイルを保存しておく必要があります。OneDrive にファイルを保存するには、[ファイル]タブから [名前を付けて保存]をクリックし、[OneDrive-個人用]から保存します。

1 Webブラウザーを起動して、OneDriveのWebページ (https://onedrive.live.com) を表示します。

2 ファイルの保存場所 (ここでは [ドキュメント]) をクリックして、

3 PowerPointのプレゼンテーションをクリックすると、

4 PowerPoint Online が起動して、プレゼンテーションが表示されます。

5 [スライドショー] をクリックして、

6 [最初から] (または [現在のスライドから]) をクリックすると、

7 スライドショーが開始されます。

箱根の魅力を再発見!

箱根のマイナーハイキングコースを歩こう!

基本 1
スライド 2
マスター 3
文字入力 4
アウトライン 5
図形 6
写真・イラスト 7
表 8
グラフ 9
アニメーション 10
切り替え 11
動画・音楽 12
プレゼン 13
印刷 14
保存・共有 15

重要度 ★★★ 特殊なスライドショー

Q 522

スライドショーをUSBや CD-Rに保存したい！

A プレゼンテーションパックを 利用します。

プレゼンテーションをUSBやCD-Rに保存するには、プレゼンテーションパックを利用します。プレゼンテーションパックとは、PowerPointで作成したプレゼンテーションファイルと、リンクしたファイルをまとめたもののことです。プレゼンテーションパックをUSBやCD-Rに保存すると、外出先で別のパソコンを使ってスライドショー実行したり、ほかの人が任意のパソコンでプレゼンテーションを再生したりすることができます。

プレゼンテーションパックを作成するには、[ファイル]タブから[エクスポート]をクリックして、[プレゼンテーションパック]から[プレゼンテーションパック]をクリックして作成します。

ここでは、USBにプレゼンテーションを保存します。CD-Rに保存する場合は、手順 **7** で[CDにコピー]をクリックして、表示される画面の指示に従って操作します。

1 [ファイル]タブをクリックして、

2 [エクスポート]をクリックし、

3 [プレゼンテーションパック]をクリックして、

4 [プレゼンテーションパック]をクリックします。

5 USBをパソコンに挿入して、

6 保存するファイルの名前を入力し、

7 [フォルダーにコピー]をクリックします。

8 USBをセットしたドライブを指定して、

9 [OK]をクリックします。

10 [はい]をクリックして、

11 確認のメッセージが表示された場合は、[続行]をクリックします。

12 プレゼンテーションパックがUSBに保存されたことを確認して、

13 [プレゼンテーションパック]ダイアログボックスの[閉じる]をクリックします。

4 ここをクリックして、画像の品質を指定します。

5 各スライドの所要時間や使用するスライドなどを必要に応じて設定し、

6 [GIFを作成] をクリックします。

7 保存場所を指定して、

8 ファイル名を入力し、

9 [保存] をクリックします。

基本

スライド マスター

文字入力

アウトライン

図形

写真・イラスト

表

グラフ

アニメーション

切り替え

動画・音楽

プレゼン

印刷

保存・共有

1 2 3 4 5 6 7 8 9 10 11 12 13 14 15

重要度 ★★★ 特殊なスライドショー ❌2019 ❌2016

Q 523 アニメーションGIFを作成したい！

A [ファイル]タブの [エクスポート]から作成します。

PowerPoint 2021では、プレゼンテーションをアニメーションGIFとして保存することができます。アニメーションGIFとして保存すると、Windowsに搭載されている「フォト」アプリなどで再生できます。ファイルサイズも小さいので、メールなどで送付して共有することもできます。[ファイル]タブの [エクスポート] から [アニメーションGIFの作成]をクリックして保存します。

1 [ファイル] タブをクリックして、

2 [エクスポート] をクリックし、

3 [アニメーションGIFの作成] をクリックします。

重要度 ★★★ 特殊なスライドショー

Q 524 スライドショーをウィンドウ表示にしたい！

A 設定を [出席者として閲覧する（ウィンドウ表示）]に変更します。

スライドショーの初期設定は、[発表者として使用する（フルスクリーン表示）]に設定されているため、オンライン会議などでスライドショーを実行すると、画面いっぱいにスライドが表示され、そのほかの作業ができなくなります。この場合は、[スライドショー]タブの [スライドショーの設定]をクリックすると表示される

[スライドショーの設定]ダイアログボックスで、設定を [出席者として閲覧する（ウィンドウ表示）]に変更すると、スライドショーを任意のウィンドウサイズで表示することができるようになります。

[出席者として閲覧する（ウィンドウ表示）]をクリックしてオンにします。

Q 525 プレゼンテーションに字幕を入れたい！

A [常に字幕を使用する]をオンにします。

Microsoft 365には「字幕」機能が搭載されています。字幕機能を使うと、スライドショーの実行中にマイクに向かって話した言葉が自動的に認識されて画面に字幕として表示されます。字幕には、日本語、英語、中国語、フランス語、ドイツ語など、たくさんの言語が用意されています。

字幕機能を使うには、[スライドショー]タブの [常に字幕を使用する]をオンにして、使用する言語と字幕の表示位置を指定します。ここでは、外国語のプレゼンテーションに日本語の字幕を表示してみましょう。

1 [スライドショー] タブをクリックして、

2 [常に字幕を使用する]を クリックしてオンにします。

3 [字幕の設定] をクリックして、

4 話し手の言語と 字幕の言語を指定し、

5 字幕の表示位置 （ここでは [スライドの下]）を クリックします。

6 [スライドショー] タブの [最初から]を クリックして、スライドショーを実行します。

[字幕の開始処理中]と 表示されています。

7 マイクに向かって話すと、 指定した位置に指定した言語で 字幕が表示されます。

8 字幕が画面に入り切らなくなると、 スクロールされて表示されます。

印刷の
快適技!

1 基本
2 スライド
3 マスター
4 文字入力
5 アウトライン
6 図形
7 写真・イラスト
8 表
9 グラフ
10 アニメーション
11 切り替え
12 動画・音楽
13 プレゼン
14 印刷
15 保存・共有

重要度 ★★★ 印刷の基本

Q 526 スライドを印刷したい！

A [ファイル]タブから[印刷]を
クリックして必要な設定を行います。

プレゼンテーションを行う際に、スライドの内容を印
刷したものを配布しておくと参加者が理解しやすくな
ります。PowerPointでは、1枚の用紙に1枚のスライド
を印刷するだけでなく、複数のスライドを配置したり、
メモとなるノートを付けたりと、さまざまなレイアウ
トで印刷することができます。
印刷をするには、[ファイル]タブから[印刷]をクリッ
クし、表示される[印刷]画面で必要な設定を行い実行
します。[印刷]画面の右側にはプレビューが表示され
るので、印刷結果を確認しながら設定を行うことがで
きます。

1 [ファイル]タブをクリックして、

2 [印刷]をクリックし、　**3** ここをクリックして、

4 使用するプリンターを指定します。

5 ここをクリックして、

6 印刷するスライドの範囲を指定し、

7 ここをクリックして、

8 印刷する色を指定します。

9 印刷プレビューを確認して、

10 部数を指定し、

11 [印刷]をクリックすると、印刷が実行されます。

基本 1
スライド 2
マスター 3
文字入力 4
アウトライン 5
図形 6
写真・イラスト 7
表 8
グラフ 9
アニメーション 10
切り替え 11
動画・音楽 12
プレゼン 13
印刷 14
保存・共有 15

重要度 ★ ★ ★ 　印刷の基本

Q 527 1枚の用紙に複数の スライドを印刷したい!

A [印刷]画面で用紙1枚に 印刷するスライドの数を指定します。

1 [ファイル]タ ブをクリック して [印刷]を クリックしま す。

2 ここを クリックして、

3 1枚の用紙に印刷したいスライドの枚数 (ここでは [4スライド(横)])をクリックします。

PowerPointの印刷の初期設定では、1枚の用紙に1枚の スライドを印刷するようになっています。スライドの 枚数が多い場合は、1枚の用紙に複数のスライドを配置 して印刷すると、流れが理解しやすくなります。[ファ イル]タブから [印刷]をクリックして、[フルページサイ ズのスライド]をクリックし、[配布資料]からスライド の枚数と方向を指定します。

4 ここをクリックして、 用紙の方向を指定し (ここでは [横方向])、

5 印刷部数を 指定して、 印刷を実行します。

重要度 ★ ★ ★ 　印刷の基本

Q 528 メモ欄付きでスライドを 印刷したい!

A [印刷]画面で [配布資料]の [3スライド]を選択します。

1枚の用紙に印刷するスライドを3枚(3スライド)にす ることで、スライドの横や下にメモ用の罫線が表示さ れた状態で印刷されます。[ファイル]タブから [印刷] をクリックして、[フルページサイズのスライド]をク リックし、[配布資料]の[3スライド]をクリックします。

[3スライド] を選択する と、スライドの横や下に メモ用の罫線が表示され た状態で印刷されます。

重要度 ★ ★ ★ 　印刷の基本

Q 529 スライドに枠線を付けて 印刷したい!

A [印刷]画面で [スライドに枠を 付けて印刷する]をオンにします。

スライドの周囲に枠線を付けて印刷するには、[ファイ ル]タブから [印刷]をクリックして、[フルページサイ ズのスライド]をクリックし、[スライドに枠を付けて 印刷する]をクリックしてオンにします。

[スライドに枠を付けて印刷する]をオンにすると、 スライドに枠線が付いた状態で印刷されます。

重要度 ★★★　印刷の基本

Q 530 印刷用紙の大きさを変更したい！

A ［プリンターのプロパティ］ダイアログボックスで設定します。

印刷用紙の大きさを変えるには、プリンターのプロパティで設定を変更します。［ファイル］タブから［印刷］をクリックし、［プリンターのプロパティ］をクリックすると、［（プリンター名）のプロパティ］ダイアログボックスが表示されるので、用紙サイズを設定します。なお、表示されるダイアログボックスや設定方法は、使用するプリンターの機種によって異なります。

1 ［ファイル］タブをクリックして、［印刷］をクリックし、

2 ［プリンターのプロパティ］をクリックします。

3 ［用紙］をクリックし、　**4** ここをクリックして用紙サイズを選択し、

5 ［OK］をクリックします。

重要度 ★★★　フッターの印刷

Q 531 印刷する資料に日付やページ番号を追加したい！

A ［ヘッダーとフッター］ダイアログボックスで設定します。

印刷する資料に日付やページ番号を印刷しておくと、管理する際などに便利です。日付やページ番号は、［印刷］画面で［ヘッダーとフッターの編集］をクリックして、表示される［ヘッダーとフッター］ダイアログボックスで設定します。初期設定では日付は右上に、ページ番号は右下に印刷されます。なお、ここで設定したヘッダーとフッターの内容は、ノートと配布資料だけに反映されます。スライドには反映されません。

1 ［ファイル］タブをクリックして、［印刷］をクリックし、　**2** ［ヘッダーとフッターの編集］をクリックします。

3 ［ノートと配布資料］をクリックして、

4 ［日付と時刻］をクリックしてオンにし、　**5** ［自動更新］あるいは［固定］をオンにします。［固定］をオンにした場合は、下の入力欄に日付を入力します。

6 ［ページ番号］をクリックしてオンにし、

7 ［すべてに適用］をクリックします。

Q 532 印刷する資料に会社名を入れたい！

A [ヘッダーとフッター]ダイアログボックスで設定します。

印刷する資料に会社名などの情報を入れて印刷するには、[印刷]画面で[ヘッダーとフッターの編集]をクリックし、表示される[ヘッダーとフッター]ダイアログボックスの[ノートと配布資料]で設定します。[ヘッダー]または[フッター]をクリックしてオンにし、会社名を入力します。初期設定ではヘッダーは左上に、フッターは左下に印刷されます。

なお、ここで設定したヘッダーとフッターの内容は、ノートと配布資料だけに反映されます。スライドには反映されません。

1 [ファイル]タブから[印刷]をクリックし、[ヘッダーとフッターの編集]をクリックします。

2 [ノートと配布資料]をクリックして、

3 [ヘッダー](あるいは[フッター])をクリックしてオンにします。

4 会社名などヘッダーやフッターの内容を入力して、

5 [すべてに適用]をクリックすると、

6 ヘッダー（あるいはフッター）に手順**4**で入力した内容が表示されます。

[配布資料]から[2スライド]を選択しています。

Q 533 印刷する資料のレイアウトを設定したい！

A 配布資料マスターを利用して設定します。

印刷する配布資料のテキストの書式やヘッダー／フッターの位置、背景のスタイルなどを変更するには、配布資料マスターを利用します。設定した内容は、印刷される配布資料のすべてのページに反映されます。配布資料マスターは、[表示]タブの[配布資料マスター]をクリックすると表示できます。

配布資料マスターを利用すると、配布資料のレイアウトやデザインなどを変更することができます。

基本 1
スライド 2
マスター 3
文字入力 4
アウトライン 5
図形 6
写真・イラスト 7
表 8
グラフ 9
アニメーション 10
切り替え 11
動画・音楽 12
プレゼン 13
印刷 14
保存・共有 15

1 基本
2 スライド
3 マスター
4 文字入力
5 アウトライン
6 図形
7 写真・イラスト
8 表
9 グラフ
10 アニメーション
11 切り替え
12 動画・音楽
13 プレゼン
14 印刷
15 保存・共有

重要度 ★★★ フッターの印刷

Q 534 ヘッダーやフッターのレイアウトを変更したい!

A 配布資料マスターを表示して、プレースホルダーを移動します。

配布資料のヘッダーやフッターなどのレイアウトを変更するには、配布資料マスターを表示して、ヘッダーやフッターのプレースホルダーをドラッグ操作で移動します。また、[配布資料マスター]タブの[プレースホルダー]グループで、ヘッダーやフッターを非表示にすることもできます。

ここでは、[ヘッダー]を非表示にして、[日付]を左に移動します。

1 [表示]タブをクリックして、

2 [配布資料マスター]をクリックします。

↓

3 [ヘッダー]をクリックしてオフにし、

4 [日付]をドラッグして、左へ移動します。

5 [マスター表示を閉じる]をクリックします。

重要度 ★★★ フッターの印刷

Q 535 配布資料のヘッダーやフッターの書式を編集したい!

A [配布資料マスター]タブや[ホーム]タブを利用します。

配布資料のヘッダーやフッターの書式を変更するには、[配布資料マスター]タブの[フォント]で設定します。[配布資料マスター]タブの[フォント]を利用すると、印刷する配布資料のヘッダーやフッターのフォントがまとめて変更されます。

個別に変更したい場合は、プレースホルダーを選択してから[ホーム]タブに切り替え、[フォント]グループで設定します。[ホーム]タブの[フォント]グループからは、フォント以外にも、文字の大きさやスタイルなども設定することができます。

● フォントをまとめて変更する

1 配布資料マスターを表示して、[フォント]をクリックし、

2 目的のフォントをクリックすると、すべてのフォントが変更されます。

● フォントやフォントサイズを個別に変更する

1 配布資料マスターを表示して、プレースホルダーを選択し、

2 [ホーム]タブの[フォント]グループで書式を設定します。

基本 1
スライド 2
マスター 3
文字入力 4
アウトライン 5
図形 6
写真・イラスト 7
表 8
グラフ 9
アニメーション 10
切り替え 11
動画・音楽 12
プレゼン 13
印刷 14
保存・共有 15

重要度 ★★★　フッターの印刷

Q 536 配布資料の背景を設定したい！

A 配布資料マスターの [背景のスタイル]で設定します。

配布資料の背景は、配布資料マスターで変更できます。[表示]タブの[配布資料マスター]をクリックし、[背景のスタイル]から設定します。背景のスタイルは配布資料の印刷のほか、アウトラインの印刷にも反映されます。

1 [表示]タブをクリックして、

2 [配布資料マスター]をクリックします。

↓

3 [背景のスタイル] をクリックして、　**4** 目的のスタイルをクリックします。

印刷プレビューを表示すると、背景のスタイルが変更されていることが確認できます。

重要度 ★★★　ノートとアウトラインの印刷

Q 537 補足説明付きでスライドを印刷したい！

A [印刷]画面で[印刷レイアウト]の [ノート]を選択します。

ノートは、スライドショー実行中に発表者用のメモにしたり、印刷して参考資料として利用するものです。ノートを付けてスライドを印刷するには、[ファイル]タブから[印刷]をクリックして、[フルページサイズのスライド]をクリックし、[ノート]をクリックします。

印刷レイアウトを[ノート]にすると、用紙の上部にスライドが、下部にノートが配置されて印刷されます。

重要度 ★★★　ノートとアウトラインの印刷

Q 538 ノート付き配布資料のレイアウトを設定したい！

A ノートマスターを利用して設定します。

ノートを付けて印刷する配布資料のノートの書式やヘッダー／フッターの位置や書式、背景のスタイルなどは、ノートマスターを利用して変更できます。

ノートマスターを利用すると、ノートの書式やレイアウトなどを変更することができます。

Q 539 ノートの書式を編集したい!

A ノートマスターを表示して、マスターテキストの書式を編集します。

ノートの書式を編集するには、ノートマスターを表示します。[表示]タブをクリックして [ノートマスター]をクリックするとノートマスターが表示されるので、マスターに表示される[マスターテキストの書式設定]のプレースホルダーを選択して、フォントやフォントサイズ、文字色などを設定します。

1 [表示] タブをクリックして、

2 [ノートマスター] をクリックします。

3 [マスターテキストの書式設定] の
プレースホルダーを選択して、

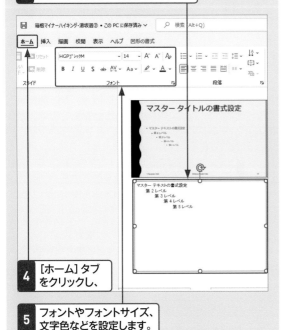

4 [ホーム] タブ
をクリックし、

5 フォントやフォントサイズ、
文字色などを設定します。

Q 540 ノート付き資料のレイアウトを変えたい!

A ノートマスターを表示して、プレースホルダーを移動します。

ノートを付けて印刷する資料に表示するフッターなどのレイアウトを変更するには、ノートマスターを表示して、ヘッダーやフッターのプレースホルダーをドラッグ操作で移動します。また、[ノートマスター]タブの [プレースホルダー] グループで、非表示にしたい項目を設定することもできます。
ここでは、[フッター]を非表示にして、[日付]を左下に移動します。

1 ノートマスターを表示して、
[フッター]をクリックしてオフにします。

2 [日付]をドラッグして、左下へ移動し、

3 [マスター表示を閉じる]をクリックします。

左端縦タブ: 1 基本 / 2 スライド / 3 マスター / 4 文字入力 / 5 アウトライン / 6 図形 / 7 写真・イラスト / 8 表 / 9 グラフ / 10 アニメーション / 11 切り替え / 12 動画・音楽 / 13 プレゼン / 14 印刷 / 15 保存・共有

基本 1
スライド 2
マスター 3
文字入力 4
アウトライン 5
図形 6
写真・イラスト 7
表 8
グラフ 9
アニメーション 10
切り替え 11
動画・音楽 12
プレゼン 13
印刷 14
保存・共有 15

重要度 ★★★ ノートとアウトラインの印刷

Q 541 スライドのアウトラインを印刷したい！

A [印刷]画面で[印刷レイアウト]の[アウトライン]を選択します。

スライド全体の構成を確認したいときは、内容の構造を文章だけで表示するアウトラインを印刷します。[ファイル]タブから[印刷]をクリックして、[フルページサイズのスライド]をクリックし、[アウトライン]をクリックします。アウトライン印刷のレイアウトなどを変更したい場合は、配布資料マスターから行えます。

参照 ▶ Q 534

1 [ファイル]タブをクリックして、[印刷]をクリックします。

2 [フルページサイズのスライド]をクリックして、

3 [アウトライン]をクリックすると、

4 アウトラインが表示されます。

5 [部数]を指定して、

6 [印刷]をクリックし、印刷を実行します。

重要度 ★★★ さまざまな配布資料

Q 542 プレゼンテーションをPDFで配布したい！

A [ファイル]タブの[エクスポート]からPDFファイルを作成します。

プレゼンテーションをPDF形式で保存すると、PowerPointを持っていない人でも、Windowsに搭載されているMicrosoft Edgeや無料のAcrobat Reader DCでプレゼンテーションを閲覧できます。[ファイル]タブから[エクスポート]をクリックして、[PDF／XPSドキュメントの作成]から[PDF／XPSの作成]をクリックして保存します。

1 [ファイル]タブをクリックして、[エクスポート]をクリックします。

2 [PDF／XPSドキュメントの作成]をクリックして、

3 [PDF／XPSの作成]をクリックします。

4 保存場所を指定して、

5 ファイル名を入力し、

6 [発行]をクリックします。

1 基本
2 スライド
3 マスター
4 文字入力
5 アウトライン
6 図形
7 写真・イラスト
8 表
9 グラフ
10 アニメーション
11 切り替え
12 動画・音楽
13 プレゼン
14 印刷
15 保存・共有

重要度 ★★★ さまざまな配布資料

Q 543 見やすい企画書を作成したい！

A A4サイズの「1枚企画書」を作成するとよいでしょう。

PowerPointでは、複数のスライドから構成される「プレゼンテーション」以外にも、1枚のスライドからなる「1枚企画書」を作成することができます。

プレゼンテーションは、大勢の参加者に向けて発表する用途には適していますが、企画書として配布する用途には向いていません。企画書として利用する場合は、A4サイズの1枚企画書が有用です。

重要度 ★★★ さまざまな配布資料

Q 544 A4サイズ1枚の企画書を作成したい！

A スライドのサイズをA4に、印刷の向きを縦に設定します。

A4サイズ1枚の企画書を作成するには、最初にテーマが設定されていない新規のプレゼンテーションを作成して、レイアウトを白紙に変更し、用紙サイズをA4サイズの縦向きに設定します。次にテキストボックスを適宜配置して文字を入力し、表や画像、グラフなどを挿入します。

1 [デザイン] タブをクリックして、

2 [スライドのサイズ] をクリックし、

3 [ユーザー設定のスライドのサイズ] をクリックします。

4 [ユーザー設定] を選択して、

5 [幅] に「21cm」、[高さ] に「29.7cm」と入力し、

6 [スライド] の [縦] をクリックしてオンにし、

7 [OK] をクリックします。

8 [最大化]（または [サイズに合わせて調整]）をクリックします。

9 テキストボックスを配置して文字を入力し、グラフや表、画像などを挿入して、企画書を作成します。

保存や共有の便利技!

1 基本
2 スライド
3 マスター
4 文字入力
5 アウトライン
6 図形
7 写真・イラスト
8 表
9 グラフ
10 アニメーション
11 切り替え
12 動画・音楽
13 プレゼン
14 印刷
15 保存・共有

重要度 ★ ★ ★　起動と保存の応用

Q 545

よく使うファイルを
すぐに開けるようにしたい！

A [最近使ったアイテム]の一覧に
ファイルを固定します。

PowerPoint を起動すると、[最近使ったアイテム]の一覧がファイルを開いた順番に表示されています。ファイルは古い順に一覧から削除されますが、常に表示されるようにファイルを固定しておくこともできます。

1 PowerPointを起動します。

2 固定したいファイルにマウスポインターを合わせて、ここをクリックすると、

3 ファイルが固定され、
常に一覧に表示させておくことができます。

再度クリックすると、固定が解除されます。

重要度 ★ ★ ★　起動と保存の応用

Q 546

よく使うフォルダーを
保存先として設定したい！

A [PowerPointのオプション]
ダイアログボックスで設定します。

新たにファイルを保存する際、最初に保存先として指定されるフォルダーは、ユーザーフォルダー内のドキュメントフォルダーになっています。最初に指定される保存場所を変更するには、[PowerPointのオプション]ダイアログボックスの[保存]で設定します。

1 [ファイル]タブをクリックして、
[その他]をクリックし、

2 [オプション]をクリックします。

3 [保存]を
クリックして、

4 [既定のローカルファイルの
保存場所]に保存場所を
入力し、

5 [OK]をクリックします。

重要度 ★★★ 起動と保存の応用

Q 547 古いバージョンのソフトでも編集できるようにしたい！

A PowerPoint 97-2003プレゼンテーション形式で保存します。

PowerPoint 2021のファイル形式は、PowerPoint 2007以降に使われているもので、PowerPoint 2003以前のバージョンの形式とは異なります。PowerPoint 2007以降で作成したプレゼンテーションをPowerPoint 2003以前のバージョンでも編集できるようにしたい場合は、ファイルの種類を「PowerPoint 97-2003プレゼンテーション」にして保存します。

なお、PowerPoint 2007以降の新機能を使っているプレゼンテーションを97-2003形式で保存しようとすると、[互換性チェック]ダイアログボックスが表示される場合があります。この場合は互換性を確認し、保存を中止する場合は[キャンセル]をクリックします。[続行]をクリックすると、新バージョンで使用した機能が削除されるか、旧バージョンのPowerPointの最も近い形式に変換されます。

1 [ファイル]タブをクリックして、[エクスポート]をクリックします。

2 [ファイルの種類の変更]をクリックして、

3 [PowerPoint 97-2003 プレゼンテーション]をクリックし、

4 [名前を付けて保存]をクリックします。

5 保存場所を指定して、

6 ファイル名を入力し、

7 [保存]をクリックします。

8 [互換性チェック]ダイアログボックスが表示された場合は、内容を確認します。

9 [続行]をクリックすると、ファイルが旧バージョン形式で保存されます。

重要度 ★★★ 起動と保存の応用

Q 548 古いバージョンで作成されたファイルを開きたい！

A 「互換モード」で開くことができます。

PowerPoint 2003以前の古いバージョンで作成したファイルも、「互換モード」で通常のファイルと同様に開くことができます。「互換モード」では、バージョンの違いを気にせずにファイルを扱うことができるように、新しいバージョンでしか利用できない機能の使用が制限されます。ファイルを旧バージョンで編集する必要がある場合は、互換モードのままで編集しましょう。また、[ファイル]タブの[情報]で[変換]をクリックすると、新しい形式でもファイルを保存できます。

旧バージョンのファイルを開くと、互換モードで表示されます。

1 基本
2 スライド
3 マスター
4 文字入力
5 アウトライン
6 図形
7 写真・イラスト
8 表
9 グラフ
10 アニメーション
11 切り替え
12 動画・音楽
13 プレゼン
14 印刷
15 保存・共有

重要度 ★★★　ファイルの保護

Q 549 ファイルにパスワードを設定したい!

A [情報]の[プレゼンテーションの保護]から設定します。

ファイルにパスワードを設定して、ほかのユーザーに開かれないようにすることができます。[ファイル]タブの[情報]から[プレゼンテーションの保護]をクリックして、[パスワードを使用して暗号化]をクリックし、パスワードを設定します。

パスワードを変更する場合も、同様の方法で設定できます。なお、パスワードを忘れた場合は、ファイルを開くことができなくなるので、注意が必要です。

1 [ファイル]タブをクリックして、[情報]をクリックし、

2 [プレゼンテーションの保護]をクリックして、

3 [パスワードを使用して暗号化]をクリックします。

4 パスワードを半角英数字で入力して、

5 [OK]をクリックします。

6 確認のために同じパスワードをもう一度入力して、

7 [OK]をクリックし、

8 プレゼンテーションを上書き保存します。

パスワードを設定したファイルを開こうとすると、パスワードの入力が求められます。

重要度 ★★★　ファイルの保護

Q 550 設定したパスワードを解除したい!

A [ドキュメントの暗号化]ダイアログボックスで解除します。

パスワードを解除するには、パスワードを設定したファイルをパスワードを入力して開き、[ファイル]タブの[情報]から[プレゼンテーションの保護]をクリックし、[パスワードを使用して暗号化]をクリックします。[ドキュメントの暗号化]ダイアログボックスが表示されるので、設定したパスワードを削除して[OK]を

クリックし、上書き保存します。

参照 ▶ Q 549

1 パスワードを削除して、

2 [OK]をクリックし、ファイルを上書き保存します。

重要度 ★★★　ファイルの保護

Q 551 完成したファイルを スライドショー専用にしたい!

A [プレゼンテーションの保護]から [最終版にする]を指定します。

作成したプレゼンテーションを最終版に設定すると、スライドへの入力や編集ができなくなり、ファイルが読み取り専用(スライドショー専用)になります。ファイルを最終版に設定するには、[ファイル]タブの[情報]から[プレゼンテーションの保護]をクリックして、[最終版にする]をクリックします。プレゼンテーションを最終版にすると、タブの下に[最終版]と表示された情報バーが表示されます。

重要度 ★★★　ファイルの保護

Q 552 スライドショー専用にした ファイルを編集したい!

A [編集する]をクリックして、 最終版の設定を解除します。

最終版にしたファイルを開くと、リボンが非表示になり、タブをクリックしてリボンを表示しても、多くのコマンドが利用不可になります。最終版にしたファイルを編集できるようにするには、タブの下の情報バーに表示されている[編集する]をクリックします。

1 基本
2 スライド
3 マスター
4 文字入力
5 アウトライン
6 図形
7 写真・イラスト
8 表
9 グラフ
10 アニメーション
11 切り替え
12 動画・音楽
13 プレゼン
14 印刷
15 保存・共有

重要度 ★★★　ファイルの保護

Q 553 ファイルに個人情報がないか チェックしたい!

A [問題のチェック]から [ドキュメント検査]をクリックします。

ファイルには、スライドの作成者などの個人情報が記録されている場合があります。プレゼンテーションを共有したり配布したりする場合は、ファイルに個人情報や非表示のデータが含まれていないかどうかを確認しましょう。[ファイル]タブの[情報]から[問題のチェック]をクリックし、[ドキュメント検査]をクリックすると、検査が実行されます。

1 [ファイル]タブを クリックして、 [情報]をクリックし、

2 [問題のチェック] をクリックして、

3 [ドキュメント検査]をクリックします。

4 検索したい項目 をオンにして、

5 [検査]を クリックし、

6 削除する項目の [すべて削除]を クリックします。

7 個人情報が削除されたのを 確認して、[閉じる]を クリックします。

重要度 ★★★　共有

Q 554 共有とは?

A ファイルをほかのユーザーが アクセスできるようにすることです。

共有とは、オンライン上に保存してあるファイルを、ほかの人と共同で編集できるように設定することをいいます。PowerPointでファイルを共有するには、マイクロソフトが提供するオンラインストレージサービスであるOneDriveにファイルを保存しておく必要があります。

OneDriveにファイルを保存するには、[ファイル]タブから[名前を付けて保存]をクリックし、[OneDrive－個人用]から保存します。

ファイルを共有するには、 OneDriveにファイルを 保存しておく必要があります。

基本 1
スライド 2
マスター 3
文字入力 4
アウトライン 5
図形 6
写真・イラスト 7
表 8
グラフ 9
アニメーション 10
切り替え 11
動画・音楽 12
プレゼン 13
印刷 14
保存・共有 15

重要度 ★★★　共有

Q 555
ほかの人とファイルを共有したい！

A OneDriveからファイルを共有します。

OneDriveに保存したファイルを共有するには、Webブラウザーを起動して「https://onedrive.live.com」にアクセスします。OneDriveのWebページが表示されるので、共有ファイルを指定して［共有］をクリックし、共有相手にメールを送信します。ファイルへのリンクが相手に送信されるので、相手はリンクをクリックするとファイルを表示することができます。

1 OneDriveのWebページを表示して、共有するファイルのここをクリックしてオンにします。

2 ［共有］をクリックして、

3 共有相手のメールアドレスを入力します。

リンクの送信
身体活動・運動の重要性.pptx
リンクを知っていれば誰でも編集できます ＞
hanagi2020@outlook.com
プレゼンの1稿です。チェックお願いします。
送信

リンクのコピー
リンクを知っていれば誰でも編集できます ＞　コピー

4 相手に送るメッセージを入力して、

5 ［送信］をクリックすると、

6 共有が設定され、相手にメールが送信されます。

'身体活動・運動の重要性.pptx' へのリンクを送信しました

重要度 ★★★　共有

Q 556
ほかの人から共有されたファイルを開きたい！

A メールに記載されているリンクをクリックします。

ほかの人から共有されたファイルを開くには、受信したメールを開いて、メッセージに記載されている共有ファイルのリンクをクリックします。Webブラウザーが起動して、PowerPoint Onlineで共有ファイルが表示されます。PowerPoint Onlineは、インターネット上で利用できる無料のオンラインアプリケーションです。使用できる機能は制限されますが、インターネットに接続できる環境があれば、どこからでもアクセスして編集することができます。

より細かく編集したい場合は、PowerPointで編集することもできます。
参照 ▶ Q 557

1 メールソフトを起動して、共有ファイルへのリンクをクリックすると、

2 PowerPoint Onlineが起動して、ファイルが表示されます。

Q 557 共有されたファイルを編集したい！

A PowerPoint Onlineや PowerPointで編集します。

共有されたファイルを開くと、PowerPoint Onlineで表示されます。ファイルの編集は、PowerPoint Onlineでもパソコン上のPowerPointでも行えます。
PowerPoint Onlineの［プレゼンテーションの編集］をクリックして、［ブラウザーで編集］をクリックすると、PowerPoint Onlineで編集ができます。［PowerPointで編集］をクリックすると、PowerPointで共有ファイルが開きます。

参照▶Q 556

● Webブラウザーで編集する

1 ［プレゼンテーションの編集］をクリックして、

2 ［ブラウザーで編集］をクリックし、

3 共有ファイルがPowerPoint Onlineで開くので、必要に応じて編集を行います。

4 編集内容は自動的に保存されます。

ここでは、文章を追加しています。

● PowerPointで編集する

1 ［プレゼンテーションの編集］をクリックして、

2 ［PowerPointで編集］をクリックします。

3 「すべて完了しました〜」というメッセージが表示されるので、PowerPoint Onlineを閉じます。

4 保護ビューで表示された場合は、［編集を有効にする］をクリックすると、編集ができる状態になります。

Q 558 編集中のユーザーを確認したい！

A ユーザーのアイコン画像にマウスポインターを合わせると確認できます。

共有ファイルをほかのユーザーが表示したり編集したりしている場合は、リボンの右上と画面左側のスライドのサムネイルにユーザーのアイコン画像が表示されます。それらのアイコン画像にマウスポインターを合わせると、ユーザーの名前が表示されます。

1 編集中のユーザーがいる場合は、ユーザーのアイコン画像が表示されます。

2 アイコン画像にマウスポインターを合わせると、　**3** ユーザー名が表示されます。

4 サムネイルのアイコン画像にマウスポインターを合わせても、ユーザー名が表示されます。

Q 559 ほかのユーザーが作業している場所を表示したい！

A アイコン画像をクリックして、[位置に移動]をクリックします。

共有ファイルで、ほかのユーザーが編集している場所を表示したいときは、リボンの右上に表示されているユーザーのアイコン画像をクリックして、[位置に移動]をクリックします。作業中のスライドがスライドウィンドウに表示され、インジケーターの右上にユーザーのアイコン画像が表示されます。そのアイコンにマウスポインターを合わせるとユーザー名を確認することもできます。

1 アイコン画像をクリックして、

2 [位置に移動]をクリックすると、

3 ほかのユーザーが編集しているスライドが表示されます。

ユーザーのアイコン画像が表示されます。

基本 1
スライド 2
マスター 3
文字入力 4
アウトライン 5
図形 6
写真・イラスト 7
表 8
グラフ 9
アニメーション 10
切り替え 11
動画・音楽 12
プレゼン 13
印刷 14
保存・共有 15

基本

2 スライド

3 マスター

4 文字入力

5 アウトライン

6 図形

7 写真・イラスト

8 表

9 グラフ

10 アニメーション

11 切り替え

12 動画・音楽

13 プレゼン

14 印刷

15 保存・共有

重要度 ★★★　共有

Q 560 コメントを付けて共同で編集しやすくしたい！

A [校閲]タブの [新しいコメント]をクリックして挿入します。

コメントは、文書を共有する際に意見や感想などを伝えたいときに利用する機能です。スライドにコメントを挿入するには、[校閲]タブの [新しいコメント] をクリックして、[コメント]ウィンドウを表示し、コメントを入力して送信します。また、送信したコメントに対して返信することもできます。

コメントを削除する場合は、コメントをクリックして、[校閲]タブの [削除] をクリックするか、コメントにマウスポインターを合わせると表示される ⋯ をクリックして、[コメントを削除]をクリックします。

● コメントを挿入して送信する

1 コメントを付けたいスライドをクリックして、

2 [校閲] タブをクリックし、

3 [新しいコメント]をクリックします。

4 [コメント] ウィンドウにコメント枠が表示されるので、コメントを入力して、

5 [コメントを投稿する]をクリックすると、

新規をクリックすると、コメントを追加できます。

6 コメントが投稿されます。

● コメントに返信する

1 コメントが挿入された共有ファイルを開くと、コメントが表示されます。

2 [返信] 欄に返信コメントを入力して、

3 [コメントを投稿する]をクリックすると、

4 コメントが送信されます。

重要度 ★ ★ ★　共有

Q 561 ファイルのバージョン履歴を確認したい！

A タイトルバーのファイル名から[バージョン履歴]をクリックします。

共有ファイルのバージョン履歴を確認するには、タイトルバーのファイル名をクリックして、[バージョン履歴]をクリックします。また、[ファイル]タブの[情報]から[バージョン履歴]をクリックしても確認できます。以前のバージョンのファイルを確認したい場合は、表示したいファイルの[バージョンを開く]をクリックすると、読み取り専用でそのファイルが表示されます。

1 タイトルバーのファイル名をクリックして、

2 [バージョン履歴]をクリックすると、

3 画面の右側に[バージョン履歴]ウィンドウが表示されます。

4 確認したいバージョンをクリックすると、

5 読み取り専用でそのバージョンのファイルが開きます。

重要度 ★ ★ ★　共有

Q 562 変更個所と変更内容を確認したい！

A もとのファイルと共有ファイルを比較します。

共有ファイルの編集が終わったら、もとのファイルを表示して、[校閲]タブの[比較]をクリックします。[現在のプレゼンテーションと比較するファイルの選択]ダイアログボックスが表示されるので、OneDriveに保存した共有ファイルを開くと、ファイルが比較され、変更内容が表示されます。

1 編集前のファイルを表示して、[校閲]タブをクリックし、

2 [比較]をクリックします。

3 共有ファイルが保存されているOneDrive上のフォルダーを指定して、

4 共有ファイルをクリックし、

5 [比較]をクリックすると、

6 ファイルが比較され、[変更履歴]ウィンドウが表示されます。

2つのファイルが比較され、異なる個所にはアイコンが表示されます。

1 基本
2 スライド
3 マスター
4 文字入力
5 アウトライン
6 図形
7 写真・イラスト
8 表
9 グラフ
10 アニメーション
11 切り替え
12 動画・音楽
13 プレゼン
14 印刷
15 保存・共有

重要度 ★★★　共有

変更を承諾して共有ファイルに反映したい!

A [校閲]タブの[承諾]から変更を反映します。

共有ファイルに加えられた変更内容を反映するには、Q 562の方法でもとのファイルと共有ファイルを表示します。変更が加えられているスライドを表示して、[校閲]タブの[承諾]の下の部分をクリックし、[変更の承諾]をクリックします。変更をまとめて反映させることもできます。変更の反映をもとに戻す場合は、[校閲]タブの[元に戻す]の下の部分をクリックして、変更を取り消す範囲を指定します。

1 変更が加えられているスライドをクリックして、

2 [校閲]タブをクリックします。

3 [承諾]のここをクリックして、

4 [変更の承諾]をクリックすると、

5 変更が反映されます。

6 すべての変更箇所の確認が終わったら、[校閲の終了]をクリックして、

7 [はい]をクリックします。

重要度 ★★★　タブレット／スマートフォンでの使用

タブレットやスマートフォン用のアプリはないの?

A それぞれのデバイス向けのアプリを無料でダウンロードできます。

タブレットやスマートフォンでPowerPointを使用するには、それぞれのデバイス向けのPowerPointのアプリをダウンロードしてインストールします。iPad／iPhoneの場合はApp Storeから、Androidの場合はGoogle Playから、Windowsタブレットの場合はMicrosoft Storeから無料でダウンロードできます。パソコン版のPowerPointと比較すると制限はありま

すが、プレゼンテーションの閲覧や作成、編集などの基本的な機能は備えており、画面サイズ10.1インチ以下のデバイスで利用できます。なお、Microsoft 365サブスクリプション（月額1,284円、2023年1月現在）を契約すると、10.1インチ以上のデバイスでも利用できます。また、PowerPointのすべての機能を利用できるようになります。

iPad／iPhoneの場合はApp Storeからダウンロードできます。

Q 565 タブレットやスマートフォンでも編集したい！

A OneDriveからファイルを開いて編集できます。

プレゼンテーションをOneDriveに保存しておくと、タブレットやスマートフォンなど、どのデバイスからでも目的のプレゼンテーションを開いて、ファイルを編集したり閲覧したりすることができます。変更内容は自動的に保存されます。また、新規にスライドを作成することもできます。

なお、ここではiPhoneを利用していますが、Androidでも同様の方法で操作を行えます。

1 スマートフォンでPowerPointを起動し、[開く]→[OneDrive-個人用]の順にタップし、開くファイルを選択します。

2 サムネイルをタップすると、スライドが切り替わります。

3 テキストをタップすると、

ここをタップすると、新しいスライドを追加できます。

4 コマンドが表示され、プレゼンテーションを編集することができます。

Q 566 タッチ操作しやすいようにしたい！

A 画面をタッチモードに切り替えます。

タッチ操作ができるパソコン向けに、タッチ操作に適した表示に切り替えることもできます。タッチ操作をしやすくするには、クイックアクセスツールバーの[タッチ／マウスモードの切り替え]をクリックして、[タッチ]をクリックします。タッチモードからマウスモードに戻るには、[マウス]をクリックします。

なお、クイックアクセスツールバーが表示されていない場合は、Q 039を参照して表示させます。

1 [タッチ／マウスモードの切り替え]をクリックして、

2 [タッチ]をクリックすると、

3 コマンドの間隔が広がり、タッチ操作がしやすくなります。

● コマンドが表示されていない場合

1 [タッチ／マウスモードの切り替え]が表示されていない場合は、ここをクリックして、

2 [タッチ／マウスモードの切り替え]をクリックすると、コマンドが表示されます。

1 基本
2 スライド
3 マスター
4 文字入力
5 アウトライン
6 図形
7 写真・イラスト
8 表
9 グラフ
10 アニメーション
11 切り替え
12 動画・音楽
13 プレゼン
14 印刷
15 保存・共有

重要度 ★ ★ ★　Teams

Q 567 TeamsでPowerPoint画面を共有したい！

A Teamsの会議中に［共有］をクリックして、PowerPointを指定します。

Microsoft Teams（マイクロソフトチームズ）（以下「Teams」）は、マイクロソフトが提供するアプリです。Teamsでは、会議やチャット中に特定のアプリや自分のデスクトップ全体の画面を参加者と共有することができます。Teamsで画面を共有するには、Teamsの会議中に［共有］をクリックして、共有する画面を指定します。ここでは、ウィンドウを共有しますが、自分のデスクトップ画面全体を共有する場合は、手順**3**で［画面］をクリックします。

1 共有したいプレゼンテーションを表示して、

2 Teamsで会議を開始し、［共有］をクリックします。

3 ［コンテンツを共通］画面が表示されるので、

4 ［ウィンドウ］をクリックします。

5 現在開いているアプリが一覧で表示されるので、

6 ［PowerPoint］をクリックすると、

7 PowerPointの画面が共有されます。

8 画面の上にマウスポインターを合わせると、ツールバーが表示されます。

9 ［発表を停止］をクリックすると、

10 PowerPointの画面共有が解除されます。

Q 568
Teamsで発表者ツールを使いたい!

A Teamsでスライドショーを実行して、発表者ツールを表示します。

Teamsで発表者ツールを使うには、共有したいプレゼンテーションを表示して、Teamsで会議を開始し、PowerPointの画面を共有します。画面を共有したら、スライドショーを実行して、画面を右クリックし、[発表者ツールを表示]をクリックします。発表者ツールは会議の開催者のみに表示されます。参加者にはメインのスライドのみが表示されます。

参照▶Q 567

1 共有したいプレゼンテーションを表示して、Teamsで会議を開始し、[共有]をクリックします。

2 [コンテンツを共通]画面が表示されるので、[ウィンドウ]をクリックします。

3 現在開いているアプリが一覧で表示されるので、[PowerPoint]をクリックすると、

4 PowerPointの画面が共有されます。

5 [スライドショー]タブをクリックして、

6 [最初から]をクリックすると、

7 スライドショーが開始されます。

8 スライドを右クリックして、

9 [発表者ツールを表示]をクリックすると、

10 発表者ツールが表示されます。

11 [スライドショーの終了]をクリックすると、

12 スライドショーが終了します。

ショートカットキー一覧

PowerPointを活用するうえで覚えておくと便利なのがショートカットキーです。ショートカットキーとは、キーボードの特定のキーを押すことで、操作を実行する機能です。ショートカットキーを利用すれば、すばやく操作を実行することができます。ここでは、PowerPointで利用できるおもなショートカットキーを紹介します。

●編集時に使用するショートカットキー

ソフト・ファイルの操作	
Ctrl + N	新しいプレゼンテーションを作成する。
Ctrl + M	新しいスライドを追加する。
Ctrl + F12	［ファイルを開く］ダイアログボックスを表示する。
Ctrl + D	スライドを複製する。
Ctrl + S	上書き保存する。
Ctrl + P	［印刷］画面を表示する。
Ctrl + W	プレゼンテーションを閉じる。
F12	［名前を付けて保存］ダイアログボックスを表示する。
F1	［ヘルプ］ウィンドウを表示する。
Alt + F4	PowerPointを終了する。

スライドへのデータの入力・編集	
Ctrl + Z	直前の操作を取り消す。
Ctrl + Y	直前の操作をやり直す。
Ctrl + C	コピーを実行する。
Ctrl + X	切り取りを実行する。
Ctrl + V	コピーまたは切り取ったデータなどを貼り付ける。
Ctrl + E	文字列を中央揃えにする。
Ctrl + L	文字列を左揃えにする。
Ctrl + R	文字列を右揃えにする。
Ctrl + B	文字に太字を設定／解除する。
Ctrl + U	文字に下線を設定／解除する。
Ctrl + Shift + ＞（＜）	文字を少し大きく（小さく）する。
Ctrl + Space	書式設定を解除する。
Ctrl + F	［検索］ダイアログボックスを表示する。
Ctrl + H	［置換］ダイアログボックスを表示する。
F4	直前の操作を繰り返す。
Home（End）	カーソルのある行の先頭（末尾）へ移動する。
PageUp（PageDown）	1スライド上（下）に移動する。
F7	スペルチェックを行う。
Shift + F9	グリッドの表示／非表示を切り替える。
Alt + F9	ガイドの表示／非表示を切り替える。
Alt + N → P	画像を挿入する。
Alt + H → S + H	図形を挿入する。

テキスト・オブジェクトの選択	
Ctrl + A	表示中のスライドのすべてのオブジェクトを選択する。
Ctrl + Shift + ← →	選択範囲をカーソル位置から1単語左・右方向に拡張／縮小する。
Shift + ↑ ↓	選択範囲をカーソル位置から1文字上・下方向に拡張／縮小する。
Shift + ← →	選択範囲をカーソル位置から1文字左・右方向に拡張／縮小する。
Shift + Home (End)	カーソルの位置からその行の先頭（末尾）まで選択する。
F2	プレースホルダー内のテキストを選択する。

アウトラインでの操作	
Alt + Shift + ← ／ Shift + Tab	段落のレベルを上げる。
Alt + Shift + → ／ Tab	段落のレベルを下げる。
Alt + Shift + ↑	段落を上に移動する。
Alt + Shift + ↓	段落を下に移動する。
Alt + Shift + 1	タイトルだけを表示する。
Alt + Shift + +	選択したスライドの内容を表示する。
Alt + Shift + −	選択したスライドの内容を非表示にする。
Ctrl + A	すべてのテキストを選択する。

●プレゼンテーション時に使用するショートカットキー

スライドショーの基本	
F5	最初のスライドからスライドショーを開始する。
Shift + F5	現在のスライドからスライドショーを開始する。
N、Enter、PageDown、Space、→、↓	次のスライドに進む。
P、BackSpace、PageUp、↑、←	前のスライドに戻る。
数字 + Enter	指定した数字（番号）のスライドを表示する。
Home (End)	先頭（最後）のスライドへ移動する。
Esc	スライドショーを終了する。

マウスポインターの切り替え	
Ctrl + L	マウスポインターをレーザーポインターに変更する。
Ctrl + P	マウスポインターをペンに変更する。
Ctrl + A	マウスポインターを矢印ポインターに変更する。
Ctrl + H	マウスポインターとコントロールバーを非表示にする。

画面の表示	
E	スライドへの書き込みを削除する。
W、,（カンマ）	白い画面を表示する／もとの画面に戻す。
B、.（ピリオド）	黒い画面を表示する／もとの画面に戻す。
G	すべてのスライドを一覧で表示する／もとの表示に戻す。
+、Ctrl + +	一覧表示したスライドを拡大表示する。
−、Ctrl + −	一覧表示したスライドを縮小表示する。
S	自動実行中のスライドショーを停止／再開する。

用語集

3D（スリーディー）モデル

3D（3次元）で作成された立体の画像データのことです。PowerPoint 2019以降では、3D画像をパソコン内のファイルやオンラインソースからダウンロードして挿入できます。挿入した3D画像は、任意の方向に回転させたり、上下に傾けて表示させたりできます。

Backstage（バックステージ）ビュー

[ファイル]タブをクリックしたときに表示される画面のことです。新規、開く、保存、印刷などといったファイルに関する機能や、PowerPointの操作に関するオプションの設定などが行えます。

Microsoft 365（マイクロソフトサンロクゴ）

月額や年額の金額を支払って使用するサブスクリプション版のOfficeのことです。ビジネス用と個人用があり、個人用はMicrosoft 365 Personalという名称で販売されています。Microsoft 365 Personalは、Windowsパソコン、Mac、タブレット、スマートフォンなど、複数のデバイスに台数無制限にインストールできます。　　　　　　　　　　　　　　参考▶Q 007

Microsoft Teams（マイクロソフトチームズ）

マイクロソフトが提供するアプリです。ビデオ会議やビデオ会話、チャットをしたり、ファイルの共有や共同編集をしたりすることができます。また、会議やチャット中にPowerPointを開いて画面を共有することもできます。　　　　　　　　　　　　　　参考▶Q 567

Microsoft（マイクロソフト）アカウント

マイクロソフトが提供するOneDrive、PowerPoint OnlineなどのWebサービスや各種アプリを利用するために必要な権利のことをいいます。マイクロソフトのWebサイトで取得できます（無料）。
参考▶Q 006, Q 521

Office（オフィス）

マイクロソフトが開発・販売しているビジネス用のソフトをまとめたパッケージの総称です。表計算ソフトのExcel、ワープロソフトのWord、プレゼンテーションソフトのPowerPoint、電子メールソフトのOutlook、データベースソフトのAccessなどが含まれます。
参考▶Q 002

OneDrive（ワンドライブ）

マイクロソフトが無料で提供しているオンラインストレージサービス（データの保管場所）です。標準で5GBの容量を利用できます。　　　参考▶Q 249, Q 555

PDF（ピーディーエフ）ファイル

アドビ社によって開発された電子文書の規格の1つです。レイアウトや書式、画像などがそのまま維持されるので、パソコンの環境に依存せず、同じ見た目で文書を表示することができます。　　　　　参考▶Q 477

PowerPoint（パワーポイント）

マイクロソフトが提供するプレゼンテーション作成ソフトです。正式名称を「Microsoft PowerPoint」と呼びます。　　　　　　　　　　　　　　参考▶Q 001

PowerPoint（パワーポイント）97-2003 プレゼンテーション

PowerPoint 97/2000/2002/2003に対応したファイル形式のことです。PowerPoint 2007からは新しいファイル形式が採用されたため、PowerPoint 2003以前のバージョンで利用する場合は、[PowerPoint 97-2003プレゼンテーション]形式で保存する必要があります。　　　　　　　　　　　　　　参考▶Q 547

PowerPoint Online（パワーポイントオンライン）

インターネット上で利用できる無料のオンラインアプリです。インターネットに接続する環境があれば、どこからでもアクセスでき、PowerPoint文書を作成、編集、保存することができます。　　参考▶Q 521, Q 557

SmartArt（スマートアート）

アイディアや情報を視覚的な図として表現したものです。さまざまな図表の枠組みが用意されており、必要な文字を入力したり画像を挿入したりするだけで、グラフィカルな図表をかんたんに作成できます。　参考▶Q 237, Q 238

SVG（エスブイジー）ファイル

Scalable Vector Graphicsの略で、ベクターデータと呼ばれる点の座標とそれを結ぶ線で再現される画像です。ファイルサイズが小さく、拡大／縮小しても画質が劣化しないという特徴があります。PowerPoint 2019からスライドへの挿入が可能になりました。

参考▶Q 097, Q 254

USB（ユーエスビー）

Universal Serial Busの略で、パソコンに周辺機器を接続するための規格の1つです。機器をつなぐだけで認識したり、機器の電源が入ったままで接続や切断ができたりするのが特長です。 **参考▶Q 522**

Web（ウェブ）サイト

インターネット上に公開されている文書のことをWebページ、個人や企業が作成した複数のWebページを構成するまとまりをWebサイトといいます。

アイコン

プログラムやデータの内容を、図や絵にしてわかりやすく表現したものです。アイコンをダブルクリックすることにより、プログラムの実行やファイルを開くなど、直観的な操作ができます。

アウトライン

プレゼンテーション内の文章だけを階層構造で表示する機能のことです。プレゼンテーション全体が階層構造で表示され、全体の流れや項目間の上下関係などがひと目で確認できます。 **参考▶Q 168**

アップデート

ソフトウェアを最新版に更新することです。不具合の修正や追加機能、セキュリティ対策ソフトで最新のウイルスなどに対抗するための新しいデータを取得するときなどに行われます。 **参考▶Q 003**

アニメーション

スライド上の図形や画像、グラフなどのオブジェクトや文字に動きを付けて、表現豊かに見せるための機能です。 **参考▶Q 361, Q 362**

アニメーションGIF

パラパラ漫画のようなかんたんなアニメーションを表示するしくみのことです。PowerPoint 2021では、プレゼンテーションをアニメーションGIFとして保存することができます。［ファイル］タブの［エクスポート］から［アニメーションGIFの作成］をクリックして保存します。 **参考▶Q 523**

印刷プレビュー

印刷結果のイメージを画面で確認する機能です。実際に印刷する前に印刷プレビューで確認することで、印刷ミスを防ぐことができます。 **参考▶Q 526**

インデント

文書の左端（あるいは右端）から先頭文字（あるいは行の最後尾の文字）を内側に移動すること、またはその幅を指します。「字下げ」ともいいます。

参考▶Q 130, Q 135

エクスポート

データをほかのアプリが読み込める形式に変換することです。［ファイル］タブのエクスポートでは、PDF形式などの変換を実行します。 **参考▶Q 523, Q 542**

円グラフ

円で全体を示し、それに対して占める内容や割合を視覚的に確認できるグラフです。

参考▶Q 325, Q 356, Q 357

オートコレクト

英単語の2文字目を小文字にしたり、先頭の文字を大文字にしたりするなど、特定の単語や入力ミスと思われる文字列を自動的に修正する機能です。

参考▶Q 155, Q 157

オブジェクト

文字データ以外の、図や画像、表、ワードアート、テキストボックスなどを総じてオブジェクトといいます。

参考▶Q 231

折れ線グラフ

一定時点のデータを線で結んだグラフです。時系列に沿ってデータがどのように変化しているか、その傾向を視覚的に確認できます。

参考▶Q 325, Q 352, Q 353

オンライン画像

インターネット上に公開されている写真やイラストなどの画像のことです。 **参考▶Q 256**

✏ カーソル

文字の入力位置や操作の対象となる場所を示すマークのことで、「文字カーソル」ともいいます。なお、マウスポインターのことを「マウスカーソル」と呼ぶこともあります。　**参考▶Q 497, Q 498**

✏ 解像度

画面をどれくらいの細かさで描画するかを決める設定のことです。Windowsでは、「1920×1080」など、画面を構成する点の数で表現されます。　**参考▶Q 446**

✏ 拡張子

ファイル名の後半部分に、「．」（ピリオド）に続けて付加される「.pptx」や「.wav」などの文字列のことです。ファイルを作成したアプリやファイルのデータ形式ごとに個別の拡張子が付きます。ただし、Windowsの初期設定では、拡張子が表示されないように設定されています。

✏ 画面切り替え効果

スライドから次のスライドへ切り替わる際に、画面に変化を与えるアニメーション効果のことです。シンプルなものからダイナミックなものまで、さまざまな効果が用意されています。　**参考▶Q 408, Q 409**

✏ 共有

同じファイルを複数のユーザーで同時に編集したり、閲覧したりする機能のことです。ファイルをOneDriveに保存すると、インターネット経由で共有することができます。　**参考▶Q 554, Q 555**

✏ クイックアクセスツールバー

よく使う機能をコマンドとして登録しておくことができる画面左上の領域のことです。常に表示されているコマンドをクリックするだけですばやく操作できるので、タブで機能を探すより効率的です。　**参考▶Q 039, Q 040**

✏ クラウド（クラウドコンピューティング）

ネットワーク上に存在するサーバーが提供するサービスを、その所在や時間、場所を意識することなく利用できる形態を表す言葉です。　**参考▶Q 249**

✏ グラデーション

色の明るさや濃淡、色彩に変化を付けることです。　**参考▶Q 215**

✏ グリッド線

スライド上に表示される碁盤の目のような罫線です。図形を作成したり配置したりする場合などに便利です。［表示］タブの［グリッド線］で表示／非表示を切り替えることができます。　**参考▶Q 227**

✏ クリップボード

コピーしたり、切り取ったりしたデータを一時的に保管しておく場所のことです。　**参考▶Q 125**

✏ グループ化

複数の図形などを1つの図形として扱えるようにまとめることをいいます。　**参考▶Q 233**

✏ 検索ボックス

PowerPoint 2021の画面上部に搭載されたMicrosoft Search機能です。実行したい機能や、スライド内のテキスト、ヘルプなどをすばやく検索することができます。　**参考▶Q 005, Q 009**

✏ 互換性チェック

以前のバージョンのPowerPointでサポートされていない機能が使用されているかどうかを確認する機能です。互換性に関する項目がある場合は、［互換性チェック］ダイアログボックスが表示されます。　**参考▶Q 547**

✏ コメント

文書を作成する際に気づいた点を書き留めたり、文書を共有する際に意見や感想など、ほかの人に伝えたいことを書き留めたりする文章のことです。　**参考▶Q 560**

✏ コンテンツ

スライドに配置するテキスト、表、グラフ、SmartArt、3Dモデル、図、ビデオなどのことです。コンテンツを含むスライドを追加すると、コンテンツを挿入できるプレースホルダーが配置されています。　**参考▶Q 017, Q 020**

✏ コントラスト

明るい部分と暗い部分の明暗の差のことです。コントラストを強くすると、明るい部分がより明るくなり、一方で暗い部分がより暗く表現されます。　**参考▶Q 435**

再起動

パソコンを終了して、再度起動し直すことです。更新プログラムのインストール後やアプリのインストール時などに、再起動が必要な場合があります。

最大化

作業中のウィンドウを画面いっぱいのサイズに拡大することです。[元に戻す（縮小）] □ をクリックすると、もとのサイズに戻ります。

サインイン

ユーザー名とパスワードで本人の確認を行い、各種サービスや機能を利用できるようにすることです。「ログイン」「ログオン」などとも呼ばれます。Microsoft アカウントでサインインすると、OneDriveやPowerPoint Onlineを利用することができます。

作業ウィンドウ

関連する設定機能をまとめたウィンドウです。[クリップボード]作業ウィンドウや、グラフの編集を行う際に表示される [軸の書式設定] 業ウィンドウなどがあります。　**参考▶Q 125, Q 342**

サブスクリプション

アプリなどの利用期間に応じて月額や年額の料金を支払うしくみのことをいいます。毎月あるいは毎年料金を支払えば、最新版のアプリを使い続けることができます。　**参考▶Q 007**

サムネイル

ファイルの内容を縮小表示した画像のことをいいます。起動中のウィンドウの内容をタスクバー上から表示したり、スライドをフォルダーウィンドウに並べて表示したりすることができます。　**参考▶Q 009**

自動保存

ファイルの編集内容が一定間隔で自動的に保存される機能です。ファイルをOneDriveに保存すると利用できます。自動保存はオン／オフを切り替えることができます。　**参考▶Q 005**

字幕

スライドショーの実行中に、発表者が説明した言葉がリアルタイムで画面上に表示される機能です。Microsoft 365に搭載されています。　**参考▶Q 525**

シャットダウン

起動していたアプリをすべて終了させ、パソコンの電源を完全に切ることです。

じょうごグラフ

プロセス内の複数の段階ごとに値を表示するグラフです。相対的な数値の変化を視覚的に確認できます。
　参考▶Q 325

ショートカット

Windows で目的のファイルをすばやく利用するために機能するアイコンです。ショートカットの左下には矢印が付きます。「ショートカットアイコン」とも呼ばれます。

ショートカットキー

キーボードの特定のキーを押すことで、操作を実行する機能です。本書では、P.318〜319に主なショートカットキーを掲載しています。

書式

文字や図、表、グラフなどの見せ方を設定するものです。文字サイズや文字色、フォントなどを設定する文字書式、箇条書きや行間、文字配置などを設定する段落書式など、さまざまな書式が設定できます。　**参考▶Q 050**

ズームスライダー

スライドの表示倍率を拡大／縮小する機能です。ズームスライダーのつまみを左右にドラッグするか、スライダーの左右にある [拡大] ＋／ [縮小] －をクリックすることで変更できます。　**参考▶Q 009**

スクリーンショット

ディスプレイの表示を画像データとして保存する機能です。「スクリーンキャプチャ」ともいいます。
　参考▶Q 279, Q 280

スクロールバー

画面を上下や左右にスクロールする（動かす）際に使用するバーです。上下にスクロールするバーを「垂直スクロールバー」、左右にスクロールするバーを「水平スクロールバー」といいます。

✎ スケッチ

直線で描いた図形などを手書き風にすることができる機能です。[図形の書式]タブの[図形の枠線]の[スケッチ]からスケッチの種類を選びます。　**参考▶Q 005**

✎ ステータスバー

画面下の帯状の部分をいいます。作業中のスライドの枚数や番号、表示モードなどが表示されます。

参考▶Q 009

✎ ストック画像

マイクロソフトが提供する、著作権や使用料なしで自由に利用できる画像です。写真、アイコン、人物の切り絵、ステッカー、ビデオ、イラストなどの画像や動画が利用できます。コンテンツは随時更新されます。

参考▶Q 254, Q 255

✎ スマートガイド

図形をドラッグして移動する際に表示される赤い点線のことです。上下に揃える、等間隔に配置する、スライドの中央に配置する、などのタイミングで表示されます。　**参考▶Q 253**

✎ スマートフォン

パソコンのような機能を持ち、タッチ操作で操作できる多機能携帯電話です。「スマホ」とも呼ばれます。

参考▶Q 564, Q 565

✎ スライド

PowerPointのファイルを構成するそれぞれのページのことです。　**参考▶Q 009**

✎ スライドウィンドウ

スライドの作成時に文字やグラフ、図などのさまざまな情報を入力・編集する領域のことです。**参考▶Q 009**

✎ スライドショー

PowerPointの表示モードの1つで、1枚ずつ順番にスライドを切り替えながらプレゼンテーションを行う際に利用します。　**参考▶Q 479**

✎ スライド番号

各スライドに表示する番号のことで、表示位置はテーマによって異なります。タイトルスライドには番号を付けないのが一般的です。　**参考▶Q 068, Q 069, Q 070**

✎ スライドマスター

プレゼンテーション全体の書式やレイアウトを設定できる機能のことです。スライドマスターを利用すると、統一感のあるプレゼンテーションを作成できます。

参考▶Q 085

✎ セクション

枚数の多いプレゼンテーションをグループに分けて管理する機能のことです。　**参考▶Q 075**

✎ ソフトウェア

パソコンを動作させるためのプログラムをまとめたものです。単に「ソフト」ともいいます。　**参考▶Q 001**

✎ ダイアログボックス

PowerPointの詳細設定を行ったり、ユーザーに入力やメッセージの確認を促したりするために、メインのウィンドウとは別に開くウィンドウです。詳細設定を行うためのダイアログボックスは、各タブのグループの右下にあるダイアログボックス起動ツール🗗をクリックしたり、メニューの末尾にある項目をクリックしたりすると表示されます。

✎ タイトルバー

ウィンドウの左上に表示されるバーのことをいいます。作業中のファイル名が表示されます。**参考▶Q 009**

✎ ダウンロード

インターネット上で提供されているファイルやプログラムを、パソコンのハードディスクなどに保存することです。　**参考▶Q 042**

✎ タスクバー

デスクトップの最下段に表示される横長のバーのことです。アプリの起動や切り替えなどに利用します。

参考▶Q 008

✎ タッチモード

タッチ操作対応のパソコンで、画面をタッチで操作しやすいようにするモードのことです。クイックアクセスツールバーの[タッチ／マウスモードの切り替え]で切り替えることができます。　**参考▶Q 566**

✦ タブ

プログラムの機能を実行するためのものです。タブの数はプログラムのバージョンによって異なりますが、PowerPoint 2021では11個（あるいは10個）のタブが表示されています。それぞれのタブには、コマンドが用途別のグループに分かれて配置されています。
そのほかのタブは作業に応じて新しいタブとして表示されます。　　　　　　　　　　　　　　**参考▶Q 009**

✦ タブレット

画面を直接触って操作する携帯端末のことをいいます。スマートフォンより画面が大きいので操作性がよく、ノートパソコンより小さいので持ち運びに便利なのが特長です。　　　　　　　　**参考▶Q 564, Q 565**

✦ テーマ

スライドの配色やフォント（書体）、効果、背景色などの組み合わせがあらかじめ登録されているデザインのひな形のことです。テーマごとにカラーや画像などが異なるバリエーションも用意されています。
　　　　　　　　　　　　　　　　　　参考▶Q 013

✦ テキストボックス

文字を入力するための図形で、スライド内の任意の位置に自由に文字を配置することができます。テキストボックス内に入力した文字は、プレースホルダーに入力した文字と同様に書式を設定することができます。また、図形と同様に移動や拡大／縮小したり、スタイルを設定したりすることができます。　　**参考▶Q 147**

✦ デジタルインク

デジタルペンや指、マウスを使って手書き文字や図形などを自由に書き込むことができる機能です。

✦ デスクトップ

デスクトップアプリを表示したり、ファイルを操作するためのウィンドウを表示したりする作業領域です。

✦ テンプレート

新しいプレゼンテーションを作成する際のひな形となるファイルのことです。テンプレートを利用すれば、ストーリーのあるプレゼンテーションをかんたんに作成することができます。　　　　　　　　**参考▶Q 041**

✦ トリミング

画像で不要な部分を取り除いて、見た目を整えることです。　　　　　　　　　　　　　　**参考▶Q 260**

✦ 入力オートフォーマット

入力中や作業中に自動で行う処理のことをいいます。メールアドレスやURLを入力すると、自動的にハイパーリンクが設定されるのはこの機能によるものです。　　　　　　　　　　　　　　　　**参考▶Q 156**

✦ ノート

スライドショーの実行中の発表者用のメモとしたり、印刷して参考資料としたりして利用する機能です。ノートはノートペインに入力します。　**参考▶Q 082**

✦ ノートマスター

ノートを付けて印刷する配布資料のノートの書式やヘッダー／フッターの位置、背景のスタイルなどを設定できる機能のことです。　**参考▶Q 539, Q 540**

✦ バージョン

ソフトの改良、改訂の段階を表すもので、ソフト名の後ろに数字で表記され、通常は数字が大きいほど新しいものであることを示します。Windows版のPowerPointの場合は、「2016→2019→2021」のようにバージョンアップされています。　　　　　　**参考▶Q 003**

✦ ハイパーリンク

文字や画像などに別の文書や画像、Webページなどの位置情報を埋め込んで、クリックするだけでその文書や画像、Webページなどを開いて参照できるしくみのことです。単に「リンク」ともいいます。　**参考▶Q 468**

✦ 配布資料

プレゼンテーションを行う際に、あらかじめスライドの内容を印刷したものを出席者に資料として配布するものです。1枚の用紙に1枚から9枚のスライドを必要に応じて配置し、印刷できます。　**参考▶Q 527, Q 528**

✦ 配布資料マスター

配布資料のテキストの書式やヘッダー／フッターの位置、背景のスタイルなどを設定できる機能のことです。
　　　　　　　　　　参考▶Q 534, Q 535, Q 536

✎ パスワード

ファイルやオンラインサービスなどを利用する際に、正規の利用者であることを証明するために入力する文字列のことです。　　　　　　　　参考▶Q 549

✎ 発表者ツール

スライドショーを実行しているときに、発表者がパソコンでスライドやノートなどを確認できる機能のことです。　　　　　　　　参考▶Q 487

✎ ハンドル

図形や画像、グラフ、テキストボックスなどをクリックしたときに周囲に表示されるマークです。調整ハンドルや回転ハンドルが表示されることもあります。サイズを変えたり、回転したりするときに利用します。
参考▶Q 205, Q 208

✎ ファイル

ハードディスクなどに保存された、ひとかたまりのデータやプログラムのことです。パソコンでは、ファイル単位でデータが管理されます。

✎ フェードアウト

音楽や動画などの終わりの部分において、少しずつ小さくなっていく効果のことです。　参考▶Q 434, Q 456

✎ フェードイン

音楽や動画などの始まりの部分において、少しずつ大きくなっていく効果のことです。　参考▶Q 434, Q 456

✎ フォルダー

ファイルを分類して整理するための場所のことです。フォルダーの中にフォルダーを作ってファイルを管理することもできます。

✎ フォント

文字をパソコンの画面に表示したり、印刷したりする際の文字の形のことです。　　　　参考▶Q 051, Q 112

✎ ブックマーク

動画やオーディオの特定の位置すばやく再生するために付けるマークです。ブックマークをクリックすると、その位置から動画やオーディオを開始することができます。　　　　　　　　参考▶Q 431, Q 457

✎ フッター

スライドの下部余白部分に設定される情報、あるいはそのスペースをいいます。　　　参考▶Q 061, Q 532

✎ プレースホルダー

スライド上に文字を入力したり、表やグラフ、画像などのオブジェクトを挿入したりするために配置されている枠のことです。　　　　　　　　参考▶Q 017

✎ プレゼンテーション

資料などの情報を示しながら、話し手が聞き手に対して内容を理解してもらうようにする伝達手段のことです。　　　　　　　　参考▶Q 478

✎ プレビュー

アニメーション効果や画面切り替え効果など、スライドショーを実行する前に、前もってその内容を確認することです。　　　　　　参考▶Q 365, Q 411

✎ プログラム

パソコンを動作させるための命令が組み込まれたファイルのことです。ソフトウェアは、膨大な数のプログラムから成り立っています。

✎ プロパティ

ファイルやプリンター、画面などに関する詳細な情報のことです。たとえば、ファイルのプロパティでは、そのファイルの保存場所、サイズ、作成日時、作成者などを知ることができます。

✎ ページ番号

ページの順番を示し、デフォルトではページの右下に印刷されます。ノートと配布資料だけに反映され、スライドには反映されません。　　　参考▶Q 531

✎ ヘッダー

スライドの上部余白部分に設定される情報、あるいはそのスペースをいいます。　　　　　参考▶Q 532

✎ ヘルプ

ソフトウェアやハードウェアの使用法や、トラブルを解決するための解説をパソコンの画面上で説明している文書のことです。

◆ 変更履歴

ファイルを共有する際に、書式の変更や文字の挿入／削除など、どこを変更したのかがわかるように記録・表示される機能です。ファイルを比較すると変更個所を確認できます。　　　　　　　　**参考▶Q 562**

◆ 棒グラフ

複数のデータを棒で表現するグラフです。データは棒の長さで確認できるため、データを比較するなどに適しています。　　　　　　　　　　**参考▶Q 325**

◆ 保護ビュー

メールで送信されてきたファイルや、インターネット経由でやりとりされたファイルをコンピューターウイルスなどの不正なプログラムから守るための機能です。保護ビューのままでもファイルを閲覧することはできますが、編集や印刷が必要な場合は、編集を有効にすることもできます。　　　　　**参考▶Q 557**

◆ マウス

パソコンで利用されている入力装置の1つです。左右のボタンやホイールを利用することで、アプリを起動したり、ウィンドウの操作やコマンドの操作などを行ったりします。

◆ マウスポインター

マウスの動きと連動して、画面上を移動するマークのことです。基本的には矢印の形をしていますが、形は状況によってさまざまに変化します。単に「ポインター」、もしくは「マウスカーソル」ともいいます。
　　　　　　　　　　　　　　　　参考▶Q 306

◆ マップグラフ

地図上でデータを表現するグラフです。色などによって地域ごとのデータを視覚的に確認できます。
　　　　　　　　　　　　　　　　参考▶Q 325

◆ 面グラフ

複数の折れ線で表現し、それぞれの折れ線で挟まれた領域を色などで表すグラフです。時間の経過に伴うデータの推移を視覚的に確認できます。　**参考▶Q 325**

◆ ユーザー

ソフトウェアやハードウェアを使用する使用者自身のことを指します。

◆ ユーザー定義

ユーザーが独自に定義する機能のことです。おもに、テーマや配色、フォントなどのデザインで利用します。
　　　　　　　　　　　　　参考▶Q 049, Q 052

◆ 読み取り専用

保存した内容を上書き保存できないように文書ファイルを保護する機能です。PowerPoint ではスライドショーでのみ使用可能になります。　　**参考▶Q 551**

◆ リハーサル

本番と同じようにスライドショーを実行して、スライドごとにアニメーションを再生するタイミングや、スライドを切り替えるタイミングを設定する機能です。
　　　　　　　　　　　　　　　　参考▶Q 512

◆ リボン

マイクロソフトのユーザーインターフェースの1つで、プログラムの機能が用途別のタブに分類されて整理されているコマンドバーのことです。PowerPoint やExcel などのOffice ソフトやWindows 10 に搭載されているエクスプローラーなどに搭載されています。

　　　　　　　　　　　　　　　　参考▶Q 009

◆ 両端揃え

プレースホルダーに入力した文章の行末が、プレースホルダーの端に揃うように、文字間隔を調整する機能です。　　　　　　　　　　　　**参考▶Q 140**

◆ ルーラー

スライドウィンドウの上側と左側に表示される目盛です。インデントの設定やタブ位置を調整するのに利用します。[表示]タブの [ルーラー]で表示／非表示を切り替えることができます。　　　　　**参考▶Q 135**

◆ レーダーチャート

複数の項目内の要素を折れ線グラフで表示し、相対的なバランスを見たり、ほかの系列と比較したりするグラフです。　　　　　　　　　　**参考▶Q 325**

◆ ワードアート

デザインされた文字を作成するための機能、もしくはその機能を使って作成された文字のことです。
　　　　　　　　　　　　　　　　参考▶Q 158

目的別索引

ま行

ら行

わ行

用語索引

た行

な行

は行

ま行

や・ら行

わ行

お問い合わせについて

本書に関するご質問については、本書に記載されている内容に関するもののみとさせていただきます。本書の内容と関係のないご質問につきましては、一切お答えできませんので、あらかじめご了承ください。また、電話でのご質問は受け付けておりませんので、必ずFAXか書面にて下記までお送りください。

なお、ご質問の際には、必ず以下の項目を明記していただきますよう、お願いいたします。

1 お名前
2 返信先の住所またはFAX番号
3 書名（今すぐ使えるかんたんPowerPoint
　　完全ガイドブック困った解決＆便利技
　　[Office 2021/2019/2016/Microsoft 365 対応版]）
4 本書の該当ページ
5 ご使用のOSとソフトウェアのバージョン
6 ご質問内容

なお、お送りいただいたご質問には、できる限り迅速にお答えできるよう努力いたしておりますが、場合によってはお答えするまでに時間がかかることがあります。また、回答の期日をご指定なさっても、ご希望にお応えできるとは限りません。あらかじめご了承くださいますよう、お願いいたします。

■お問い合わせの例

FAX

1 お名前

　技術　太郎

2 返信先の住所またはFAX番号

　03-XXXX-XXXX

3 書名

　今すぐ使えるかんたんPowerPoint
　完全ガイドブック 困った解決＆便利技
　[Office 2021/2019/2016/
　　　　　Microsoft 365 対応版]

4 本書の該当ページ

　156ページ　Q 251

5 ご使用のOSとソフトウェアのバージョン

　Windows 11
　PowerPoint 2021

6 ご質問内容

　画像の位置を変更できない

※ご質問の際に記載いただきました個人情報は、回答後速やかに破棄させていただきます。

今すぐ使えるかんたん PowerPoint
完全ガイドブック 困った解決&便利技
[Office 2021/2019/2016
/Microsoft 365 対応版]

2023年3月3日　初版　第1刷発行

著　者●AYURA
発行者●片岡 巌
発行所●株式会社 技術評論社
　　　　東京都新宿区市谷左内町 21-13
　　　　電話　03-3513-6150　販売促進部
　　　　　　　03-3513-6160　書籍編集部
カバーデザイン●田邉 恵理香
本文デザイン●リンクアップ
編集／DTP ● AYURA
担当●春原 正彦
製本／印刷●大日本印刷株式会社

定価はカバーに表示してあります。

落丁・乱丁がございましたら、弊社販売促進部までお送りください。交換いたします。
本書の一部または全部を著作権法の定める範囲を超え、無断で複写、複製、転載、テープ化、ファイルに落とすことを禁じます。

©2023　技術評論社

ISBN978-4-297-13332-0 C3055
Printed in Japan

問い合わせ先

〒 162-0846
東京都新宿区市谷左内町 21-13
株式会社技術評論社　書籍編集部
「今すぐ使えるかんたん PowerPoint
完全ガイドブック 困った解決＆便利技
[Office 2021/2019/2016/Microsoft 365 対応版]」
質問係
FAX番号　03-3513-6167

URL：https://book.gihyo.jp/116